战略性新兴领域“十四五”高等教育系列教材

机器人智能导航

主　编　吴美平
副主编　张礼廉
参　编　于清华　毛　军
　　　　黄开宏　陈谢沅澧

机械工业出版社

智能导航技术具有多学科交叉的鲜明特色，涉及信息科学、控制科学、机械工程、仪器科学、计算机科学等众多学科知识。机器人是最佳的智能导航技术研究载体，其中机器人感知、规划、控制等任务都与导航定位密切相关。

本书内容涵盖了机器人智能导航的概念与内涵、机器人导航的数学基础、基于模型的机器人自主导航方法、基于模型的机器人非自主导航方法、基于学习的机器人智能导航方法、多机器人协同导航技术以及机器人导航规划等基础知识。此外，为了提升实践性，本书还介绍了激光雷达与IMU融合同步定位与建图、未知环境自主探索与路径规划、多无人机协同导航等实践案例，可为学生掌握典型的室内外机器人导航技术提供基础，支撑学生开展机器人导航实践。

本书可作为普通高校机器人工程、自动化、导航工程、车辆工程和人工智能等专业的高年级本科生和研究生教材，也可作为相关领域工程技术人员的参考用书。

图书在版编目（CIP）数据

机器人智能导航 / 吴美平主编 . -- 北京 ：机械工业出版社，2024. 12. --（战略性新兴领域“十四五”高等教育系列教材）. -- ISBN 978-7-111-77656-7

Ⅰ. TP242

中国国家版本馆 CIP 数据核字第 20249H5U29 号

机械工业出版社（北京市百万庄大街 22 号　邮政编码 100037）
策划编辑：吉　玲　　　　责任编辑：吉　玲　章承林
责任校对：张　征　宋　安　　封面设计：张　静
责任印制：郜　敏
中煤（北京）印务有限公司印刷
2024 年 12 月第 1 版第 1 次印刷
184mm × 260mm · 14 印张 · 336 千字
标准书号：ISBN 978-7-111-77656-7
定价：49.80 元

电话服务　　　　　　　　网络服务
客服电话：010-88361066　　机　工　官　网：www.cmpbook.com
　　　　　010-88379833　　机　工　官　博：weibo.com/cmp1952
　　　　　010-68326294　　金　　书　　网：www.golden-book.com

机工教育服务网：www.cmpedu.com

序

人工智能和机器人等新一代信息技术正在推动着多个行业的变革和创新，促进了多个学科的交叉融合，已成为国际竞争的新焦点。《中国制造 2025》《“十四五”机器人产业发展规划》《新一代人工智能发展规划》等国家重大发展战略规划都强调人工智能与机器人两者需深度结合，需加快发展机器人技术与智能系统，推动机器人产业的不断转型和升级。开展人工智能与机器人的教材建设及推动相关人才培养符合国家重大需求，具有重要的理论意义和应用价值。

为全面贯彻党的二十大精神，深入贯彻落实习近平总书记关于教育的重要论述，深化新工科建设，加强高等学校战略性新兴领域卓越工程师培养，根据《普通高等学校教材管理办法》（教材〔2019〕3 号）有关要求，经教育部决定组织开展战略性新兴领域“十四五”高等教育教材体系建设工作。

湖南大学、浙江大学、国防科技大学、北京理工大学、机械工业出版社组建的团队成功获批建设“十四五”战略性新兴领域——新一代信息技术（人工智能与机器人）系列教材。针对战略性新兴领域高等教育教材整体规划性不强、部分内容陈旧、更新迭代速度慢等问题，团队以核心教材建设牵引带动核心课程、实践项目、高水平教学团队建设工作，建成核心教材、知识图谱等优质教学资源库。本系列教材聚焦人工智能与机器人领域，凝练出反映机器人基本机构、原理、方法的核心课程体系，建设具有高阶性、创新性、挑战性的《人工智能之模式识别》《机器学习》《机器人导论》《机器人建模与控制》《机器人环境感知》等 20 种专业前沿技术核心教材，同步进行人工智能、计算机视觉与模式识别、机器人环境感知与控制、无人自主系统等系列核心课程和高水平教学团队的建设。依托机器人视觉感知与控制技术国家工程研究中心、工业控制技术国家重点实验室、工业自动化国家工程研究中心、工业智能与系统优化国家级前沿科学中心等国家级科技创新平台，设计开发具有综合型、创新型的工业机器人虚拟仿真实验项目，着力培养服务国家新一代信息技术人工智能重大战略的经世致用领军人才。

这套系列教材体现以下几个特点：

（1）教材体系交叉融合多学科的发展和技术前沿，涵盖人工智能、机器人、自动化、智能制造等领域，包括环境感知、机器学习、规划与决策、协同控制等内容。教材内容紧跟人工智能与机器人领域最新技术发展，结合知识图谱和融媒体新形态，建成知识单元 711 个、知识点 1803 个，关系数量 2625 个，确保了教材内容的全面性、时效性和准确性。

（2）教材内容注重丰富的实验案例与设计示例，每种核心教材配套建设了不少于 5 节的核心范例课，不少于 10 项的重点校内实验和校外综合实践项目，提供了虚拟仿真和实操项目相结合的虚实融合实验场景，强调加强和培养学生的动手实践能力和专业知识综合应用能力。

（3）系列教材建设团队由院士领衔，多位资深专家和教育部教指委成员参与策划组织工作，多位杰青、优青等国家级人才和中青年骨干承担了具体的教材编写工作，具有较高的编写质量，同时还编制了新兴领域核心课程知识体系白皮书，为开展新兴领域核心课程教学及教材编写提供了有效参考。

期望本系列教材的出版对加快推进自主知识体系、学科专业体系、教材教学体系建设具有积极的意义，有效促进我国人工智能与机器人技术的人才培养质量，加快推动人工智能技术应用于智能制造、智慧能源等领域，提高产品的自动化、数字化、网络化和智能化水平，从而多方位提升中国新一代信息技术的核心竞争力。

中国工程院院士

王耀南

2024 年 12 月

前言

《中国制造 2025》中明确提出要加快推进机器人应用，其中智能导航技术是机器人可靠、准确执行任务的信息保障和技术前提，被《新一代人工智能发展规划》列为亟待发展的人工智能关键共性技术。经典的导航技术以获得空间几何信息为主要目标，主要采用各种人工建立的模型驱动，大部分应用于“特定终端、单一场景”。近年来，随着计算机硬件技术的快速发展，以深度学习为代表的人工智能迎来了爆发期，融合人工智能的导航技术应运而生。智能导航通过模型和数据共同驱动，越来越精准、越来越可靠、越来越具有弹性，能更好地适应复杂和陌生的环境，理解高级的任务意图。智能导航技术在智能物流、自动驾驶、智能制造等新兴领域具有广阔的应用前景。为了使学生更好地理解和掌握机器人智能导航技术的相关知识，从而在学习实践中培养解决机器人导航问题的工程能力，编写一本包含经典导航知识和融合人工智能前沿导航技术的教材显得尤为迫切。

本书围绕机器人导航需求，重点介绍机器人导航的数学基础、基于模型的机器人自主以及非自主导航、基于学习的机器人智能导航、多机器人协同导航以及机器人导航规划等。全书共分为 8 章，第 1 章介绍机器人智能导航的概念与内涵、发展现状；第 2 章介绍机器人导航定位的概率描述与滤波方法、刚体运动描述、李代数与非线性优化等相关数学基础知识；第 3 章介绍经典的惯性导航、视觉建图与定位、激光建图与定位等基于模型的机器人自主导航方法；第 4 章介绍经典的卫星导航技术、无线网络定位技术、蓝牙定位技术、射频识别定位技术、二维码定位技术等基于模型的机器人非自主导航方法；第 5 章介绍基于传统机器学习、深度学习以及强化学习的智能导航方法；第 6 章围绕多机器人协同导航介绍协同导航状态估计架构、相对观测方式、时空一致性标定以及典型的协同导航系统；第 7 章围绕机器人导航规划介绍地图表示、全局路径规划及局部路径规划方法；第 8 章以机器人操作系统为软件运行环境，介绍了激光雷达与 IMU 融合同步定位与建图、未知环境自主探索与路径规划、多无人机协同导航三个实验。

全书由吴美平构思、编排和统稿，其中张礼廉参与了第 1 章、第 3 章和第 4 章的编写，于清华参与了第 2 章和第 3 章的编写，陈谢沅澧参与了第 5 章的编写，毛军参与了第 6 章的编写，黄开宏参与了第 7 章和第 8 章的编写。书中的文字、公式、图片的格式修改由熊志明、屈豪、李贵贤、陈云龙、王宇新和李世康等协助完成。

在编写本书的过程中，得到了新一代信息技术（人工智能与机器人）战略性新兴领域教材建设团队负责人王耀南院士的悉心指导，在此表示诚挚的感谢！

机器人智能导航技术是一个持续发展的前沿研究领域，其概念内涵仍在不断发展中，鉴于编者水平有限，书中疏漏和不当之处在所难免，恳请读者批评指正。

编　者

目 录

第 1 章　绪论

导读

本章主要介绍机器人智能导航的概念与内涵、发展现状。此外，对本书的主要内容进行概述，对知识结构进行系统梳理，引导读者系统地阅读和学习。

本章知识点

- 机器人智能导航的概念与内涵
- 机器人智能导航的发展现状

1.1　机器人智能导航的概念与内涵

从广义上来说，机器人是指具有自主移动、感知、决策和执行能力的机器装置。由于本书研究的对象是机器人的导航问题，以无人机、无人车为代表的无人系统与机器人的导航方式具有相通之处，因此书中不严格区分机器人和无人系统。

当前，机器人在军用与民用两大领域均具有广阔的应用前景。在军用领域，机器人具有突防能力强、隐蔽性好、机动灵活等优点，可用于执行侦察、打击、干扰等多种任务。在民用领域，机器人在智慧物流、智能制造、智慧农业等领域应用广泛。例如，在智慧物流领域，机器人可以实现快速、高效的货物配送；在智慧农业领域，机器人可以进行大面积的农作物监测和精准施肥等。

精准导航定位是机器人执行任务的关键支撑技术。国务院 2017 年发布的《新一代人工智能发展规划》中明确指出，重点突破自主无人系统计算架构、复杂动态场景感知与理解、实时精准定位、面向复杂环境的适应性智能导航等共性技术，为各类型无人平台提供核心技术，支撑无人系统应用和产业发展。为了适应机器人智能化、集群化的发展需求，探索并发展能够在复杂环境中实现精准定位、高效协同的智能导航技术变得尤为迫切。这不仅要求导航技术具备更高的环境适应性和鲁棒性，能够灵活应对各种未知或动态变化的环境条件，还强调了群体协同能力的重要性，即实现多个无人平台之间的信息共享、决策同步与行动协调，以共同完成复杂任务。

机器人导航技术的智能化发展是不可逆转的趋势。那么，何为智能导航呢？当前学术界并没有一致的定义。武汉大学郭迟教授团队将其定义为“使用了人工智能方法，以数据驱动形成机器人自身对环境、任务和人的认知，能适应陌生复杂环境的导航”。此外，借鉴大脑神经结构及信息处理机制的类脑导航也属于智能导航研究的范畴。特别是随着脑科学对大脑位置细胞、方向细胞、速度细胞、网格细胞等导航相关神经细胞及其相互作用机理的发现，利用脑启发的神经网络方法处理导航信息实现智能导航的研究越来越多。因此，本书认为机器人智能导航是一种深度融合脑科学、认知科学、人工智能等多领域理论和技术来解决机器人在复杂任务场景下的导航、感知、认知及规划问题的前沿导航技术。智能导航在方法上超越“人工植入的模型”，从感知向认知发展，实现模型和数据共同驱动，向越来越自主、越来越精准、越来越可靠、越来越具有弹性发展，能更好地适应复杂和陌生的环境，支撑机器人理解和完成高级的任务意图。

1.2 机器人智能导航的发展现状

机器人智能导航涉及环境测量感知与理解、导航决策等。其中，环境测量感知与理解是机器人实现自主决策和高效执行任务的基础。环境测量感知通过多源数据空间配准、融合与存储，实现对运动环境要素的统一表征；环境理解是对感知的信息进行深度加工和解读的过程，构建度量与语义的统一模型。导航决策技术是机器人的核心能力之一，基于对环境测量感知与理解的结果，制定出最优的决策方案。

1.2.1 环境测量感知与理解关键技术的发展

随着传感器技术、计算机视觉技术、深度学习技术的不断发展，环境测量感知与理解关键技术不断成熟和完善，在测量层、认知层以及协同层三个技术层级上呈现出并行发展趋势，如图 1-1 所示。

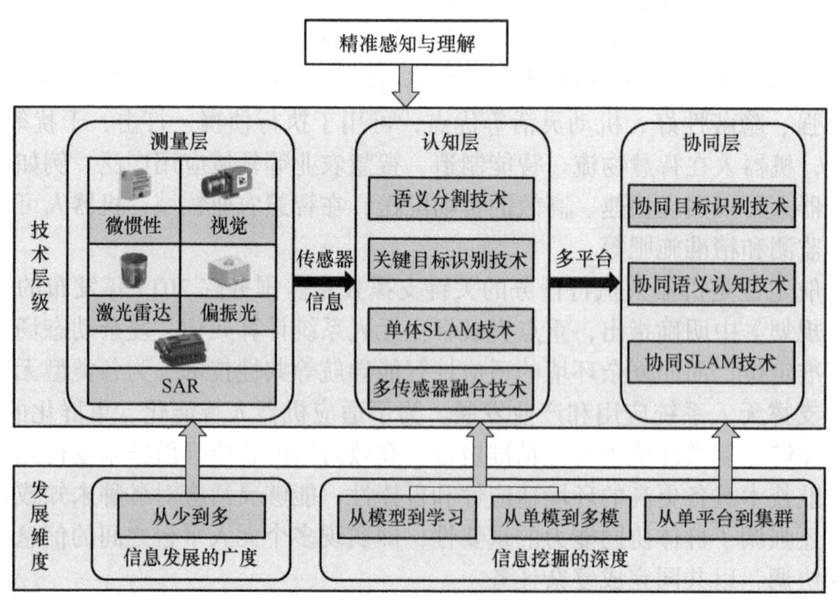

图 1-1 环境测量感知与理解关键技术的发展框图

信息发展的广度主要体现在测量层，从基础的视觉捕捉与激光雷达扫描，到如今的偏振光测量、合成孔径雷达（Synthetic Aperture Radar，SAR）等新技术的涌现，不仅极大地拓宽了环境测量的边界，还使测量手段变得前所未有的多样与精细，为获取全面而深入的环境信息奠定了坚实基础；信息挖掘的深度主要体现在认知层和协同层，对于单体而言，智能处理能力实现了从模型驱动向深度学习技术的飞跃，同时支持从单一模式向多模态融合的转变，极大地提升了场景语义分割的精度、关键目标识别的效率以及同步定位与建图（Simultaneous Localization and Mapping，SLAM）的鲁棒性。而对于多机器人系统，这种深度挖掘更进一步扩展至协同层面，通过多平台间感知信息的共享与互补，以及多视角的协作，集群系统展现出了对环境更加广泛、深刻的理解与感知能力，标志着智能导航技术正朝着更强鲁棒性、更高弹性及完全自主化的方向迈进。

1. 测量层

从微惯性传感器、视觉传感器、激光雷达发展到仿生偏振光罗盘和 SAR，它们作为环境测量感知的重要工具，能够获取目标物体的距离、速度、方向等导航信息，为后续环境认知提供数据基础。

（1）微惯性传感器

微惯性传感器是基于微机电系统（Micro Electro Mechanical System，MEMS）加工技术制作的惯性传感器，包括测量线运动的微机电加速度计和测量角运动的微机电陀螺。其中，微机电加速度计的基本原理可等效为弹簧 – 质块模型，当前微机电加速度计的零偏稳定性为几百微克。微机电陀螺主要采用振动式陀螺的原理，即基于哥氏效应，转动坐标系中的运动物体会受到与转动速度方向垂直的惯性力作用。当前精度较高的微机电陀螺的零偏稳定性可以达到 $0.1(°)/h$。微惯性传感器集成了机械元件、信号处理与控制电路等，能够使专用集成电路与机械传感器集成在同一个芯片上，且可以批量化生产，具有体积小、重量轻、成本低等优点。微惯性传感器的发展历程是一个从理论探索到技术突破再到商业化应用的过程。

（2）视觉 / 激光雷达传感器

视觉传感器通过捕捉图像或视频信号，并利用图像处理技术进行分析和识别，以实现目标检测、跟踪、识别等功能，其发展历程经历了从早期探索到技术成熟再到智能化与高性能发展的多个阶段。

激光雷达通过发射激光束并接收其反射回来的信号来测量目标物体的距离、速度和方向等信息，其发展经历了从 2D 激光雷达到 3D 激光雷达、从机械式激光雷达到固态激光雷达的过程；固态激光雷达是一种新型的激光雷达传感器，与传统的机械扫描式激光雷达不同，它是一种窄视野（Field of View，FoV）的激光雷达，通过光学相位阵列或光电子扫描来实现宽视角的测量。它具有低成本、小尺寸、高可靠性、高稳定性和高速的优点，被认为是未来激光雷达的发展趋势之一。

（3）仿生偏振光罗盘

仿生偏振光罗盘模仿动物器官结构和感知大气偏振光机理，将大气偏振光信息转化为载体航向信息的导航传感器，主要分为两类，一类是基于光电阵列探测器的面阵型偏振光罗盘，另一类是基于光电二极管的点源型偏振光罗盘。

面阵型偏振光罗盘是通过获取观测天空区域的偏振图像信息解算载体航向角，能够实现大气偏振模式精细化图像式测量，具有测量信息丰富、环境适应强的优势，是目前研究的热点。早期主要采用旋转偏振检测器或分割焦平面实现大气偏振信息的面阵式测量，随着微纳米加工和微电子技术的进步，实现了图像传感器与微阵列纳米光栅的片上集成，研制出了分焦平面型偏振光图像传感器芯片，极大地促进了偏振光罗盘的小型化发展。

点源型偏振光罗盘具有成本低、测量动态范围大、计算量小等优势，但由于其仅能够获取单点或多离散点的偏振信息，地面应用时容易因外界遮挡或天气云层变化而导致定向精度下降，甚至失效。

（4）SAR

SAR 是一种主动式微波成像雷达，通过向目标发射微波信号并接收其回波来生成高分辨率的图像。DARPA（美国国防高级研究计划局）开发的视频 SAR 系统能以大于 5Hz 的帧频获取 0.2m 分辨率的 SAR 图像，并对速度范围为 1 ～ 10m/s、加速度范围为 0.98 ～ 9.8m/s^2 的小型机动目标探测跟踪。相比于红外传感器，SAR 在恶劣天气条件下同样可以实现地面目标的动态监视。

2. 认知层

对于单体而言，面向几何、语义、拓扑等信息的认知发展历程经历了从滤波到学习、从单模到多模的过程。如图 1-2 所示，具体来说，语义分割技术最初依赖于特征分类，后来逐渐发展为采用深度学习；关键目标识别也从模板匹配演进到深度学习阶段。同样，单体 SLAM 技术也经历了从卡尔曼滤波到深度学习的进步。随着传感器数量增加，多传感器融合技术也不断涌现，进一步提高了数据处理的精度和可靠性。

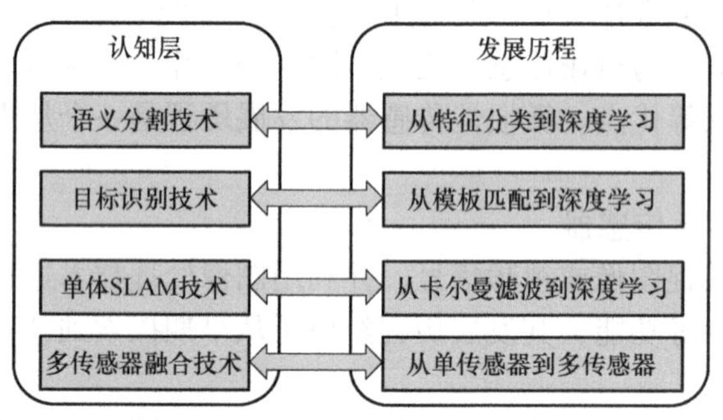

图 1-2　认知层关键技术的发展历程

（1）语义分割技术

对机器人而言，语义认知信息包括环境中物体的类别、尺寸、位置、朝向以及度量地图中不同区域的性质等真实属性。语义信息除用于构建便于与上游规划和决策对接的稠密语义地图外，还可用于 SLAM 系统的前端动态特征滤除、位置识别与重定位等功能模块，以提高定位的精度和鲁棒性。自语义 SLAM 研究兴起以来，国内外研究团队已进行许多有益的探索，其发展历程如图 1-3 所示。

早期工作主要围绕稠密点云的语义分割开展。比如，2014 年 Hermans 等人提出一种基于 2D 语义分割，通过 2D–3D 标签转移实现的稠密点云语义分割方法。除 2D–3D 标签转移外，还有一类方法直接对三维（3D）点云进行分割，典型工作如 2017 年 Tateno 等人提出的 CNN-SLAM，其基于同构的深度估计和语义分割网络直接获得三维点云语义标签，并将其有效融合于基于 LSD-SLAM 所得到的单目稠密点云地图实现稠密语义建图。同样在 2017 年，Dyson 实验室的 McCormac 等人提出 Semanticfusion，使用卷积神经网络进行语义分割完成基于 RGB-D SLAM 的稠密语义建图。

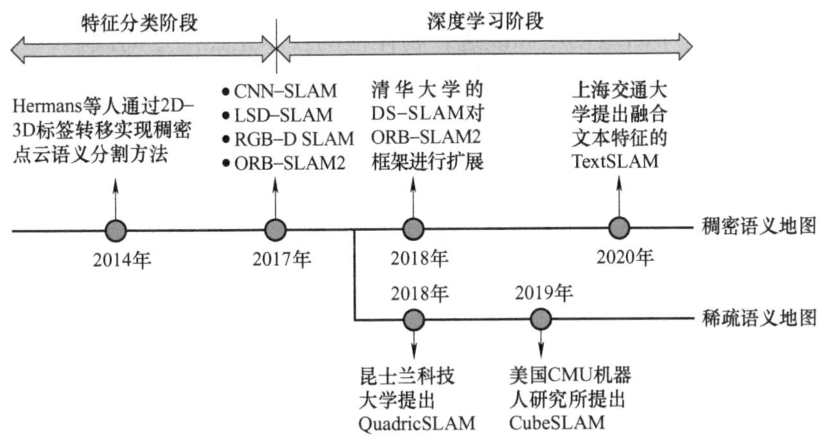

图 1-3　语义分割技术的发展历程

在 2017 年 ORB-SLAM2 系统这一里程碑性的工作出现之后，语义 SLAM 相关的工作多以该系统为基础框架。比如 2018 年清华大学的 DS-SLAM 对 ORB-SLAM2 框架进行了扩展，通过五个并行线程，即运行跟踪、语义分割、局部建图、闭环检测和语义八叉树建图，其中，语义分割线程将语义分割网络 SegNet 与 ORB 特征运动一致性检查方法相结合，将场景中的动态部分过滤，在完成语义建图的同时借助语义信息提高了系统对动态场景的鲁棒性。

同期，基于稀疏地图的物体级语义 SLAM 技术也开始发展。物体级语义 SLAM 是语义 SLAM 的一个分支，以场景中的物体为主要元素进行建图，语义网络通常使用实例分割或目标检测框架。2019 年美国 CMU 机器人研究所发表的工作 CubeSLAM 使用立方体对物体进行描述，使用单目相机实现了物体级的建图、定位和动态物体跟踪。除以 CubeSLAM 为代表的立方体描述外，另一类主流的环境物体描述是椭球体（特殊双曲面）描述。典型工作是澳大利亚昆士兰科技大学机器人技术中心于 2018 年发表的工作 QuadricSLAM，其将 2D 矩形检测框转化为对偶二次曲线椭球体来表示环境中的物体。

近 5 年内，环境语义感知技术的发展重心仍集中分布在基于点云分割的稠密语义建图和物体级语义半稠密建图两方面。此外，也有新的语义模态被引入机器人环境语义感知研究中，例如上海交通大学邹丹平团队发表的工作 TextSLAM 中提出的令机器人仿照人类阅读和理解场景中的文本信息（例如道路标识和建筑名称）来实现智能导航的思路，从几何和语义上挖掘场景文本的基本特征，使得系统借助文本语义信息能够应对于传统 SLAM 而言具有挑战性的环境，例如模糊、大视角变化和光照变化等，为机器人的环境语义认知开辟了另一种新模式。就近年发展形势来看，未来有望实现多模互补融合的更加全面的环境语义感知方法，使机器人环境认知技术达到任务交互性更强、辅助定位作用更大的新层次。

（2）目标识别技术

自 20 世纪 50 年代以来，图像识别技术一直是热点研究领域，特别是在检测图像中特定物体的存在方面，它吸引了无数研究者的关注。随着计算机硬件技术的飞速发展和机器学习领域的突破性进展，到了 20 世纪 90 年代，物体检测技术开始迎来显著的进步，并逐步走向成熟，研究人员一直在努力提升物体检测技术的准确性和稳定性，以满足不同应用场景的实际需求。通过不断地创新和改进，物体检测技术正逐渐走向成熟，并在各个领域展现出广阔的应用前景，其发展历程如图 1-4 所示。

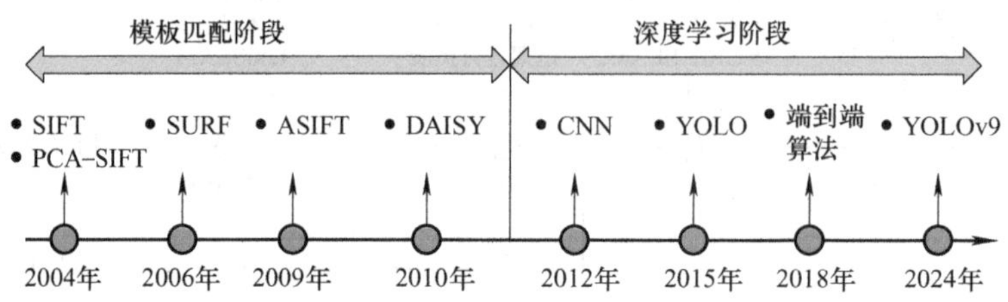

图 1-4　目标识别技术的发展历程

在深度学习普及之前，目标识别主要依赖于精心设计的特征描述符。David G. Lowe 在 2004 年提出的 SIFT 算法，通过尺度空间极值检测和关键点定位，为图像中的局部特征提供了尺度不变性和旋转不变性。此后 Ke Y 等人提出的 PCA-SIFT 算法对 SIFT 算法进行了改进，通过主成分分析降低特征维度。2006 年和 2010 年提出的 SURF 算法和 DAISY 算法分别提高了计算速度和对光照变化的鲁棒性，而 2009 年 Morel J M 提出的 ASIFT 算法则进一步扩展到全仿射不变性。这些方法为图像匹配和物体识别奠定了基础，但性能受限于手工特征的表达能力和泛化能力。

转折点出现在 2012 年，由多伦多大学的 Krizhevsky 等人提出的 AlexNet 在 ILSVRC（ImageNet Large Scale Visual Recognition Challenge，ImageNet 大规模视觉识别挑战）竞赛中取得了突破性成绩，证明了深度卷积神经网络（CNN）在大规模图像分类任务中的优越性。这标志着目标识别进入了一个全新的时代。紧接着，Girshick 等人将深度特征应用到目标检测中，提出了基于区域的检测框架，显著提高了检测的准确率。

随着深度学习理论和技术的不断成熟，目标检测技术经历了快速迭代。2017 年，中科大的 Shaoqing Ren 与当时在微软研究所工作的 Kaiming He 等人合作提出的 Faster R-CNN 通过引入区域提案网络（Region Proposal Network，RPN），大大加速了目标检测过程。同年，由 Kaiming He 等人提出的 Mask R-CNN 在 Faster R-CNN 的基础上增加了实例分割功能，展现了深度模型的多功能性。在此之前的 2015 年，YOLO（You Only Look Once）系列模型被华盛顿大学的 Joseph Redmon 等人划时代地提出并逐代更迭，它强调实时性，提出了一种统一且快速的目标检测框架。这些进展不仅提升了检测速度，还优化了模型在复杂场景下的表现。

为了提升 YOLO 算法的检测精度，其后续迭代版本 YOLOv2 和 YOLOv3 应运而生，带来了显著的性能优化。特别是在 YOLOv3 的设计中，引入了强大的 Darknet-53 作为主干网络，并巧妙融合了残差网络的跳连结构，有效整合了图像的浅层和深层特征，这一策略极大地增强了模型的检测效能。此后，检测领域又迎来了诸如 2018 年马里兰大学的

SNIPER、2020 年华东师范大学的 Trident Net 等创新性的端到端目标检测算法，它们在技术前沿不断探索和突破。在此技术演进的浪潮中，更为先进和高效的 YOLOv9 也在 2024 年被推出，持续推动着目标检测技术的发展。

（3）单体 SLAM 技术

SLAM 技术是指机器人利用自身搭载的传感器构建环境地图，同时利用环境信息进行自主定位。SLAM 最早于 1986 年由 Randall C. Smith 和 Peter Cheeseman 提出。随着传感器类型的扩充以及运动恢复结构（Structure from Motion，SfM）技术的出现，基于不同传感器和优化理论的 SLAM 技术得到迅速发展，并在增强现实（Augmented Reality，AR）、虚拟现实（Virtual Reality，VR）、机器人等领域得到广泛应用。

SLAM 技术以多种传感器为基础，如激光雷达、视觉、惯性测量单元（Inertial Measurement Unit，IMU）等。目前激光 SLAM 和视觉 SLAM 是两种主流方法。

1）激光 SLAM 主要通过激光雷达直接获得载体相对于环境的距离和方位信息，实现环境的建图和载体自身相对位置的确定。激光 SLAM 主要分为 2D 激光 SLAM 和 3D 激光 SLAM。单线激光雷达是 2D 激光 SLAM 的主要传感器，通过单个探测器从一个角度扫描环境，其只能获取一个平面的点云数据，而无法获取三维物体的高度信息，因此应用场景有限，主要应用于室内地面环境，扫地机器人是 2D 激光 SLAM 的一个典型应用。多线激光雷达应用于 3D 激光 SLAM，采用多个探测器同时从不同的角度扫描环境，可以获取含有三维物体坐标信息的点云数据。多线激光雷达根据探测器数目，即线数的不同，又可分为 16、32、64、128 等不同型号；随着线数增加，获取点云数据的速度越快、数据量越丰富，建立的地图精度越高。

激光 SLAM 技术的发展历程如图 1-5 所示。1987 年，EKF-SLAM 算法是首个开源 SLAM 方法，也是首个 2D 激光雷达 SLAM 方法，由于时代技术限制，该方法存在计算复杂度高等问题，其生成的特征地图也无法用于导航。直到 2002 年，Fast-SLAM 算法将 SLAM 问题分解为位姿估计和建图两个相互独立的子问题，可以处理非线性问题，但存在粒子退化问题。2007 年，G-Mapping 算法改善了粒子退化问题，但其严重依赖里程计，无法构建大尺度地图。2009 年之前，SLAM 多基于滤波的方法。2009 年，Karto 作为第一个基于图优化的开源 SLAM 方法问世，且具有闭环检测功能，但其实时性较差。2016 年，Google 在 Karto 的基础上进行改进，提出并开源 Cartographer 算法，该算法精度高、实时性强，且支持多传感器，但对计算资源要求较高。

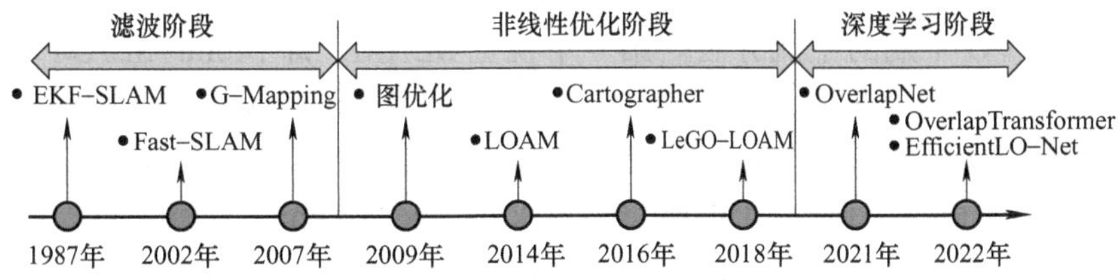

图 1-5　激光 SLAM 技术的发展历程

2014 年，卡内基梅隆大学 Zhang 等人提出 LOAM 算法，它是经典且具有代表性的算法，后续许多激光 SLAM 算法都借鉴其思想。LOAM 仅利用 6 自由度运动的 2 轴激光雷达距离测量来实现实时里程计和建图，在不需要高精度测距或惯性测量的情况下实现了低漂移和低计算复杂度，但缺少后端优化和闭环检测模块，在大规模场景和闭环较多场景下会产生漂移，导致精度大幅度降低。2018 年，Shan 等在 LOAM 的基础上加入闭环检测功能，提出并开源 LeGO-LOAM 算法，引入关键帧概念，使用关键帧及其局部范围内的数据帧组成 loop-submap，这样可以极大地减少计算量，过滤冗余数据，让当前数据帧与 loop-submap 进行匹配，达到闭环检测的目的。LeGO-LOAM 算法是一个轻量级的 SLAM 算法，比 LOAM 算法更加鲁棒精确，计算量更小，但它也有局限性，相比于 LOAM算法，LeGO-LOAM算法提取特征的策略是将三维点云投影到二维（2D）图像上，以此来分离地面点和非地面点，去除噪声，这就使得算法对地面环境要求较为苛刻。

此外，随着人工智能的发展，深度学习与激光雷达 SLAM 的结合主要应用于系统中的几个模块，如点云的特征提取和配准、闭环检测、构建语义地图。在点云处理部分主要分为两种方式：一是基于学习的特征提取，如 FCGF、SpinNet；二是基于深度学习网络的端到端的点云配准方法，如 Lepard、REGTR。准确的闭环检测一直是激光雷达 SLAM 有待解决的问题，利用深度学习构建合理的网络模型，通过大量的学习可以使算法提取点云中的关键特征信息，提高闭环准确率，如 2021 年的 OverlapNet 算法和 2022 年的 Overlap Transformer 算法等。除了模块应用外，2022 年由上海交通大学 Wang 等人提出的 EfficientLO-Net 算法是第一个完全端到端的高效 3D 激光雷达里程计框架，它提出了基于投影感知的三维点云表示方法和特征学习方法，其性能优于近期所有基于学习的激光雷达里程计，甚至优于基于几何方法的 LOAM 算法。

2）视觉 SLAM 主要依靠视觉传感器，其价格适中，使用方便。自 2004 年 Bergen 等提出视觉里程计（Visual Odometry，VO）后，基于图像序列估计相机运动的方法引起了科研人员的重视。将建图环节引入 VO 极大地促进了构建环境地图强化数据关联的视觉 SLAM 技术的发展。视觉 SLAM 通过多帧图像估计自身的位姿变化，再通过累积位姿变化计算载体在当前环境中的位置，与激光 SLAM 技术相比，它具有低成本、应用方便、信息丰富、隐蔽性强等诸多优势，发展潜力巨大。

近年发展迅速的深度学习技术在视觉 SLAM 中也得到了广泛应用，可将纯视觉 SLAM 分成基于成像几何和基于深度学习这两大类。其中，基于成像几何的视觉 SLAM 依据前端原理不同可分为特征点法和直接法两类，基于深度学习的视觉 SLAM 依据深度学习在视觉 SLAM 中的学习功能形式不同可分为模块替代 SLAM 和端到端 SLAM 两类。

① 基于成像几何的视觉 SLAM 方法。该方法利用二维图像和三维点之间的几何结构映射关系求解导航参数，其主要涉及两类前端技术：特征点法和直接法。

特征点法是 VO 早期的主流方法。第一个视觉 SLAM，即 Mono-SLAM 于 2007 年首次提出通过移动端相机获取三维运动轨迹，在个人计算机上可以 30Hz 的频率实时工作，但其单线程结构与实时性要求限制了前端特征跟踪数量。因此 Klein 等提出具备跟踪和建图双线程结构的并行跟踪与映射（Parallel Tracking and Mapping，PTAM）方法，首次通过非线性优化，即光束法平差（Bundle Adjustment，BA）方式计算相机轨迹和全局一致环境地图。2013 年，Labbe 等提出了基于实时外观建图（Real-Time Appearance-Based Mapping，RTAB-MAP）的方法，基于 BoW 模型将图像表示为视觉词汇的集合，实现闭环检测。

直接法简化跟踪特征，直接依据图像像素信息估计运动，逐渐得到广泛研究。2011

年，Newcombe 等提出了首个基于单像素的直接法 SLAM，稠密跟踪与建图（Dense Tracking and Mapping，DTAM）方法，结合单个 RGB 相机可在 GPU（图形处理单元）中实时定位与跟踪。为了在一定程度上保留关键点信息，随后 Forster 等提出用稀疏特征点代替像素匹配的半直接法视觉里程计（Semi-direct Visual Odometry，SVO）方法，Engel 等提出构建大尺度全局一致性半稠密环境地图的大范围直接同步定位与建图（Large-Scale Direct SLAM，LSD-SLAM）算法，以及通过最小化光度误差计算相机位姿与地图点的位置，将数据关联与位姿估计统一在非线性优化中的直接稀疏里程计（Direct Sparse Odometry，DSO）方法中。

从以上基于成像几何的视觉 SLAM 方法的演化趋势可知：特征点法主要对前端关键点进行改进优化，直接法的前端则由基于像素估计趋向结合特征点法的半稠密方式，后端优化部分由滤波器过渡到非线性优化为主，地图类型也由点云地图扩展为半稠密 / 稠密地图，适用模式由单目逐步扩充为双目和 RGB-D 模式。

② 基于深度学习的视觉 SLAM 方法。随着应用场景和任务的日益复杂化，基于成像几何的视觉 SLAM 逐渐呈现出易受光照变化和运动速度干扰与影响等缺点。因此，随着深度学习技术的蓬勃发展，基于深度学习的视觉 SLAM 研究也逐渐成为视觉的一个研究热点。基于深度学习的视觉 SLAM 方法，主要用深度学习代替了 SLAM 部分或者全部的模块。

2008 年，Roberts 等首次将机器学习应用于 VO。2017 年，佳能公司提出的 CNN-SLAM 将 LSD-SLAM 中的深度估计和图像匹配模块都替换成基于 CNN 的方法，提升系统场景适应性。2021 年，中国科学技术大学提出结合几何约束和语义分割去除动态环境中移动对象的 DP-SLAM 方法，结合移动概率传播模型进行动态关键点检测，有助于虚拟现实的应用研究。

除了利用深度学习方法替代 SLAM 模块外，还可利用深度学习实现端到端 SLAM。端到端的视觉 SLAM 方法直接估计图像序列的帧间运动，在线计算速度快，具有较强的算法迁移能力，计算速度相比替代传统 SLAM 模块的方法更快。2015 年，剑桥大学基于图像识别网络 GoogleNet 开发了基于单张图像信息的绝对位姿估计网络 PoseNet。2017 年，埃塞克斯大学提出的 UnDeepVO 采用无监督深度学习训练双目图像，可通过单目图像估计相机位姿并实现绝对尺度的恢复。弗赖堡大学提出的 De-MoN 利用连续无约束的图像计算深度及相机运动，还可对图像间的光流和匹配的置信度进行估计。2019 年，伦敦大学学院提出的 Monodepth2 是一种基于 CNN 的自监督方法，通过在运动图像序列上训练一个建立在自监督损失函数上的架构实现深度及位姿预测。2020 年，北京大学提出一种单目深度、位姿估计的无监督学习网络 SfM-Learner，可从无标签视频序列中进行深度和相机姿态估计卷积神经网络的训练。

基于成像几何的方式和基于深度学习的方式都存在优势和不足。成像几何方法理论成熟，特征点法适用于尺度较大的运动，鲁棒性更好；但特征提取耗时，直接法速度快，适用于特征缺失场景，但灰度不变假设不易满足，不适合快速运动。基于深度学习的方法对光线复杂环境的适应性强，对动态场景识别更加有效，可结合语义信息构建地图，但同样存在训练时间长、计算资源大、可解释性差等问题。因此无论是理论成熟、具有可解释性模型的传统方法还是可移植性强的深度学习方法都亟待进一步深入研究。

（4）多传感器融合技术

由于单一传感器适用范围的限制，多源传感器组合 SLAM 方法迅速发展，结合多传感器信息和多层次互补滤波，可大大提升载体的 SLAM 整体性能。目前视觉 / 惯性 SLAM、激光 / 惯性 SLAM、激光 / 惯性 / 视觉 SLAM 是三种主流的组合方式。多源组合 SLAM 技术包括前端里程计模块、后端优化模块、闭环检测模块及地图构建模块。

作为一种常见的自主导航方式，传统的可见光视觉与惯性信息融合 SLAM 技术，在研究成本和隐蔽性方面均具有较大优势。现阶段使用最多的两种分别是 VINS 系列及 ORB–SLAM 系列。2018 年，香港科技大学沈劭劼团队提出 VINS–Mono，使用一个单目相机和一个低成本 IMU 组成单目视觉惯导系统，并采用紧耦合的非线性优化方法，通过融合预积分 IMU 测量和特征观测，获得高精度的视觉 – 惯性里程计。该团队还提出了同系列视觉 SLAM 方法 VINS–Mobile 与 VINS–FUSION。VINS–FUSION 是 VINS–Mono 的扩展，支持多种视觉惯性传感器类型（单目相机 + IMU、双目相机 +IMU，甚至仅使用相机），并在 VINS–Mono 的基础上，添加了 GNSS（全球导航卫星系统）等可以获取全局观测信息的传感器，使得 VINS–FUSION 可以利用全局信息消除累积误差，进而减小闭环依赖。Mur Artal 等人分别于 2015 年及 2017 年提出针对单目相机的 ORB–SLAM 及可用于单目、双目、RGB–D 相机的 ORB–SLAM2 算法。Campos 等人于 2021 年提出的 ORB–SLAM3 则进一步拓展了鱼眼相机的使用，并增加了 VIO（视觉惯性里程计）系统。ORB 系列算法含有跟踪、局部建图及闭环检测多线程，选择关键帧作为地图重建点、采用优胜劣汰策略使其获得出色的鲁棒性，并可生成仅在场景内容变化时才增长的紧凑、可跟踪的地图。针对可见光图像在弱光照条件下适应性差的问题，可结合不同成像传感器和图像处理技术获得的异源图像进一步丰富视觉导航信息。

相较于纯激光雷达方案，使用激光雷达与 IMU 进行信息融合，利用 IMU 高频率输出运动信息，校正点云运动畸变，提供一个良好的初值可避免算法陷入局部最小值，提高算法精度、减少计算量。2020 年，美国麻省理工 Shan 等人提出 LIO–SAM，该方法是经典的基于平滑和建图的紧耦合激光 – 惯性里程计。算法里程计部分延续 LOAM 的思想，提取特征点，并使用 IMU 数据校正点云畸变，提供数据帧之间位姿变换的初始值；后端采用因子图优化架构，消除累积误差，进行全局优化。此外，FAST–LIO 可采用固态激光雷达实现高计算效率和强鲁棒性的紧耦合激光 – 惯性里程计。

由于激光雷达 SLAM 多是基于特征点法，且激光雷达传感器本身具有局限性，导致算法在退化场景和非结构场景下会缺乏有效观测而失效。要解决激光雷达在退化场景无法正常工作的问题，可以考虑加入相机传感器，相机可以采集到丰富的语义信息，弥补激光雷达的缺陷。LIO–SAM 团队在 LIO–SAM 中加入相机传感器，提出激光 – 视觉 – 惯性紧耦合的系统 LVI–SAM。LVI–SAM 由激光 – 惯性系统（Lidar Inertial System，LIS）和视觉 – 惯性系统（Visual Inertial System，VIS）组成；LIS 为 VIS 提供准确的深度信息，提高 VIS 精度；反过来 LIS 利用 VIS 的初步位姿估计进行扫描匹配。算法的优点在于即使 VIS 或 LIS 其中一个发生故障，LVI–SAM 也能正常工作，这使得算法在纹理较少和缺少特征的环境下具有较好的鲁棒性。同样的激光 – 惯性 – 视觉里程计还有香港大学 Lin 等人提出的 R2LIVE，使用误差状态迭代卡尔曼滤波融合三个传感器的测量值进行状态估计，并通过因子图进一步优化提高整体精度，但其视觉系统采用特征点法，时间开销大且在非结构化环境下易失效。为了提高算法的实时性和精度，作者在改进版 R3LIVE 中对视觉系统进行重构，使用光流法代替原本的特征点法进行帧间跟踪，通过最小化帧到地图的光度误差融合视觉数据，并为地图渲染 RGB 颜色。

3. 协同层

（1）协同语义认知技术

随着深度学习技术的发展，针对图像、点云等原始测量感知信息的语义认知技术在智能导航中发挥了重要作用，特别是对多机器人协同而言。一方面，机器人可借助语义约束提高其自身定位的准确性和鲁棒性，从而达到更稳定的集群协同和更准确的协同感知；另一方面，集群可借助语义信息提供的丰富的对象信息来构建不同类型的语义地图，为集群自主探索和决策规划提供上层感知信息。

考虑到实际环境复杂多样，为了实现集群的环境认知在个体之间以及时空上的一致性，需要对语义进行认知区分，语义信息关联技术即通过特定的数据关联方法，建立并持续维护这样的语义认知约束。目前的语义对象关联方法研究可分为两类：基于概率的关联方法和基于非概率的关联方法。基于概率的关联方法将物体观测的约束建模为概率分布模型，进而根据模型分布关系来确定帧间物体关联，而非概率的数据关联方法则各有不同。Bescos 等人采用不同的策略来关联动态和静态目标。Li 等人在 2019 年发表的成果中提出，将路标的长方体边界框投影到每个关键帧图像中，再将投影与检测结果使用匈牙利算法进行匹配来进行数据关联，实现了大视差情况下的鲁棒视觉重定位。同年 Hosseinzadeh 等人在进行单目平面检测的语义 SLAM 系统中，使用位于图像中分割平面内检测到的关键点进行匹配，如果公共关键点的数量高于阈值，且两个平面的法向量和距离相似度都在一定范围内，则二者为同一平面对象。而 2022 年发表的 OA-SLAM 生成目标物体的椭球模型工作中，通过交并比（Intersection over Union，IoU）进行数据关联。

此外，协同建立语义地图也是集群语义认知的重要方式。2022 年，MIT SPARK 实验室基于 Kimera 语义 SLAM 框架设计了全分布式密集度量多机协同定位与语义建图系统 Kimera-Multi，成为协同语义建图的典型方法。其中，深度相机的深度图和 IMU 的数据首先经过 Kimera 算法进行语义分割以及局部里程计生成，然后经过匹配全局 ORB 描述子进行异构闭环检测识别相同位置，通过标准几何验证得到初始估计位姿关系后，利用三点法结合 RANSAC 算法计算相对位姿变换后利用 PCM 算法剔除错误定位的结果，最后经过 RBCD 算法进行位姿图优化，最终实现全局语义地图的生成。

一般地，机器人可通过语义分割或实例分割技术获取场景语义信息，建立、维护度量和语义之间的关联关系，从而利用语义关联约束进行定位或建立准确的语义地图。而对集群而言，保证单平台的语义认知在时空上的一致性，并同时保证多平台协同的全域一致性是集群协同语义认知的关键问题，同时也是目前的技术难点。

（2）协同 SLAM 技术

目前，SLAM 技术在单一平台场景中已经日益成熟，但随着 SLAM 任务的不断发展，场景规模呈现扩大化与复杂化的趋势，单平台 SLAM 技术往往难以满足任务需求，因此集群协同同步定位与建图（Collaborative Simultaneous Localization and Mapping，C-SLAM）技术成为研究热点。

在集群协同 SLAM 的各种方法中，主要分为三种方式：集中式、分布式和混合式。混合式是通过分层分簇的方式将前两者进行结合。

在分布式集群系统中，所有机器人都可以作为一个主机器人，各机器人之间是互相独立的。每个机器人都可以获得其他机器人的信息，并自主进行决策。2010 年，由 Cunningham 等人提出的 DDF-SAM 是最早以完全去中心化的方式处理协同 SLAM 的工作之一，通过引入约束因子图作为扩展的图模型，在机器人之间通过共享和传输概要地图来分发信息。DDF-SAM 2.0 进一步将局部和邻域的信息结合在一个单一的、一致的增广局部地图中，从而避免了 DDF-SAM 中过于保守的信息重复计算的方法。目前比较具有代表性的分布式 SLAM 工作有 DOOR-SLAM、Kimera-Multi、Swarm-LIO。虽然分布式 SLAM 方法在大规模机器人集群的可扩展性方面具有优势，但是保证数据一致性和避免信息重复计算是该架构最大的挑战，分布式通信机制、数据共享与地图融合、环境闭环检测和异常处理都是分布式多机 SLAM 需要解决的问题。

集中式集群系统中存在一个中心机器人，该中心机器人具有整个系统的所有信息，所有的信息都需要通过中心机器人进行处理和整合，并且该中心机器人需要对任务进行分配，向各从节点发布命令，使各从节点协作完成任务。2013 年，新加坡国立大学的 Zou 等人提出了一种基于视觉的集群协同 SLAM 算法 CoSLAM，该算法接收来自多个单目相机的图像数据作为输入，将视图发生重叠的相机进行分组，利用动态点和静态点来估计分组中所有相机的位姿。虽然该系统能够在高动态环境中稳定运行，但由于 CoSLAM 需要将所有的图像信息实时发送到服务器，并在 GPU 上运行计算，因此其通信负载与计算成本会随着相机数量的增加而显著增大。针对图像传输过程中的通信负载问题，Riazuelo 等人提出了一种基于 RGBD 相机的协同跟踪与建图框架 C2TAM。该算法在每个机器人上执行位置跟踪线程，并将选取的关键帧图像发送到云端。而云端接收关键帧图像并为每个机器人构建局部地图，同时检测局部地图间的重叠区域并进行地图融合，最后将优化后的完整地图反馈给每个智能体，以促进下一步的跟踪进程。尽管 C2TAM 中每个机器人只发送关键帧图像而不是视频序列，降低了对通信带宽的要求。然而，该系统假设能够将整个地图重复发送给智能体，限制了其实用性和通用性。为了进一步降低通信负载，Foster 等人提出了第一个实时单目协同 SLAM 框架 CSfM。其中，每个机器人通过运行机载里程计算法估计其 6 自由度位姿，只将关键帧的特征点与关键帧之间的相对位姿传给地面站。地面站为每个机器人创建单独的地图，并在检测到重叠时将地图合并在一起，使得每个机器人可以在一个共同的、全局的坐标系下表示它们的位置。尽管 CSfM 算法取得了良好的性能，但该系统没有从服务器向代理发送任何反馈，因此每个机器人前端不能从协同优化结果和其他代理的数据中获利。CCM-SLAM 提出通过卸载计算成本较高的任务来高效利用服务器，例如位置识别、闭环检测、全局 BA 优化等，同时在客户端运行基于 ORB-SLAM 的单目视觉里程计以保证每个智能体在计算资源受限需求下的自主性。

虽然上述的协同 SLAM 框架在通信负载、数据融合等方面得到了较大的提升，但它们仅依赖视觉传感器数据，在纹理特征缺失、光照条件变化、相机快速运动等挑战性环境下容易发生特征跟踪丢失，同时存在地图尺度模糊的问题。为了进一步提高鲁棒性和定位精度，2018 年，苏黎世联邦理工学院的 V4RL（Vision for Robotics Lab）团队提出了

CVI-SLAM，CVI-SLAM 是第一个具有双向通信的协同 VI-SLAM 系统，采用集中式协同 SLAM 的视觉惯性框架，每个智能体运行实时视觉惯性里程计来维护局部地图，实现轨迹和地图的度量尺度估计和重力方向对准，通信接口用于在代理和服务器之间交换关键帧和地图点，实现信息的双向通信。但该算法亦存在实际应用的局限性，例如在定制的视觉惯性里程计前端的接口方面和可扩展到更大的集群系统方面，其灵活性有限。针对此问题，2021 年，该团队提出 COVINS，进一步提出了集中式协同 SLAM 架构，设计了一种更加灵活高效的通信接口和地图管理方案，利用先进的冗余检测算法将架构的可扩展性拓展到多达 12 个智能体的大型集群，同时在定位精度上也取得了显著的提高。虽然现有的集中式架构范例已经被证明是成功的，但它们的性能高度依赖于 VIO 前端的选择，系统的灵活性受到了限制。2023 年，该团队基于 COVINS 框架又提出了一种通用的协作视觉惯性 SLAM 后端 COVINS-G，通过使用通用的多相机相对位姿求解器进行地图融合和闭环检测，只需要 2D 关键点和一个位姿估计来融合多个机器人的估计，从而支持服务器后端与任何 VIO 前端的兼容性。

综合以上分析可以发现，现有的 C-SLAM 系统虽然能够有效融合来自多个智能体的局部地图信息，建立共视特征间的数据关联，实现实时的多智能体在线协同定位与建图功能。但是，这些方法的特征提取与关联仍使用手工经验设计的，例如 ORB 或 BRISK，在光照变化、大视角差异的场景中，其共视特征的匹配关联能力鲁棒性不足，并且只能在具有单一类型平台构建的集群中进行任务协作。

针对这些无法或难以使用传统方法解决的问题，可以采用深度学习的方法协助完成。如 2023 年中山大学提出了一个异构的深度度量学习管道，通过稀疏卷积模块从地面和空中原始点云中提取局部特征，通过 Transformer 编码器对局部特征进行处理，以捕获地面和空中点云之间的重叠，通过异构损失函数的反向传播将其转化为统一的描述符用于检索，实现了空地异构机器人不同视角的协同 SLAM。在 C-SLAM 系统中，也可考虑使用深度学习方法替代手工经验设计方法作为特征提取与关联方法。

1.2.2　动态路径规划与决策关键技术的发展

机器人路径规划与决策技术是指结合导航定位与智能决策技术，通过实时获取机器人的位置、速度、姿态等参数，结合环境信息（如路况、障碍物、天气、交通规则等），运用先进的算法与模型，为机器人规划出最优或可行的行驶路径，并做出运动过程中的智能决策，以实现安全、高效、准确地引导机器人从起始点到达目的地的技术。机器人路径规划与决策技术包含单平台导航决策技术和集群导航决策技术，如图 1-6 所示。

1. 单平台导航决策技术

20 世纪 50 年代，导航决策技术开始了初期探索，研究主要集中在自动控制理论和基于图搜索的理论。当时的算法相对简单，如使用 PID 控制器进行基本的路径跟踪。这一时期，荷兰科学家 Edsger Dijkstra 于 1959 年提出了著名的 Dijkstra 算法，该算法能够有效地计算出图中从单个顶点到所有其他顶点的最短路径。

进入 20 世纪 60 年代后，随着 Shakey 机器人的问世，导航决策技术开始关注感知与反应。算法开始集成简单的传感器输入，实现避障和路径规划，例如使用超声波传感器和简单的避障规则。美国的 Lester Ford 等人于 1962 年提出了 Bellman–Ford 算法，它能够处理带有负权重边的图，解决了之前无法解决的问题。随后，在 1968 年，美国的 Peter Hart 等人提出了 A* 搜索算法，显著提高了搜索效率。A* 算法、Dijkstra 算法和概率路线图算法等传统路径规划算法可在地图的可行驶区中搜索到达目标点的最小代价路径，因其高效性被广泛用于路径搜索，但是这类路径规划算法的前提是对目标点的位置和导航环境已知。在未知环境下，需要对环境进行探索，建立环境地图并发现目标点后才能规划出到达目标点的路径。

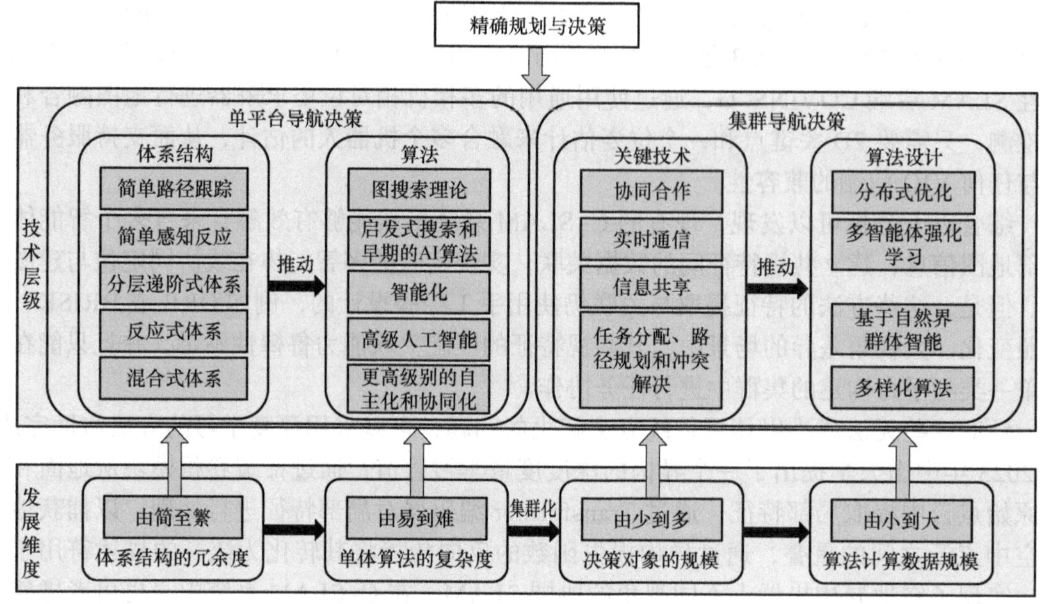

图 1-6　路径规划与决策关键技术的发展

20 世纪 70 年代至 80 年代，导航决策技术主要采用分层递阶式体系结构。这种结构将复杂的决策过程分解为多个层次，例如，路线规划、行为选择和动作执行。主流算法包括基于规则的系统和模糊逻辑控制器，并出现了启发式搜索和早期的 AI 算法，主要有贪心算法、动态规划、专家系统等，主要适用于选择最优路径以及得出更优决策。同时期，美国的 S. Kirkpatrick 等人在 1983 年提出了模拟退火算法，用于解决路径规划中的优化问题。法国的 Oussama Khatib 在 1986 年提出了人工势场法，通过引力和斥力的动态平衡来实现动态避障。到了 20 世纪 90 年代，反应式体系结构开始流行，特别是 Brooks R 提出的基于行为的模型。

20 世纪末 21 世纪初期，随着对复杂环境适应性需求的增加，混合式体系结构应运而生，该体系结构结合了分层和反应式体系结构的优点。路径规划算法则逐渐向智能化发展。意大利的 Marco Dorigo 于 1991 年提出蚁群算法，模拟蚂蚁寻找食物的路径选择行为实现路径规划；美国的 Anthony Stentz 等人在 1994 年提出了 D 算法，这种算法在遇到新的障碍物时，只重新计算从障碍物到目标点之间的路径；美国的 Eberhart 等人在 1995 年模拟鸟群的群体行为提出了粒子群优化算法；为了解决复杂和动态环境，希腊休斯敦莱斯大学的 LE Kavraki 在 1996 年提出了 PRM 算法；德国的 Dieter Fox 等人在 1997 年基于速度采样并通过评价函数对轨迹打分的方式提出了 DWA 算法；美国爱荷华州立大学的 Steven M 在 1998 年基于采样的运动规划提出了 RRT 算法；21 世纪初期，路径规划算法主要针对以上的算法进行创新优化，如 Spline-RRT*、RRT* 等算法。

2010 年以来，随着计算能力的提升和机器学习技术的发展，导航决策技术开始集成更多样化的算法。例如，随机森林和支持向量机（SVM）被用于分类和预测任务，深度学习开始被探索用于环境感知。之后，随着自动驾驶技术的发展，导航决策技术也得到了快速进步。如卷积神经网络（CNN）用于图像识别，循环神经网络（RNN）和长短期记忆（LSTM）网络用于时间序列预测。车联网技术的发展使得车辆能够进行 V2X 通信，促进了协同决策技术的发展。算法开始集成车辆间的信息交换，如基于纳什均衡的博弈论方法用于交通协调。

2010—2015 年这一阶段，导航决策算法开始集成更高级的人工智能技术，如 2013 年英国 DeepMind 公司的 Volodymyr Mnih 等人提出深度 Q 网络，用于路径规划和决策制定。深度神经网络、生成对抗网络等在集群决策算法中的应用，用以提供集群导航中的环境信息和预测其他智能体行为趋势信息。英国 DeepMind 公司的 David Silver 等人 2014 年提出的 DPG 算法，以及 2015 年该公司的 Lillicrap 等人提出 DDPG 算法用以实现集群中个体的动态路径规划和实时决策。

2016—2017 年这一阶段，基于策略梯度的强化学习算法得到进一步发展，英国 DeepMind 公司的 Minh H 等人 2016 年提出 A3C 算法，该公司的 John Schulman 等人 2017 年提出 PPO 算法，该公司的 Ziyu Wang 等人 2016 年提出 ACER 算法，加拿大麦吉尔大学的 Scott Fujimoto 等人 2018 年提出 TD3 算法。这些算法在导航中可以用于实时决策和最优策略的学习。随着传感器技术的发展，在这一阶段，导航决策算法开始融合来自多种传感器的数据，如激光雷达、摄像头、雷达等。多模态感知与数据融合技术提高了机器人的环境感知能力。

2018 年至今，导航决策算法正朝着更高级别的自主化和协同化方向发展。如香港科技大学与浙江大学的周博宇、高飞等人 2018 年和 2019 年分别提出了 Btraj 和 FAST-planner 算法，针对复杂和未知的环境实现无人机的快速路径规划。进入 2020 年后，导航决策技术迎来了高精度地图和多模态感知技术的广泛应用，深度学习的应用进一步增强了图像识别和物体检测的准确性，而创新的传感器融合算法如卡尔曼滤波器和粒子滤波器，有效提升了数据处理的鲁棒性。随着算力的提升，导航决策技术开始能够实时处理庞大的数据流。随着行业标准化和系统冗余设计的出现，导航决策技术的安全性与可靠性得到了进一步提升。浙江大学周昕等人 2021 年提出的 EGO-Planner 和 EGO-Swarm 算法、浙江大学和香港科技大学 2022 年提出的 MINCO 轨迹规划框架、埃及的 Mohamed Abdel-Basset 等人 2023 年提出的蜘蛛峰优化算法 SWO 等，用于实现更加智能的路径规划和导航决策。

2. 集群导航决策技术

随着人工智能和自主系统的飞速发展，传统的导航决策技术已逐渐向集群导航决策技术演进。这种转变不仅标志着技术层面的突破，更是应对复杂环境和任务需求的必然选择。集群导航决策技术通过集成先进的感知、学习和协同策略，赋予了集群系统在多变环境中执行多样化任务的能力，集群通过实时感知环境、动态调整路径规划、相互协作和交流以及自主探索新路径等方式，共同完成任务并实现整体目标，为未来智能化作战和民用应用开辟了新的可能性。

集群导航决策技术相较于单平台导航决策技术，主要区别在于其强调多机器人间的协同合作、实时通信与信息共享，以及对复杂性管理的高要求。集群技术需要处理任务分配、路径规划和冲突解决等问题，同时具备更高的鲁棒性和容错性，追求集群整体的最优性能。在算法设计上，集群技术倾向于采用分布式优化和多智能体强化学习，而单平台技术则更多使用集中式处理方法。在应用场景上，集群技术适用于大规模协作任务，单平台技术则适用于单一或小规模任务。这些差异随着机器人技术的进步而变得更加显著，推动了算法和应用的创新发展。

集群导航决策技术的研究主要开始于 20 世纪末到 21 世纪初，研究者受到自然界群体行为的启发，开始探索基于自然界群体智能的算法，意大利学者 Dorigo M 等人 1991 年提出了蚁群算法，浙江大学的李晓磊等人 2002 年提出了人工鱼群算法，土耳其学者 Karaboga 等人 2005 年提出了人工蜂群算法。

进入 21 世纪，随着计算能力的提升和优化算法的发展，集群导航决策算法开始多样化。贪心算法、模拟退火算法、粒子群优化算法、遗传算法等在集群导航决策中开始应用，这些算法主要用于解决路径规划和任务分配问题。

集群导航决策算法的发展历程是一个不断进化和完善的过程，随着新技术的出现和应用需求的变化而发展。从简单的启发式算法到集成化、智能化的复杂系统，集群导航决策技术展现出巨大的潜力和应用前景。

1.3 本书章节的逻辑关系

本书作为面向机器人领域的导航技术教材，内容选择上坚持经典与前沿结合、理论与实践结合。因此，本书内容涵盖了机器人导航的数学基础、基于模型的机器人自主导航以及非自主导航、基于学习的机器人智能导航、多机器人协同导航、机器人导航规划等知识，同时设计了机器人智能导航实践。本书章节的逻辑关系如图 1-7 所示。

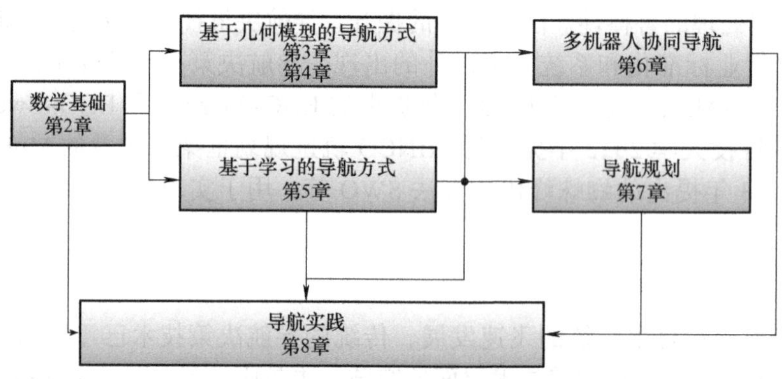

图 1-7　本书章节的逻辑关系

第 2 章主要介绍描述机器人位置、速度、姿态以及运动等导航相关的数学基础，这些数学基础是设计机器人导航方法的起点。比如机器人导航定位的概率描述是设计导航滤波方法的基础。李群与李代数是描述机器人刚体运动的重要数学工具，基于此可以设计非线性优化的机器人导航方法。

第 3 章主要介绍不依赖于外部设施进行定位的自主导航方法。其中，最典型的就是基于经典牛顿力学的惯性导航技术，根据已知的初值以及惯性传感器测量的角运动和线运动信息，利用递推的方式估计机器人的导航参数。此外，学术界常把不依赖于预先建立的标记点的视觉和激光建图与定位技术归类为自主导航范畴，该章将对其原理进行介绍。此类定位技术常用于满足机器人在未知场景或者电磁干扰场景中的导航需求。

第 4 章主要介绍依靠外部辅助设施进行定位的非自主导航方法。其中，最典型的就是基于几何交汇原理的卫星导航技术，利用载体到多颗已知位置的卫星距离解算载体的位置和钟差等信息。此外，基于无线网络热点、蓝牙信标、射频信标、二维码标签、磁场指纹等预先设置的辅助设施进行导航的方式也将在该章介绍，此类定位技术常用于满足工业机器人、物流机器人等在固定场景中的导航需求。

第 5 章主要介绍基于学习的机器人智能导航方法，此类方法以机器学习的快速发展的理论和技术为基础。机器学习技术不仅帮助构建了智能导航系统以解决复杂实时状态估计和路线规划等问题，同时也大力推动了导航技术的智能化创新。该章将深入探讨传统机器学习方法、深度学习方法以及强化学习方法在智能导航中的应用。

第 6 章主要介绍多机器人协同导航技术。多机器人协同完成任务是智能制造、智慧物流、智慧农业等应用场景的典型需求。因此，多机器人协同导航定位的需求十分迫切。通过协同导航，可以实现 $1+1>2$ 的效果，即通过协同提升单平台的导航定位精度。该章将介绍协同导航状态估计的典型架构、协同导航的相对观测方式以及相应的协同导航算法。统一的时空基准是多机器人协同的前提，因此该章还将介绍多机器人协同导航时空一致性标定技术。最后，该章将介绍无人机集群以及地面机器人等典型的协同导航系统。

第 7 章主要介绍机器人在复杂场景中自主完成任务所必需的导航规划方法。首先介绍常见的地图表示方法，然后分别介绍典型的全局路径规划方法和局部路径规划方法。其中，全局路径规划主要解决机器人到达目的地的完整线路选择问题，而局部路径规划则主要解决机器人移动过程中局部障碍物的规避问题。

第 8 章主要介绍机器人智能导航实践相关的工具和案例。实践以机器人操作系统为软件运行环境，设置了激光雷达与惯性导航系统融合同步定位与建图、未知环境自主探索与路径规划、多无人机协同导航三个实验内容，每个实验均详细介绍了实验的设置、典型算法的实践流程等，为培养学生的机器人智能导航实践能力提供支撑。

本章小结

本章介绍了机器人智能导航的基本概念与内涵，从测量层、认知层、协同层梳理了环境测量感知与理解关键技术的发展，同时从单平台和集群两个方面梳理了动态路径规划与决策关键技术的发展，最后介绍了本书章节内容之间的逻辑关系。

思考题与习题

1-1 什么是智能导航技术?

1-2 发展智能导航技术，需要解决哪些关键问题?

参考文献

[1] 郭迟，罗亚荣，左文炜，等. 机器人自主智能导航 [M]. 北京：科学出版社，2023.

[2] 朱祥维，沈丹，肖凯，等. 类脑导航的机理、算法、实现与展望 [J]. 航空学报，2023，44（19）：6–38.

[3] HERMANS A，FLOROS G，LEIBE B. Dense 3D semantic mapping of indoor scenes from RGB–D images[C]//2014. IEEE International Conference on Robotics and Automation.Hong Kong：IEEE，2014：2631–2638.

[4] TATENO K，TOMBARI F，LAINA I，et al. CNN–SLAM：Real–time dense monocular slam with learned depth prediction[C]//2017. IEEE Conference on Computer Vision and Pattern Recognition. Honolulu：IEEE，2017：6565–6574.

[5] ENGEL J，SCHÖP T，CREMERS D. LSD–SLAM：Large–scale direct monocular SLAM[C]// European Conference on Computer Vision.Munich：Springer，2014：834–849.

[6] MCCORMAC J，HANDA A，DAVISON A，et al. Semanticfusion：Dense 3D semantic mapping with convolutional neural networks[C]//2017. IEEE International Conference on Robotics and Automation. Singapore：IEEE，2017：4628–4635.

[7] MUR–ARTAL R，TARDÓS J D. ORB–SLAM2：An open–source SLAM system for monocular，stereo，and RGB–D cameras[J]. IEEE Transactions on Robotics，2017，33（5）：1255–1262.

[8] YU C，LIU Z X，LIU X J，et al. DS–SLAM：A semantic visual SLAM towards dynamic environments[C]//2018 IEEE/RSJ International Conference on Intelligent Robots and Systems. Madrid：IEEE，2018：1168–1174.

[9] BADRINARAYANAN V，KENDALL A，CIPOLLA R. SegNet：A deep convolutional encoder–decoder architecture for image segmentation[J]. IEEE Transactions on Pattern Analysis and Machine Intelligence，2017，39（12）：2481–2495.

[10] WU Y M，ZHANG Y Z，ZHU D L，et al. An object SLAM framework for association，mapping，and high–level tasks[J]. IEEE Transactions on Robotics，2023，39（4）：2912–2932.

[11] YANG S，SCHERER S. CubeSLAM：Monocular 3D object SLAM[J]. IEEE Transactions on Robotics，2019，35（4）：925–938.

[12] NICHOLSON L，MILFORD M，SÜNDERHAUF N. QuadricSLAM：Dual quadrics from object detections as landmarks in object–oriented SLAM[J]. IEEE Robotics and Automation Letters，2018，4（1）：1–8.

[13] LI B Y，ZOU D P，SARTORI D，et al. TextSLAM：Visual SLAM with planar text features[C]//2020 IEEE International Conference on Robotics and Automation. Paris：IEEE，2020：2102–2108.

[14] LOWE D G. Distinctive image features from scale–invariant keypoints[J]. International Journal of Computer Vision，2004，60：91–110.

[15] KE Y，SUKTHANKAR R. PCA–SIFT：A more distinctive representation for local image descriptors[C]//2004 IEEE Computer Society Conference on Computer Vision and Pattern Recognition. Washington：IEEE，2004：506–513.

[16] BAY H, TUYTELAARS T, GOOL L V. SURF: Speeded up robust features[C]//2006 European Conference on Computer Vision. Graz: Springer, 2006: 404–417.

[17] TOLA E, LEPETIT V, FUA P. DAISY: An efficient dense descriptor applied to wide-baseline stereo[J]. IEEE Transactions on Pattern Analysis and Machine Intelligence, 2010, 32 (5): 815–830.

[18] MOREL J M, YU G. ASIFT: A new framework for fully affine invariant image comparison[J]. SIAM Journal on Imaging Sciences, 2009, 2 (2): 438–469.

[19] KRIZHEVSKY A, SUTSKEVER I, HINTON G. ImageNet classification with deep convolutional neural networks[J]. Communications of the ACM, 2017, 60 (6): 84–90.

[20] GIRSHICK R, DONAHUE J, DARRELL T, et al. Rich feature hierarchies for accurate object detection and semantic segmentation[C]//2014 IEEE Conference on Computer Vision and Pattern Recognition. Columbus: IEEE, 2014: 580–587.

[21] REN S Q, HE K M, GIRSHICK R, et al. Faster R-CNN: Towards real-time object detection with region proposal networks[J]. IEEE Transactions on Pattern Analysis and Machine Intelligence, 2017, 39 (6): 1137–1149.

[22] HE K M, GKIOXARI G, DOLLÁR P, et al. Mask R-CNN[J]. IEEE Transactions on Pattern Analysis and Machine Intelligence, 2020, 42 (2): 386–397.

[23] REDMON J, DIVVALA S, GIRSHICK R, et al. You only look once: Unified, real-time object detection[C]//2016 IEEE Conference on Computer Vision and Pattern Recognition. Las Vegas: IEEE, 2016: 779–788.

[24] SINGH B, NAJIBI M, DAVIS L S. SNIPER: Efficient multi-scale training[C]//the 32nd International Conference on Neural Information Processing Systems. Montreal: Curran Associates Inc., 2018: 9333–9343.

[25] LIU J, WU H Y, XIE Y, et al. Trident dehazing network[C]//2020 IEEE/CVF Conference on Computer Vision and Pattern Recognition Workshops. Seattle: IEEE, 2020: 1732–1741.

[26] WANG C Y, YEH I H, LIAO H Y M. YOLOv9: Learning what you want to learn using programmable gradient information[J]. arXiv: 2402.13616, 2024.

[27] SMITH R C, CHEESEMAN P. On the representation and estimation of spatial uncertainty[J]. International Journal of Robotics Research, 1986, 5 (4): 56–68.

[28] MONTEMERLO M, THRUN S, KOLLER D, et al. FastSLAM: A factored solution to the simultaneous localization and mapping problem[C]//Eighteenth National Conference on Artificial Intelligence. Edmonton: AAAI, 2002: 593–598.

[29] GRISETTI G, STACHNISS C, BURGARD W. Improved techniques for grid mapping with Rao-Blackwellized particle filters[J]. IEEE Transactions on Robotics, 2007, 23: 34–46.

[30] KONOLIGE K, GRISETTI G, KÜMMERLE R, et al. Efficient sparse pose adjustment for 2D mapping[C]//2010 IEEE/RSJ International Conference on Intelligent Robots and Systems. Taipei: IEEE, 2010: 22–29.

[31] KOHLBRECHER S, STRYK O V, MEYER J, et al. A flexible and scalable SLAM system with full 3D motion estimation[C]//2011 IEEE International Symposium on Safety, Security, and Rescue Robotics. Kyoto: IEEE, 2011.

[32] ZHANG J, SINGH S. LOAM: Lidar odometry and mapping in real-time[C]//Robotics: Science and Systems. Berkeley: RSS, 2014: 1–9.

[33] SHAN T, ENGLOT B. LeGO-LOAM: Lightweight and ground-optimized lidar odometry and mapping on variable terrain[C]//2018 IEEE/RSJ International Conference on Intelligent Robots and Systems. Madrid: IEEE, 2018: 4758–4765.

[34] CHEN X, LÄBE T, MILIOTO A, et al. OverlapNet: Loop closing for LiDAR-based SLAM[J]. arXiv: 2105.11344, 2020.

[35] MA J Y, ZHANG J, XU J T, et al. Overlap Transformer: An efficient and yaw-angle-invariant transformer network for LiDAR-based place recognition[J]. IEEE Robotics and Automation Letters, 2022, 7 (3): 6958-6965.

[36] WANG G M, WU X R, JIANG S Y, et al. Efficient 3D deep LiDAR odometry[J]. IEEE Transactions on Pattern Analysis and Machine Intelligence, 2023, 45 (5): 5749-5765.

[37] BERGEN J, NISTÉR D, NARODITSKY O. Visual odometry[C]//2004 IEEE Computer Society Conference on Computer Vision and Pattern Recognition. Washington: IEEE, 2004: 652-659.

[38] DAVISON A J, REID I D, MOLTON N D, et al. MonoSLAM: Real-time single camera SLAM[J]. IEEE Transactions on Pattern Analysis and Machine Intelligence, 2007, 29 (6): 1052-1067.

[39] KLEIN G, M URRAY D. Parallel tracking and mapping for small AR workspaces[C]//2007 6th IEEE and ACM International Symposium on Mixed and Augmented Reality. Nara: IEEE, 2007: 225-234.

[40] LABBÉ M, MICHAUD F. Online global loop closure detection for large-scale multi-session graph-based SLAM[C]//2014 IEEE/RSJ International Conference on Intelligent Robots and Systems. Chicago: IEEE, 2014: 2661-2666.

[41] NEWCOMBE R A, LOVEGROVE S J, DAVISON A J. DTAM: Dense tracking and mapping in real-time[C]//2011 IEEE International Conference on Computer Vision. Barcelona: IEEE, 2011: 2320-2327.

[42] FORSTER C, PIZZOLI M, SCARAMUZZA D. SVO: Fast semi-direct monocular visual odometry[C]//2014 IEEE International Conference on Robotics and Automation. Hong Kong: IEEE, 2014: 15-22.

[43] ENGEL J, KOLTUN V, CREMERS D. Direct sparse odometry[J]. IEEE Transactions on Pattern Analysis and Machine Intelligence, 2018, 40 (3): 611-625.

[44] ROBERTS R, NGUYEN H, KRISHNAMURTHI N, et al. Memory-based learning for visual odometry[C]//2008 IEEE International Conference on Robotics and Automation. Pasadena: IEEE, 2008: 47-52.

[45] LI A, WANG J K, XU M, et al. DP-SLAM: A visual SLAM with moving probability towards dynamic environments[J]. Information Sciences, 2021, 556: 128-142.

[46] KENDALL A, GRIMES M, CIPOLLA R. PoseNet: A convolutional network for real-time 6-DOF camera relocalization[C]//2015 IEEE International Conference on Computer Vision. Santiago: IEEE, 2015: 2938-2946.

[47] SZEGEDY C, LIU W, JIA Y Q, et al. Going deeper with convolutions[C]//2015 IEEE Conference on Computer Vision and Pattern Recognition. Boston: IEEE, 2015: 1-9.

[48] LI R H, WANG S, LONG Z Q, et al. UnDeepVO: Monocular visual odometry through unsupervised deep learning[C]//2018 IEEE International Conference on Robotics and Automation. Brisbane: IEEE, 2018: 7286-7291.

[49] UMMENHOFER B, ZHOU H Z, UHRIG J, et al. DeMoN: Depth and motion network for learning monocular stereo[C]//2017 IEEE Conference on Computer Vision and Pattern Recognition. Honolulu: IEEE, 2017: 5622-5631.

[50] GODARD C, AODHA O M, FIRMAN M, et al. Digging into self-supervised monocular depth estimation[C]//2019 IEEE/CVF International Conference on Computer Vision. Seoul: IEEE, 2019: 3827-3837.

[51] ZHANG L Q, LI G, LI T H. Temporal-aware SfM-Learner: Unsupervised learning monocular

depth and motion from stereo video clips[C]//2020 IEEE Conference on Multimedia Information Processing and Retrieval. Shenzhen: IEEE, 2020: 253-258.

[52] QIN T, LI P L, SHEN S J. VINS-Mono: A robust and versatile monocular visual-inertial state estimator[J]. IEEE Transactions on Robotics, 2018, 34 (4): 1004-1020.

[53] MUR-ARTAL R, MONTIEL J M M, TARDOS J D. ORB-SLAM: A versatile and accurate monocular SLAM system[J]. IEEE Transactions on Robotics, 2015, 31 (5): 1147-1163.

[54] CAMPOS C, ELVIRA R, RODRÍGUEZ J J G, et al. ORB-SLAM3: An accurate open-source library for visual, visual-inertial, and multimap SLAM[J]. IEEE Transactions on Robotics, 2021, 37 (6): 1874-1890.

[55] SHAN T X, ENGLOT B, MEYERS D, et al. LIO-SAM: Tightly-coupled lidar inertial odometry via smoothing and mapping[C]//2020 IEEE/RSJ International Conference on Intelligent Robots and Systems. Las Vegas: IEEE, 2020: 5135-5142.

[56] XU W, ZHANG F. FAST-LIO: A fast, robust LiDAR-inertial odometry package by tightly-coupled iterated Kalman filter[J]. IEEE Robotics and Automation Letters, 2021, 6 (2): 3317-3324.

[57] SHAN T X, ENGLOT B, RATTI C, et al. LVI-SAM: Tightly-coupled lidar-visual-inertial odometry via smoothing and mapping[C]//2021 IEEE International Conference on Robotics and Automation. Xi'an: IEEE, 2021: 5692-5698.

[58] LIN J R, ZHENG C R, XU W, et al. R^2LIVE: A robust, real-time, LiDAR-inertial-visual tightly-coupled state estimator and mapping[J]. IEEE Robotics and Automation Letters, 2021, 6 (4): 7469-7476.

[59] LIN J R, ZHANG F. R^3LIVE: A robust, real-time, RGB-colored, LiDAR-inertial-visual tightly-coupled state estimation and mapping package[J]. arXiv: 2109.07982, 2021.

[60] BESCOS B, CAMPOS C, TARDÓS J D, et al. DynaSLAM II: Tightly-coupled multi-object tracking and SLAM[J]. IEEE Robotics and Automation Letters, 2021, 6 (3): 5191-5198.

[61] LI J, MEGER D, DUDEK G. Semantic mapping for view-invariant relocalization[C]//2019 IEEE International Conference on Robotics and Automation. Montreal: IEEE, 2019: 7108-7115.

[62] HOSSEINZADEH M, LI K J, LATIF Y, et al. Real-time monocular object-model aware sparse SLAM[C]//2019 IEEE International Conference on Robotics and Automation. Montreal: IEEE, 2019: 7123-7129.

[63] ZINS M, SIMON G, BERGER M O. OA-SLAM: Leveraging objects for camera relocalization in visual SLAM[C]//2022 IEEE International Symposium on Mixed and Augmented Reality. Singapore: IEEE, 2022: 720-728.

[64] TIAN Y L, CHANG Y, ARIAS F H, et al. Kimera-Multi: Robust, distributed, dense metric-semantic SLAM for multi-robot systems[J]. IEEE Transactions on Robotics, 2022, 38 (4): 2022-2038.

[65] CUNNINGHAM A, PALURI M, DELLAERT F. DDF-SAM: Fully distributed SLAM using constrained factor graphs[C]//2010 IEEE/RSJ International Conference on Intelligent Robots and Systems. Taipei: IEEE, 2010: 3025-3030.

[66] CUNNINGHAM A, INDELMAN V, DELLAERT F. DDF-SAM 2.0: Consistent distributed smoothing and mapping[C]//2013 IEEE International Conference on Robotics and Automation. Karlsruhe: IEEE, 2013: 5220-5227.

[67] LAJOIE P Y, RAMTOULA B, CHANG Y, et al. DOOR-SLAM: Distributed, online, and outlier resilient SLAM for robotic teams[J]. IEEE Robotics and Automation Letters, 2020, 5 (2): 1656-1663.

[68] ZHU F C, REN Y F, KONG F Z, et al. Swarm-LIO: Decentralized swarm LiDAR-inertial odometry[C]//2023 IEEE International Conference on Robotics and Automation. London: IEEE, 2023: 3254-3260.

[69] ZOU D P, TAN P. CoSLAM: Collaborative visual SLAM in dynamic environments[J]. IEEE Transactions on Pattern Analysis and Machine Intelligence, 2013, 35 (2): 354-366.

[70] RIAZUELO L, CIVERA J, MONTIEL J M M. C^2TAM: A cloud framework for cooperative tracking and mapping[J]. Robotics and Autonomous Systems, 2014, 62 (4): 401-413.

[71] FORSTER C, LYNEN S, KNEIP L, et al. Collaborative monocular SLAM with multiple micro aerial vehicles[C]//2013 IEEE/RSJ International Conference on Intelligent Robots and Systems. Tokyo: IEEE, 2013: 3962-3970.

[72] SCHMUCK P, CHLI M. CCM-SLAM: Robust and efficient centralized collaborative monocular simultaneous localization and mapping for robotic teams[J]. Journal of Field Robotics, 2019, 36 (4): 763-781.

[73] KARRER M, SCHMUCK P, CHLI M. CVI-SLAM: Collaborative visual-inertial SLAM[J]. IEEE Robotics and Automation Letters, 2018, 3 (4): 2762-2769.

[74] SCHMUCK P, ZIEGLER T, KARRER M, et al. COVINS: Visual-inertial SLAM for centralized collaboration[C]//2021 IEEE International Symposium on Mixed and Augmented Reality Adjunct. Bari: IEEE, 2021: 171-176.

[75] PATEL M, KARRER M, BÄNNINGER P, et al. COVINS-G: A generic back-end for collaborative visual-inertial SLAM[C]//2023 IEEE International Conference on Robotics and Automation. London: IEEE, 2023: 2076-2082.

[76] RUBLEE E, RABAUD V, KONOLIGE K, et al. ORB: An efficient alternative to SIFT or SURF[C]//2011 IEEE International Conference on Computer Vision. Barcelona: IEEE, 2011: 2564-2571.

[77] LEUTENEGGER S, CHLI M, SIEGWART R Y. BRISK: Binary robust invariant scalable keypoints[C]//2011 IEEE International Conference on Computer Vision. Barcelona: IEEE, 2011: 2548-2555.

[78] JIE Y R, ZHU Y L, CHENG H. Heterogeneous deep metric learning for ground and aerial point cloud-based place recognition[J]. IEEE Robotics and Automation Letters, 2023, 8 (8): 5092-5099.

[79] DIJKSTRA E W. A note on two problems in connexion with graphs[J]. Numerische Mathematik, 1959, 1: 269-271.

[80] FORD L R, FULKERSON D R. Maximal flow through a network[J]. Canadian Journal of Mathematics, 1956, 8: 399-404.

[81] HART P E, NILSSON N J, RAPHAEL B. A formal basis for the heuristic determination of minimum cost paths[J]. IEEE Transactions on Systems Science and Cybernetics, 1968, 4 (2): 100-107.

[82] DORIGO M, MANIEZZO V, COLORNI A. Ant system: Optimization by a colony of cooperating agents[J]. IEEE Transactions on Systems, Man, and Cybernetics, Part B (Cybernetics), 1996, 26 (1): 29-41.

[83] BELLMAN R. Dynamic programming[J]. Science, 1966, 153 (3731): 34-37.

[84] BUCHANAN B G, FEIGENBAUM E A. Dendral and meta-dendral: Their applications dimension[J]. Artificial Intelligence, 1978, 11 (1-2): 5-24.

[85] KIRKPATRICK S, GELATTJR C D, VECCHI M P. Optimization by simulated annealing[J]. Science, 1983, 220 (4598): 671-680.

[86] KHATIB O. Real-time obstacle avoidance for manipulators and mobile robots[J]. The International

Journal of Robotics Research，1986，5（1）：90–98.

[87] COLORNI A，DORIGO M，MANIEZZO V，et al. Distributed optimization by ant colonies[C]//European Conference on Artificial Life. Paris：MIT Press，1991：124–142.

[88] STENTZ A. Optimal and efficient path planning for partially–known environments[C]//1994 IEEE International Conference on Robotics and Automation. San Diego：IEEE，1994：3310–3317.

[89] KENNEDY J，EBERHART R. Particle swarm optimization[C]//IEEE International Conference on Neural Networks. Perth：IEEE，1995：1942–1948.

[90] KAVRAKI L E，SVESTKA P，LATOMBE J C，et al. Probabilistic roadmaps for path planning in high–dimensional configuration spaces[J]. IEEE Transactions on Robotics and Automation，1996，12（4）：566–580.

[91] FOX D，BURGARD W，THRUN S. The dynamic window approach to collision avoidance[J]. IEEE Robotics and Automation Magazine，1997，4（1）：23–33.

[92] LAVALLE S. Rapidly–exploring random trees：A new tool for path planning[J]. Research Report，1998，98（11）：1–4.

[93] YU M，LUO J J，WANG M M，et al. Spline–RRT*：Coordinated motion planning of dual–arm space robot[J]. IFAC–PapersOnLine，2020，53（2）：9820–9825.

[94] KARAMAN S，FRAZZOLI E. Optimal kinodynamic motion planning using incremental sampling–based methods[C]//49th IEEE Conference on Decision and Control. Atlanta：IEEE，2010：7681–7687.

[95] LECUN Y，BOTTOU L，BENGIO Y，et al. Gradient–based learning applied to document recognition[J]. Proceedings of the IEEE，1998，86（11）：2278–2324.

[96] HOPFIELD J. Neural networks and physical systems with emergent collective computational abilities[J]. Proceedings of the National Academy of Sciences，1982，79（8）：2554–2558.

[97] HOCHREITER S，SCHMIDHUBER J. Long short–term memory[J]. Neural Computation，1997，9（8）：1735–1780.

[98] MNIH V，KAVUKCUOGLU K，SILVER D，et al. Playing Atari with deep reinforcement learning[J]. arXiv：1312.5602，2013.

[99] SILVER D，LEVER G，HEESS N，et al. Deterministic policy gradient algorithms[C]//31st International Conference on Machine Learning. Beijing：JMLR，2014：387–395.

[100] LILLICRAP T P，HUNT J J，PRITZEL A，et al. Continuous control with deep reinforcement learning[J]. arXiv：1509.02971，2015.

[101] MNIH V，BADIA A P，MIRZA M，et al. Asynchronous methods for deep reinforcement learning[C]//33rd International Conference on Machine Learning. New York：JMLR，2016：1928–1937.

[102] SCHULMAN J，WOLSKI F，DHARIWAL P，et al. Proximal policy optimization algorithms[J]. arXiv：1707.06347，2017.

[103] WANG Z Y，BAPST V，HEESS N，et al. Sample efficient actor–critic with experience replay[J]. arXiv：1611.01224，2016.

[104] FUJIMOTO S，HOOF H V，MEGER D. Addressing function approximation error in actor–critic methods[C]//International Conference on Machine Learning. Stockholm：[s.n.]，2018：1587–1596.

[105] GAO F，WU W，LIN Y，et al. Online safe trajectory generation for quadrotors using fast marching method and Bernstein basis polynomial[C]//2018 IEEE International Conference on Robotics and Automation. Brisbane：IEEE，2018：344–351.

[106] ZHOU B Y，GAO F，WANG L Q，et al. Robust and efficient quadrotor trajectory generation for

fast autonomous flight[J]. IEEE Robotics and Automation Letters，2019，4（4）：3529–3536.

[107] ZHOU X，WANG Z，YE H，et al. EGO–planner：An ESDF–free gradient–based local planner for quadrotors[J]. IEEE Robotics and Automation Letters，2020，6（2）：478–485.

[108] ZHOU X，ZHU J C，ZHOU H Y，et al. EGO–swarm：A fully autonomous and decentralized quadrotor swarm system in cluttered environments[C]//2021 IEEE International Conference on Robotics and Automation，Xi'an：IEEE，2021：4101–4107.

[109] ZHOU X，WEN X Y，WANG Z P，et al. Swarm of micro flying robots in the wild[J]. Science Robotics，2022，7（66）：5954–1–5954–17.

[110] ABDEL–BASSET M，MOHAMED R，JAMEEL M，et al. Spider wasp optimizer：a novel meta–heuristic optimization algorithm[J]. Artificial Intelligence Review，2023，56（10）：11675–11738.

[111] NEDIC A，OZDAGLAR A. Distributed subgradient methods for multi–agent optimization[J]. IEEE Transactions on Automatic Control，2009，54（1）：48–61.

[112] LITTMAN M L. Markov games as a framework for multi–agent reinforcement learning[J]. Machine Learning Proceedings 1994，1994：157–163.

[113] 李晓磊 . 一种新型的智能优化方法：人工鱼群算法 [D]. 杭州：浙江大学，2003.

[114] KARABOGA D. An idea based on honey bee swarm for numerical optimization[R]. [S.l.：s.n.]，2005.

[115] HOLLAND J H. Adaptation in natural and artificial systems：An introductory analysis with applications to biology，control，and artificial intelligence[M]. Cambridge：IT Press，1992.

第 2 章　机器人导航的数学基础

导读

机器人对自身位置和姿态的描述和估计具有一套较为成熟的数学理论和数学工具，这些数学理论和数学工具在机器人智能导航领域及其他多种机器人技术中具有基础性地位，对后续理解各种智能导航算法原理和应用实践具有重要作用。本章首先从概率角度描述机器人导航定位的最优估计问题，并引出基于滤波方法的机器人状态估计；然后介绍常用的机器人刚体运动描述方法，重点讲解李群与李代数在刚体运动描述中的用法；最后介绍使用李群与李代数的非线性优化方法，实现机器人导航定位的最优估计。

本章知识点

- 贝叶斯滤波框架及典型滤波算法
- 刚体运动描述
- 非线性优化方法

2.1　机器人导航定位的概率描述与滤波方法

在机器人定位问题中，机器人从确定的起始位置开始出发，随着时间的推移，定位自身在地图上的位置。由于噪声的存在，机器人的定位存在不确定性。这些不确定性的来源是多方面的，包括传感器噪声、执行机构的误差、计算模型的误差等。不确定性的大小在不同的应用领域中也不同，例如在工业装备流水线中，通过结构化的场景设计和可重复的运动轨迹等多种手段，可以保证机器人定位的不确定性保持在一个很低的水平；但是在开放世界中，特别是未知环境或动态环境中，机器人的定位不确定性将无法被忽略，它是一个必须被关注和处理的重要因素。可以说，处理不确定性是机器人系统迈向现实世界的最重要的一步。

2.1.1　机器人状态估计与概率描述

机器人定位问题本质上是状态估计问题，即在误差和噪声等不确定的条件下，对机器人的位姿做出最优的估计。目前处理不确定性最有效的工具就是概率论。这种使用概率论去精确地表示不确定性的研究称为概率机器人学。

在概率论视角下，机器人的传感器测量值、控制、状态及环境都作为随机变量。随机变量的取值被描述为一个概率分布，而对随机状态变量的最优估计就是要找到一个取值，使得状态变量在整个概率空间中达到概率最大，也称为状态的最优估计，状态变量的概率分布如图 2-1 所示。

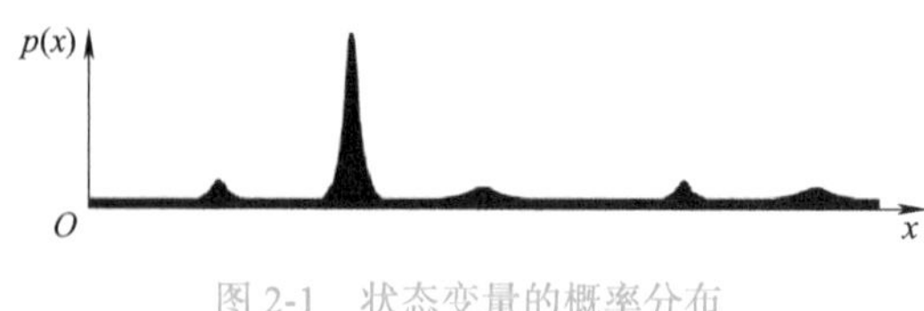

图 2-1　状态变量的概率分布

机器人状态的概率分布通常需要从传感器和控制器等多个数据源经过概率推导计算获得，这个过程需要使用到概率论的相关基础知识。下面对本书所主要使用的一些基本概率论的相关概念和理论进行介绍。

1. 随机变量与概率分布

令 X 表示一个随机变量，x 表示 X 的某一特定值。若 X 的取值空间是离散的，则称为离散随机变量；若 X 的取值空间是连续的，则称为连续随机变量。

1）离散随机变量：X 可在有限集 $\{x_1, x_2, \cdots, x_n\}$ 中取值，$P(X = x_i)$ 或简写为 $P(x_i)$

 表示随机变量 X 值为 x_i 的概率。

2）连续随机变量：X 可取连续值，$p(X = x)$ 或简写为 $p(x)$ 表示概率密度函数。X 在某个区间 (a,b) 内取值的概率为 $P(x \in (a,b)) = \int_a^b p(x)\mathrm{d}x$ 。

需要注意的是，本章中使用大写字母 P 表示确定的概率值，小写字母 p 表示概率密度。对于连续变量，其可能的取值为无穷多，取某一确定数值的概率为无穷小，因此使用概率密度函数描述其在连续空间中的概率分布。

一种常用的概率密度函数是正态分布函数。正态分布的概率密度函数可用以下高斯函数给出：

$$p(x) = (2\pi\sigma^2)^{-\frac{1}{2}} \exp\left(-\frac{1}{2}\frac{(x-\mu)^2}{\sigma^2}\right) \tag{2-1}$$

式中，μ 为正态分布均值；σ 为正态分布标准差。

因此也简记为 $X \sim N(\mu,\sigma^2)$ 或 $N(x\,;\,\mu,\sigma^2)$ 。该正态分布假设随机变量为标量。若变量是一个多维向量，则正态分布函数有以下形式：

$$p(\boldsymbol{x}) = \det(2\pi\boldsymbol{\Sigma})^{-\frac{1}{2}} \exp\left(-\frac{1}{2}(\boldsymbol{x}-\boldsymbol{\mu})^{\mathrm{T}}\boldsymbol{\Sigma}^{-1}(\boldsymbol{x}-\boldsymbol{\mu})\right) \tag{2-2}$$

式中，$\boldsymbol{\mu}$ 为均值向量；$\boldsymbol{\Sigma}$ 为协方差矩阵，是一个半正定对称矩阵。

在机器人定位导航问题中经常用到多维变量，例如机器人在三维空间中的位置就是一个三维向量。

根据测量概率公理，随机变量在所有取值空间上的概率之和为 1，即

1）对离散变量：$\sum_x P(x)=1$。

2）对连续变量：$\int p(x)\,\mathrm{d}x=1$。

2. 条件概率与条件独立

对于两个随机变量 X 和 Y，它们的联合概率分布表示为

$$P(x,y)=P(X=x,\ Y=y) \tag{2-3}$$

式（2-3）描述了随机变量 X 取值为 x，并且 Y 取值为 y 的概率。

假设已知其中一个变量的值，例如 Y 的值是 y，则以此为前提条件的 X 取值为 x 的概率表示为

$$P(x\mid y)=P(X=x\mid Y=y) \tag{2-4}$$

式（2-4）称为条件概率。条件概率的计算公式为（设 $P(y)>0$，即 y 在变量 Y 的取值空间内）

$$P(x\mid y)=\frac{P(x,y)}{P(y)} \tag{2-5}$$

如果 X 和 Y 互相独立，则有

$$P(x,y)=P(x)P(y) \tag{2-6}$$

此时条件概率为

$$P(x\mid y)=\frac{P(x)P(y)}{P(y)}=P(x) \tag{2-7}$$

对于连续变量，也有相似的形式：

$$p(x\mid y)=\frac{p(x)p(y)}{p(y)}=p(x) \tag{2-8}$$

从上面的公式可知，如果 X 和 Y 是独立的，则是否已知 Y 的值对于求解 X 取值为 x 的概率没有任何帮助。

从条件概率和测量概率公理可以推导得到全概率公式：

1）对离散变量：$P(x)=\sum_y P(x,y)=\sum_y P(x\mid y)P(y)$。

2）对连续变量：$p(x)=\int p(x,y)\,\mathrm{d}y=\int p(x\mid y)p(y)\,\mathrm{d}y$。

对于三个随机变量 X、Y 和 Z，如果它们满足以下条件：

$$P(x,y\mid z)=P(x\mid z)P(y\mid z) \tag{2-9}$$

则称 X 与 Y 条件独立。

条件独立在概率机器人中起着至关重要的作用。它描述了变量 X 与 Y 虽然都与 Z 相

关，但是当Z已知时，X与Y在该条件下是独立的。需要注意的是，条件独立并不意味着独立，独立也不意味着条件独立。

2.1.2 贝叶斯滤波框架

1. 贝叶斯公式

由条件概率公式可以推导出一项十分重要的公式。已知 $P(x,y)=P(x\mid y)P(y)=P(y\mid x)P(x)$，则可得

$$P(x\mid y)=\frac{P(y\mid x)\,P(x)}{P(y)} \tag{2-10}$$

式（2-10）就是贝叶斯（Bayes）公式，也称为贝叶斯准则。贝叶斯准则在概率机器人学中起着主导作用。如果X是一个希望由Y推导出来的数值，例如X是机器人的状态，Y是机器人在该状态下的观测，那么这个公式刚好描述了如何从观测推导机器人状态的过程。其中$P(x)$称为先验概率，$P(y\mid x)$称为似然概率，$P(y)$称为证据，而$P(x\mid y)$则称为后验概率。

以一个机器人定位的例子来解释这个公式的含义。假设机器人当前位姿为X，在当前位姿状态下获得的传感器数据为Y。由于机器人在不同的位姿状态下会获得不同的传感器数据，例如视觉图像、激光雷达数据等，那么从传感器的感知模型可以描述X与Y之间的关系，即$P(y\mid x)$。另外，在不考虑传感器数据的情况下，有一些先验信息可以对当前位姿进行估计，例如机器人运动学模型，那么可以得到一个先验概率模型$P(x)$。至于$P(y)$，由于传感器观测数据y已经获得，在求解x的过程中$P(y)$视为常量。至此，可以使用贝叶斯公式计算机器人当前的位姿状态概率模型$P(x\mid y)$，考虑到这个过程是从感知数据“反过来”计算状态数据，因此被称为后验概率。

由于贝叶斯公式中的$P(y)$是常量，因此可以将贝叶斯公式简写为

$$P(x\mid y)=\eta\,P(y\mid x)P(x) \tag{2-11}$$

式中，η为标准化常量，$\eta=P(y)^{-1}$。

在实际应用中，通常不关注η的具体值，一方面，因为η作为一个常数，确保了$P(x\mid y)$在等式右侧的概率乘法计算后仍然能满足测量概率公理，即$\sum_x P(x\mid y)=1$；另一方面，想要得到的是X值，而非$P(x\mid y)$值，即极大后验估计，η的大小只影响该概率极值的大小，不影响概率极值所处的位置，即X的最优估计。

2. 贝叶斯滤波

基于贝叶斯公式可以推导出贝叶斯滤波框架，也就是利用传感器等感知输入估计机器人的状态。该问题的描述如下：

（1）滤波器的输入

1）机器人从起始时刻到当前时刻的运动控制输入：$\{u_1,u_2,\cdots,u_t\}$；感知输入：$\{z_1,z_2,\cdots,z_t\}$。

2）感知模型：$P(z \mid x)$ 描述当前观测与当前状态之间的关系。

3）运动模型：$P(x \mid u, x')$ 描述当前状态与前一时刻的运动输入和前一时刻状态之间的关系。

4）机器人状态的先验概率：$P(x)$。

（2）滤波器的输出

系统状态 X 的后验概率：$\text{bel}(x_t) = P(x_t \mid u_1, z_1, \cdots, u_t, z_t)$。

该问题也可以使用图形直观地进行表示，获得一个链式图形结构，如图 2-2 所示。

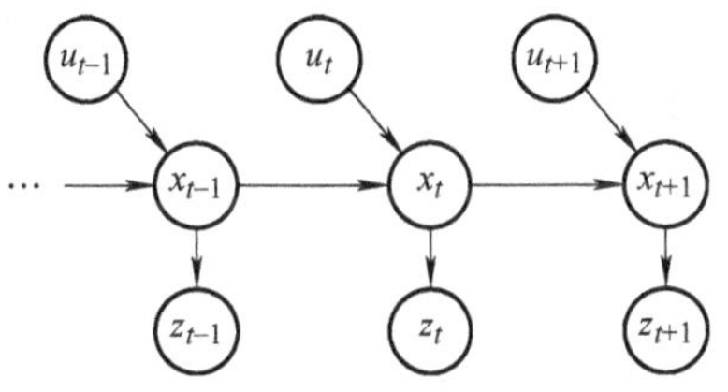

图 2-2　马尔可夫链示意图

如果考虑 t 时刻之前所有的信息，写出运动模型和感知模型，会发现 t 时刻的机器人状态依赖于之前所有的状态、观测和输入，即 $P(x_t \mid x_{1:t-1}, z_{1:t}, u_{1:t})$，感知模型也类似，即 $P(z_t \mid x_{0:t}, z_{1:t}, u_{1:t})$。但是，也可以认为当前状态应该只依赖于前一时刻的状态和输入，即 $P(x_t \mid x_{1:t-1}, z_{1:t}, u_{1:t}) = P(x_t \mid x_{t-1}, u_t)$；当前观测也只依赖于当前状态，即 $P(z_t \mid x_{0:t}, z_{1:t}, u_{1:t}) = P(z_t \mid x_t)$。这就是马尔可夫假设，或者完整状态假设，此时称状态 X 是完整的。此时的链式图形称为马尔可夫链，或马尔可夫模型，也被称为贝叶斯网络。

在马尔可夫假设和贝叶斯公式等基础上，可以推导出贝叶斯滤波框架：

$$\begin{aligned}
\text{bel}(x_t) &= P(x_t \mid u_1, z_1, \cdots, u_t, z_t) \\
&= \eta\ P(z_t \mid x_t, u_1, z_1, \cdots, u_t)\, P(x_t \mid u_1, z_1, \cdots, u_t) && \text{（贝叶斯公式）} \\
&= \eta\ P(z_t \mid x_t)\, P(x_t \mid u_1, z_1, \cdots, u_t) && \text{（马尔可夫假设）} \\
&= \eta P(z_t \mid x_t) \sum_{x_{t-1}} P(x_t \mid u_1, z_1, \cdots, u_t, x_{t-1}) P(x_{t-1} \mid u_1, z_1, \cdots, u_t) && \text{（全概率公式）} \\
&= \eta P(z_t \mid x_t) \sum_{x_{t-1}} P(x_t \mid u_t, x_{t-1}) P(x_{t-1} \mid u_1, z_1, \cdots, u_t) && \text{（马尔可夫假设）} \\
&= \eta P(z_t \mid x_t) \sum_{x_{t-1}} P(x_t \mid u_t, x_{t-1}) P(x_{t-1} \mid u_1, z_1, \cdots, z_{t-1}) && \text{（马尔可夫假设）}
\end{aligned} \tag{2-12}$$

最终，得到贝叶斯滤波公式的基本形式为

$$\text{bel}(x_t) = \eta\ P(z_t \mid x_t) \sum_{x_{t-1}} P(x_t \mid u_t, x_{t-1}) \text{bel}(x_{t-1}) \tag{2-13}$$

bel 反映了机器人与环境有关的内部信息，在概率机器人学中通过条件概率（后验概率）对其表示，是置信度（Belief）的缩写。

在概率机器人学中，更常用它的连续变量形式：

$$\text{bel}(x_t) = \eta\ p(z_t \mid x_t) \int p(x_t \mid u_t, x_{t-1})\, \text{bel}(x_{t-1})\, \mathrm{d}x_{t-1} \tag{2-14}$$

贝叶斯滤波公式的计算可以分为两个部分。首先是积分部分，称为预测（Prediction），记作：

$$\overline{\text{bel}}(x_t) = \int p(x_t \mid u_t, x_{t-1})\, \text{bel}(x_{t-1})\, \mathrm{d}x_{t-1} \tag{2-15}$$

然后是概率乘法部分，称为校正（Correction），记作：

$$\mathrm{bel}(x_t)=\eta\, p(z_t \mid x_t)\,\overline{\mathrm{bel}}(x_t) \tag{2-16}$$

预测过程就是从上一时刻的机器人状态和控制输入，计算得到当前状态，这是一个临时的估计值，所以称为预测，这个过程所使用的是机器人运动模型。预测过程也称为控制更新。

校正过程就是利用当前观测值，来校正这个预测值，得到最终的状态估计，所以这一步称为校正，这个过程所使用的是机器人感知模型。校正过程也称为测量更新。

2.1.3 典型的机器人导航滤波算法

贝叶斯滤波公式给出了预测和校正两阶段的计算步骤，分别使用了机器人的运动模型和感知模型。对于不同的模型，滤波计算过程也有不同。

1. 卡尔曼滤波

机器人系统模型中最为简单的一种便是线性高斯系统。它假设机器人的运动模型和感知模型都是线性的，误差符合高斯分布（正态分布）。

卡尔曼滤波（Kalman Filter，KF）是最经典的处理线性系统滤波的一种滤波方法，它实现了对连续状态的置信度计算。

设线性系统的状态转移方程（即运动模型）和观测方程（即观测模型）分别为

$$\begin{cases}\boldsymbol{x}_t=\boldsymbol{A}_t\boldsymbol{x}_{t-1}+\boldsymbol{B}_t\boldsymbol{u}_t+\boldsymbol{\varepsilon}_t\\ z_t=\boldsymbol{C}_t\boldsymbol{x}_t+\boldsymbol{\delta}_t\end{cases} \tag{2-17}$$

 式中，$\boldsymbol{x}_t$、$\boldsymbol{x}_{t-1}$为状态向量；$\boldsymbol{u}_t$为控制输入向量；$\boldsymbol{A}_t$、$\boldsymbol{B}_t$为系统矩阵和输入控制矩阵，是机器人系统的固有参数；$\boldsymbol{\varepsilon}_t$为误差向量，满足高斯分布且均值为 0、协方差矩阵为$\boldsymbol{R}_t$；z_t为观测向量；$\boldsymbol{C}_t$为观测矩阵；$\boldsymbol{\delta}_t$为观测误差向量，满足高斯分布且均值为 0、协方差矩阵为$\boldsymbol{Q}_t$。

状态转移方程和观测方程可以分别被用于贝叶斯滤波的预测和校正步骤。

由于$\boldsymbol{\varepsilon}_t$为高斯分布，则由状态转移方程可以得到状态转移概率分布$p(\boldsymbol{x}_t \mid \boldsymbol{u}_t,\boldsymbol{x}_{t-1})$：

$$p(\boldsymbol{x}_t \mid \boldsymbol{u}_t,\boldsymbol{x}_{t-1})=\det(2\pi\boldsymbol{R}_t)^{-\frac{1}{2}}\exp\left(-\frac{1}{2}(\boldsymbol{x}_t-\boldsymbol{A}_t\boldsymbol{x}_{t-1}+\boldsymbol{B}_t\boldsymbol{u}_t)^{\mathrm{T}}\boldsymbol{R}_t^{-1}(\boldsymbol{x}_t-\boldsymbol{A}_t\boldsymbol{x}_{t-1}+\boldsymbol{B}_t\boldsymbol{u}_t)\right) \tag{2-18}$$

式中，$\det(\bullet)$表示矩阵的行列式。由于$\boldsymbol{\delta}_t$为高斯分布，则由观测方程可以得到测量概率分布$p(\boldsymbol{z}_t \mid \boldsymbol{x}_t)$。

$$p(\boldsymbol{z}_t \mid \boldsymbol{x}_t)=\det(2\pi\boldsymbol{Q}_t)^{-\frac{1}{2}}\exp\left(-\frac{1}{2}(z_t-\boldsymbol{C}_t\boldsymbol{x}_t)^{\mathrm{T}}\boldsymbol{Q}_t^{-1}(z_t-\boldsymbol{C}_t\boldsymbol{x}_t)\right) \tag{2-19}$$

根据贝叶斯滤波框架计算公式，当$p(\boldsymbol{x}_t \mid \boldsymbol{u}_t,\boldsymbol{x}_{t-1})$和$p(\boldsymbol{z}_t \mid \boldsymbol{x}_t)$都满足高斯分布时，$\mathrm{bel}(\boldsymbol{x}_t)$也必然满足高斯分布，记为$N(\boldsymbol{x}_t;\boldsymbol{\mu}_t,\boldsymbol{\Sigma}_t)$。则得到预测步骤和校正步骤的公式形式为

$$\begin{aligned}\overline{\mathrm{bel}}(\boldsymbol{x}_t)&=\int p(\boldsymbol{x}_t \mid \boldsymbol{u}_t,\boldsymbol{x}_{t-1})\,\mathrm{bel}(\boldsymbol{x}_{t-1})\,\mathrm{d}\boldsymbol{x}_{t-1}\\&=\int\det(2\pi\boldsymbol{R}_t)^{-\frac{1}{2}}\exp\left(-\frac{1}{2}(\boldsymbol{x}_t-\boldsymbol{A}_t\boldsymbol{x}_{t-1}+\boldsymbol{B}_t\boldsymbol{u}_t)^{\mathrm{T}}\boldsymbol{R}_t^{-1}(\boldsymbol{x}_t-\boldsymbol{A}_t\boldsymbol{x}_{t-1}+\boldsymbol{B}_t\boldsymbol{u}_t)\right)\\&\quad\det(2\pi\boldsymbol{\Sigma}_{t-1})^{-\frac{1}{2}}\exp\left(-\frac{1}{2}(\boldsymbol{x}_{t-1}-\boldsymbol{\mu}_{t-1})^{\mathrm{T}}\boldsymbol{\Sigma}_{t-1}^{-1}(\boldsymbol{x}_{t-1}-\boldsymbol{\mu}_{t-1})\right)\mathrm{d}\boldsymbol{x}_{t-1}\end{aligned} \tag{2-20}$$

但考虑到 $\overline{\mathrm{bel}}(\boldsymbol{x}_t)$ 仍然是正态分布函数，因此可以通过公式变形获得其正态分布的均值和协方差，记为 $\bar{\boldsymbol{\mu}}_t$ 和 $\bar{\boldsymbol{\Sigma}}_t$。这个积分的计算过程较为复杂，这里直接给出结果：

$$\begin{cases}\bar{\boldsymbol{\mu}}_t = \boldsymbol{A}_t\boldsymbol{\mu}_{t-1} + \boldsymbol{B}_t\boldsymbol{u}_t \\ \bar{\boldsymbol{\Sigma}}_t = \boldsymbol{A}_t\boldsymbol{\Sigma}_{t-1}\boldsymbol{A}_t^{\mathrm{T}} + \boldsymbol{R}_t\end{cases} \tag{2-21}$$

再看校正步骤：

$$\begin{aligned}\mathrm{bel}(\boldsymbol{x}_t) &= \eta\, p(z_t \mid \boldsymbol{x}_t)\,\overline{\mathrm{bel}}(\boldsymbol{x}_t) \\ &= \det(2\pi\boldsymbol{Q}_t)^{-\frac{1}{2}} \exp\left(-\frac{1}{2}(z_t - \boldsymbol{C}_t\boldsymbol{x}_t)^{\mathrm{T}}\boldsymbol{Q}_t^{-1}(z_t - \boldsymbol{C}_t\boldsymbol{x}_t)\right) \\ &\quad \det(2\pi\bar{\boldsymbol{\Sigma}}_t)^{-\frac{1}{2}} \exp\left(-\frac{1}{2}(\boldsymbol{x}_t - \bar{\boldsymbol{\mu}}_t)^{\mathrm{T}}\bar{\boldsymbol{\Sigma}}_t^{-1}(\boldsymbol{x}_t - \bar{\boldsymbol{\mu}}_t)\right)\end{aligned} \tag{2-22}$$

同样将该公式变形为正态分布形式来求取其均值和协方差，即 $\boldsymbol{\mu}_t$ 和 $\boldsymbol{\Sigma}_t$。这里直接给出结果：

$$\begin{cases}\boldsymbol{\Sigma}_t = (\boldsymbol{C}_t^{\mathrm{T}}\boldsymbol{Q}_t^{-1}\boldsymbol{C}_t + \bar{\boldsymbol{\Sigma}}_t^{-1})^{-1} \\ \boldsymbol{\mu}_t = \bar{\boldsymbol{\mu}}_t + \boldsymbol{\Sigma}_t\boldsymbol{C}_t^{\mathrm{T}}\boldsymbol{Q}_t^{-1}(z_t - \boldsymbol{C}_t\bar{\boldsymbol{\mu}}_t)\end{cases} \tag{2-23}$$

至此，贝叶斯滤波框架下的预测步骤和校正步骤的计算公式推导完毕。

卡尔曼滤波在此基础上，对公式进行变形，减少了对矩阵求逆的计算量。设 $\boldsymbol{K}_t = \boldsymbol{\Sigma}_t\boldsymbol{C}_t^{\mathrm{T}}\boldsymbol{Q}_t^{-1}$，$\boldsymbol{K}_t$ 称为卡尔曼增益。经过推导，可得

$$\begin{cases}\boldsymbol{K}_t = \bar{\boldsymbol{\Sigma}}_t\boldsymbol{C}_t^{\mathrm{T}}(\boldsymbol{C}_t\bar{\boldsymbol{\Sigma}}_t\boldsymbol{C}_t^{\mathrm{T}} + \boldsymbol{Q}_t)^{-1} \\ \boldsymbol{\mu}_t = \bar{\boldsymbol{\mu}}_t + \boldsymbol{K}_t(z_t - \boldsymbol{C}_t\bar{\boldsymbol{\mu}}_t) \\ \boldsymbol{\Sigma}_t = (\boldsymbol{I} - \boldsymbol{K}_t\boldsymbol{C}_t)\bar{\boldsymbol{\Sigma}}_t\end{cases} \tag{2-24}$$

最终得到的卡尔曼滤波的计算过程如下：

输入前一时刻状态的均值 $\boldsymbol{\mu}_{t-1}$ 及其协方差矩阵 $\boldsymbol{\Sigma}_{t-1}$、运动输入 $\boldsymbol{u}_t$、观测 z_t：

$\bar{\boldsymbol{\mu}}_t = \boldsymbol{A}_t\bar{\boldsymbol{\mu}}_{t-1} + \boldsymbol{B}_t\boldsymbol{u}_t$

$\bar{\boldsymbol{\Sigma}}_t = \boldsymbol{A}_t\boldsymbol{\Sigma}_{t-1}\boldsymbol{A}_t^{\mathrm{T}} + \boldsymbol{R}_t$

$\boldsymbol{K}_t = \bar{\boldsymbol{\Sigma}}_t\boldsymbol{C}_t^{\mathrm{T}}(\boldsymbol{C}_t\bar{\boldsymbol{\Sigma}}_t\boldsymbol{C}_t^{\mathrm{T}} + \boldsymbol{Q}_t)^{-1}$

$\boldsymbol{\mu}_t = \bar{\boldsymbol{\mu}}_t + \boldsymbol{K}_t(z_t - \boldsymbol{C}_t\bar{\boldsymbol{\mu}}_t)$

$\boldsymbol{\Sigma}_t = (\boldsymbol{I} - \boldsymbol{K}_t\boldsymbol{C}_t)\bar{\boldsymbol{\Sigma}}_t$

返回当前时刻状态均值 $\boldsymbol{\mu}_t$ 及其协方差矩阵 $\boldsymbol{\Sigma}_t$。

均值 $\boldsymbol{\mu}_t$ 是在线性高斯模型下的状态最优估计，同时协方差矩阵 $\boldsymbol{\Sigma}_t$ 反映了估计的误差大小。

2. 扩展卡尔曼滤波

卡尔曼滤波要求机器人系统满足线性系统的要求，但是实际中的状态转移函数和观测函数很少是线性的，因此提出了扩展卡尔曼滤波。扩展卡尔曼滤波（Extended Kalman

Filter，EKF）不再依赖于线性化模型假设，而是假设状态转移模型和观测模型由非线性函数控制。

设非线性系统的状态转移方程和观测方程分别为

$$\begin{cases} \boldsymbol{x}_t = g(\boldsymbol{u}_t, \boldsymbol{x}_{t-1}) + \boldsymbol{\varepsilon}_t \\ z_t = h(\boldsymbol{x}_t) + \boldsymbol{\delta}_t \end{cases} \tag{2-25}$$

扩展卡尔曼滤波算法的公式推导过程与卡尔曼滤波类似，但是涉及对非线性函数的线性化操作，设它们的一阶泰勒展开为

$$\begin{cases} g(\boldsymbol{u}_t, \boldsymbol{x}_{t-1}) \approx g(\boldsymbol{u}_t, \boldsymbol{\mu}_{t-1}) + \boldsymbol{G}_t(\boldsymbol{x}_{t-1} - \boldsymbol{\mu}_{t-1}) \\ h(\boldsymbol{x}_t) \approx h(\bar{\boldsymbol{\mu}}_t) + \boldsymbol{H}_t\,(\boldsymbol{x}_t - \bar{\boldsymbol{\mu}}_t) \end{cases} \tag{2-26}$$

式中，$\boldsymbol{G}_t$、$\boldsymbol{H}_t$为雅可比（Jacobian）矩阵。

最终得到扩展卡尔曼滤波的计算公式如下：

输入前一时刻状态的均值$\boldsymbol{\mu}_{t-1}$及其协方差矩阵$\boldsymbol{\Sigma}_{t-1}$、运动输入$\boldsymbol{u}_t$、观测$z_t$：

$\bar{\boldsymbol{\mu}}_t = g(\boldsymbol{u}_t, \boldsymbol{\mu}_{t-1})$

$\bar{\boldsymbol{\Sigma}}_t = \boldsymbol{G}_t \boldsymbol{\Sigma}_{t-1} \boldsymbol{G}_t^{\mathrm{T}} + \boldsymbol{R}_t$

$\boldsymbol{K}_t = \bar{\boldsymbol{\Sigma}}_t \boldsymbol{H}_t^{\mathrm{T}} (\boldsymbol{H}_t \bar{\boldsymbol{\Sigma}}_t \boldsymbol{H}_t^{\mathrm{T}} + \boldsymbol{Q}_t)^{-1}$

$\boldsymbol{\mu}_t = \bar{\boldsymbol{\mu}}_t + \boldsymbol{K}_t(z_t - h(\bar{\boldsymbol{\mu}}_t))$

$\boldsymbol{\Sigma}_t = (\boldsymbol{I} - \boldsymbol{K}_t \boldsymbol{H}_t)\bar{\boldsymbol{\Sigma}}_t$

返回当前时刻状态均值$\boldsymbol{\mu}_t$及其协方差矩阵$\boldsymbol{\Sigma}_t$。

需要注意的是，扩展卡尔曼滤波中虽然仍然使用均值$\boldsymbol{\mu}_t$和协方差矩阵$\boldsymbol{\Sigma}_t$的表示形式，但并不代表状态$\boldsymbol{x}_t$满足正态分布，而仅是用正态分布进行近似估计。

3. 粒子滤波

除了扩展卡尔曼滤波以外，还有多种滤波算法可以处理非线性模型，包括无迹卡尔曼滤波（Unscented Kalman Filter，UKF）、扩展信息滤波（Extended Information Filter，EIF）等。其中一种十分流行的算法是粒子滤波（Partial Filter）。

粒子滤波是一种非参数滤波方法，它不需要对后验概率密度进行很强的参数化假设，而是用有限数量的样本来表示后验。在粒子滤波中，这些后验分布的样本被称为粒子，记作：

$$\boldsymbol{X}_t := \left\langle \boldsymbol{x}_t^{[1]}, w_t^{[1]} \right\rangle, \left\langle \boldsymbol{x}_t^{[2]}, w_t^{[2]} \right\rangle, \cdots, \left\langle \boldsymbol{x}_t^{[M]}, w_t^{[M]} \right\rangle \tag{2-27}$$

式中，每一个粒子$\left\langle \boldsymbol{x}_t^{[m]}, w_t^{[m]} \right\rangle$ $(1 \leqslant m \leqslant M)$都包括一个表示当前状态的可能假设$\boldsymbol{x}_t^{[m]}$和该状态的粒子权重。全体粒子描述了机器人状态的概率密度。粒子的数量M通常很大，从而实现对后验的更精确表示，例如$M = 1000$。在某些应用中，M也可能是动态变化的。

粒子滤波的典型算法流程如下：

输入前一时刻的粒子集 $\boldsymbol{X}_{t-1}$ 、运动输入 $\boldsymbol{u}_t$ 、观测 $\boldsymbol{z}_t$ ：

　　初始化粒子集为空： $\bar{\boldsymbol{X}}_t = \boldsymbol{X}_t = \varnothing$

　　m 从 1 ～ M 循环：

　　　　基于运动模型对粒子状态 $\boldsymbol{x}_t^{[m]}$ 采样： $\boldsymbol{x}_t^{[m]} \sim p(\boldsymbol{x}_t \mid \boldsymbol{u}_t, \boldsymbol{x}_{t-1}^{[m]})$ ；

　　　　基于观测模型计算粒子权重： $\boldsymbol{w}_t^{[m]} = p(\boldsymbol{z}_t \mid \boldsymbol{x}_t^{[m]})$ ；

　　　　将粒子添加至粒子集： $\bar{\boldsymbol{X}}_t = \bar{\boldsymbol{X}}_t + \left\langle \boldsymbol{x}_t^{[m]}, \boldsymbol{w}_t^{[m]} \right\rangle$ ；

　　循环结束。

　　m 从 1 ～ M 循环：

　　　　将 $\bar{\boldsymbol{X}}_t$ 中粒子权重归一化为概率，并按此概率抽取一个粒子 $\left\langle \boldsymbol{x}_t^{[i]}, \boldsymbol{w}_t^{[i]} \right\rangle$ ；

　　　　将该粒子添加至粒子集： $\boldsymbol{X}_t = \boldsymbol{X}_t + \left\langle \boldsymbol{x}_t^{[i]}, \boldsymbol{w}_t^{[i]} \right\rangle$ ；

　　结束循环。

返回当前时刻粒子集 $\boldsymbol{X}_t$ 。

粒子滤波算法分为三个主要步骤：首先是基于运动模型更新粒子状态，相当于贝叶斯滤波框架中的预测步骤；然后基于观测模型更新粒子权重，相当于贝叶斯滤波框架中的校正步骤；最后根据权重对粒子集进行重采样。

重采样是粒子滤波算法的重要过程，它“迫使”粒子状态的分布从似然概率密度 $\overline{\mathrm{bel}}(\boldsymbol{x}_t)$ 变为后验概率密度 $\mathrm{bel}(\boldsymbol{x}_t)$ 。因为发现，在重采样之前，粒子集 $\bar{\boldsymbol{X}}_t$ 中粒子的权重虽然已经依据后验概率被更新计算，但粒子状态的采样是在粒子权重更新之前，即基于运动模型采样的。重采样之后，保证了粒子状态的分布密度与后验概率一致。也正是因为重采样操作的存在，如果将粒子集进行可视化，就会发现粒子状态的分布会在预测阶段“发散”，在重采样后“收敛”，这个过程可以通过以下例子形象地体会，如图 2-3 所示。

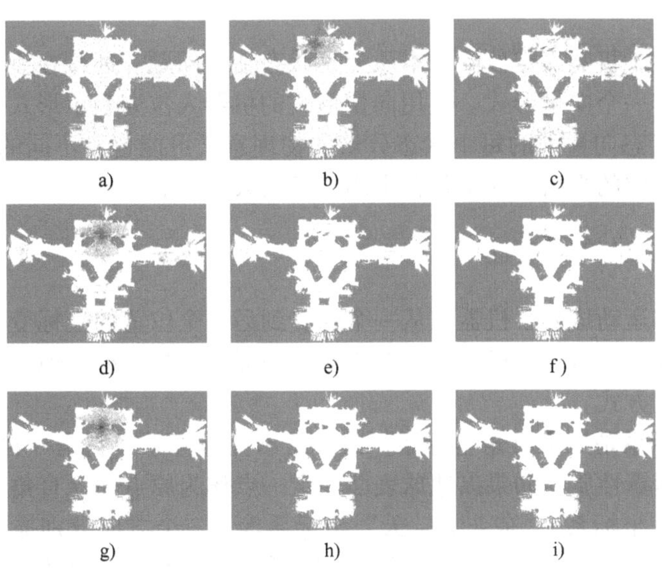

图 2-3　基于粒子滤波的激光雷达定位

机器人已知二维地图，从未知起点开始运动。假设机器人搭载一个二维激光雷达，不考虑运动控制输入，使用粒子滤波算法进行激光雷达定位。

起始时刻，在没有任何先验信息的情况下，粒子状态采样为均匀分布，如图 2-3a 所示。机器人激光雷达获得了一帧扫描数据，如图 2-3b 所示，则根据激光扫描数据和地图的匹配程度，可以计算每一个粒子的权重。然后依据粒子权重进行重采样，结果如图 2-3c 所示。可以看到，仅靠一帧传感器数据的信息太少了，图 2-3c 中的机器人位置概率分布存在多个局部最优解。

下一时刻，首先是基于运动模型对粒子进行采样，但是由于目前仅进行了一次状态估计，还无法获得速度等运动参数估计，因此粒子集不发生变化。机器人激光雷达获得了一帧扫描数据，如图 2-3d 所示，则根据激光扫描数据和地图的匹配程度，计算每一个粒子的权重。然后依据粒子权重进行重采样，结果如图 2-3e 所示。

再下一时刻，首先是基于运动模型对粒子进行采样，运动模型的参数可以由前两次的状态估计获得，例如简单的匀速运动模型。采样后的粒子集如图 2-3f 所示。获得了一帧激光雷达扫描数据如图 2-3g 所示，重新计算每一个粒子的权重。再重采样，结果如图 2-3h 所示。

如此循环下去，完成机器人在地图中的连续定位。

粒子滤波通过粒子集来描述机器人状态的后验概率分布，使得其工程实现非常简单，对模型的适应性很强。关于粒子滤波的重采样环节，也有多种变化形式，例如控制重采样的频率、动态调节粒子数量、低方差采样等。相比于卡尔曼滤波和扩展卡尔曼滤波，粒子滤波的计算量更大，卡尔曼滤波的时间复杂度约为 $O(k^{2.4})$，扩展卡尔曼滤波的时间复杂度约为 $O(k^{2.4}+n^2)$，粒子滤波的时间复杂度约为 $O(\mathrm{e}^n)$。其中 k 为观测向量的维数，n 为状态向量的维数，e 为自然常数。

2.2 机器人导航定位的刚体运动描述

正如前节所述，机器人定位问题本质上是状态估计问题。通常在概率描述和滤波算法中将位姿状态写作一个向量形式。使用向量形式的机器人位姿表示形式是直观的，但并不是唯一的。而且状态向量中的每个状态分量的物理意义可能也有不同的描述。在这一节，将从机器人导航定位的视角，介绍几种常用的机器人位姿表示形式。

2.2.1 平移运动的数学描述

机器人的平移运动描述了机器人从一个位置到另一个位置的坐标变化；而机器人在参考坐标系下的坐标，本质上是机器人位置相对于坐标原点的平移。但是这个坐标的表示依赖于坐标系的建立方式。

最常用的坐标系是三维直角坐标系，或称笛卡儿坐标系。它是一种欧氏空间坐标系，具有良好的数学运算性质。如果以地球表面固定一点作为原点建立直角坐标系，则常见的有“北－东－地”坐标系、“东－北－天”坐标系等，三个方向分别描述了直角坐标系的 x、y、z 轴的方向；如果以地心为坐标原点，则可以得到地心地固坐标系。这些坐标系会随地球的自转而发生运动，因此这些坐标系是非惯性坐标系。

惯性坐标系是指满足牛顿运动定律的参考坐标系，简称惯性系。常用的惯性坐标系有地心惯性坐标系、日心惯性坐标系等。在近似条件下，也可以将非惯性系视作惯性系，例如机器人运行环境的地图坐标系。若无特殊说明，本书所有位姿描述都在惯性系下。

无论是以上哪种笛卡儿坐标系，机器人的坐标都可以表示为 $\boldsymbol{x}=[x,y,z]^{\mathrm{T}}$ 的三维向量形式，并在欧氏空间中进行各种数值计算，例如进行坐标变换等。

还有一类坐标系以地球曲面为主要参考，例如常用的经纬高坐标系。这类坐标系特别适合于在地表附近运动，特别是长距离运动的导航定位，例如船舶、飞机等。

无论以上哪种坐标描述方法，都需要从机器人上选取一个参考点，以该参考点的坐标作为机器人整体的坐标。这个参考点通常将作为机器人的体坐标系原点，同时再建立机器人体坐标系。需要注意的是，这个代表机器人坐标的参考点并不一定是机器人的质心，甚至可能并不是机器人本体上的一个点。机器人体坐标系的原点通常需要根据机器人的具体应用和计算的简便性来选取。例如两轮差速机器人的两轮中点、地面机器人底盘中心或者其在地面上的投影等。

机器人作为一个复杂的机电系统，通常搭载有多种传感器和执行器。在机器人体坐标系下，这些传感器和执行器也有其相对位置。通常将机器人体坐标系建立为直角坐标系，将机器人部件的相对坐标表示为三维向量形式。

2.2.2　旋转运动的数学描述

除了平移运动外，机器人还会发生旋转运动，即姿态变化。机器人姿态的变化表示为机器人在不同时刻的体坐标系之间的旋转关系；而机器人的姿态，本质上是机器人体坐标系与参考坐标系（世界坐标系、地图坐标系等）之间的旋转关系。

三维空间中的刚体姿态需要使用至少三个状态量来描述。与平移运动相比，旋转运动的计算过程通常更加复杂，特别是涉及多个坐标系之间的多次平移与旋转计算，可能需要涉及专业的数学理论和工具。

1. 欧拉角

欧拉角的提出者莱昂哈德·欧拉是瑞士数学家和物理学家，也是近代数学先驱之一，欧拉对数学的研究非常广泛，在许多数学的分支中也经常见到以他的名字命名的重要常数、公式和定理。

使用欧拉角描述刚体在三维空间中的姿态，是一种符合人类直观理解的表示形式。它表述为：任意两个空间直角坐标系，最多只需绕坐标轴的三次顺序定轴转动，即可使二者重合，这三个转动角称为欧拉角。

欧拉角按旋转坐标系的不同分为内旋和外旋。内旋按照旋转后的坐标轴旋转，外旋按照世界坐标系中的轴旋转。本书若无特殊说明，欧拉角均为内旋。

下面介绍两类常见的内旋欧拉角：

1）经典欧拉角（Proper Euler Angle）按 z–x–z、x–y–x 等六种顺序旋转，其中第一个旋转轴和最后一个旋转轴相同，如图 2-4 所示。

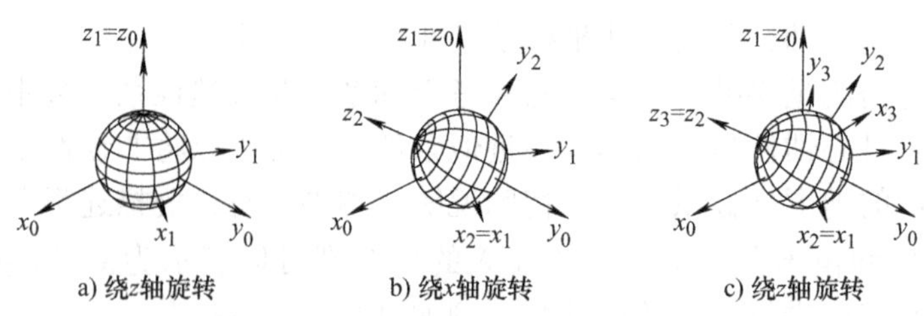

图 2-4　欧拉角旋转示意图（z–x–z 顺序旋转）

2）泰特 – 布莱恩角（Tait–Bryan Angle）：按 x–y–z、y–z–x、z–x–y、x–z–y、z–y–x、y–x–z 轴序列旋转，即三个不同的轴。以 z–y–x 欧拉角为例，先绕 z 轴旋转，再绕 y 轴旋转，再绕 x 轴旋转，分别指飞机的 Yaw（偏航）角、Pitch（俯仰）角和 Roll（横滚）角，如图 2-5 所示。

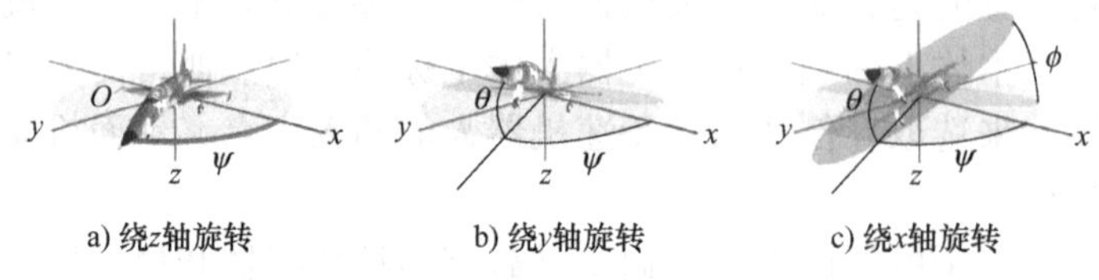

图 2-5　泰特 – 布莱恩角旋转示意图（z–y–x 顺序旋转）

除了使用 x、y、z 字母表示旋转轴的顺序，也可以使用数字 1、2、3 分别表示 x、y、z 轴的旋转顺序。例如 3–1–3 欧拉角、3–2–1 泰特 – 布莱恩角等。

欧拉角不满足交换性，即旋转顺序会影响欧拉角的旋转结果，从图 2-6 中可以看到：先绕 x 轴旋转 90°、再绕 z 轴旋转 90° 和先绕 z 轴旋转 90°、再绕 x 轴旋转 90° 的结果是不同的。

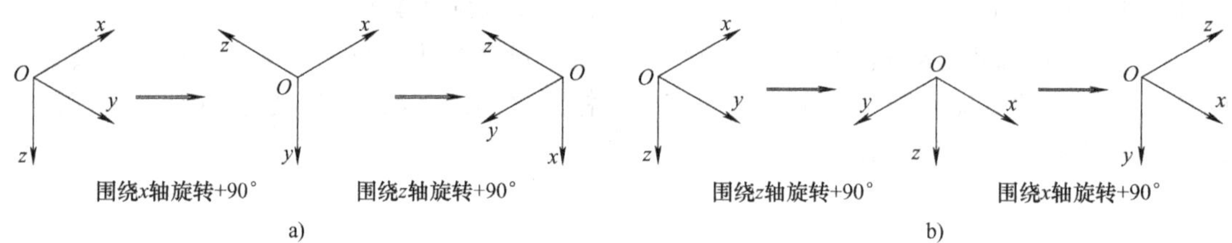

图 2-6　欧拉角不满足交换性

因此，描述一个能表示确定姿态 / 旋转的欧拉角，应该包括三个属性：旋转角度（α，β，γ）、旋转顺序 z–y–x、内外旋种类。若无特殊说明，欧拉角默认为内旋。

欧拉角不满足叠加性，即

$$\begin{pmatrix}\phi_{\beta\gamma}\\ \theta_{\beta\gamma}\\ \psi_{\beta\gamma}\end{pmatrix} \neq \begin{pmatrix}\phi_{\beta\alpha}+\phi_{\alpha\gamma}\\ \theta_{\beta\alpha}+\theta_{\alpha\gamma}\\ \psi_{\beta\alpha}+\psi_{\alpha\gamma}\end{pmatrix}$$

欧拉角存在周期性，周期为 2π 。

另外，欧拉角存在奇异点。当第二次旋转为 ±90° 时，第一次旋转与第三次旋转将使用同一个轴，导致系统失去了一个自由度。这就是欧拉角的万向锁问题，如图 2-7 所示。

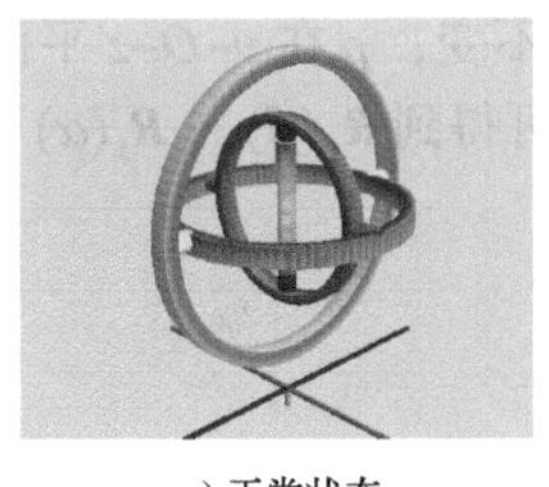

a) 正常状态

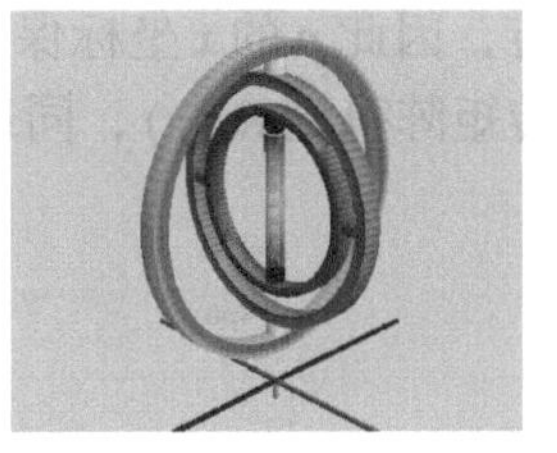

b) 万向锁

图 2-7　欧拉角表示姿态时存在万向锁问题

2. 方向余弦矩阵

欧拉角虽然直观，但是不方便数值计算，不适合插值和迭代，一般用于人机交互中。在滤波和优化计算中，一般将旋转描述为方向余弦矩阵或者四元数。

先来看相对简单的二维情况下的旋转矩阵的表示。对于二维情况，假设一个坐标系旋转了 θ，如图 2-8 所示。

原坐标系的单位向量 $\boldsymbol{x}_{10}=(1,0)^{\mathrm{T}}$ 和 $\boldsymbol{y}_{10}=(0,1)^{\mathrm{T}}$ 在新坐标系下的投影为

$$\begin{pmatrix}\boldsymbol{x}_{20}\\ \boldsymbol{y}_{20}\end{pmatrix}=\begin{pmatrix}\cos\theta & \sin\theta\\ -\sin\theta & \cos\theta\end{pmatrix}\begin{pmatrix}\boldsymbol{x}_{10}\\ \boldsymbol{y}_{10}\end{pmatrix} \tag{2-28}$$

旋转矩阵有两种含义和用法：①点旋转，坐标系不动，点 $\boldsymbol{p}_1$ 顺时针旋转 θ 后到达位置 $\boldsymbol{p}_2$，$\boldsymbol{p}_2$ 的坐标可由旋转矩阵 $\boldsymbol{R}$ 乘以 $\boldsymbol{p}_1$ 获得；②点不动，坐标系旋转，坐标系 x_1Oy_1 逆时针旋转 θ 后变为坐标系 x_2Oy_2，$\boldsymbol{p}$ 点在旋转后的坐标系中的坐标同样可由旋转矩阵 $\boldsymbol{R}$ 乘以 $\boldsymbol{p}$ 获得，如图 2-9 所示。

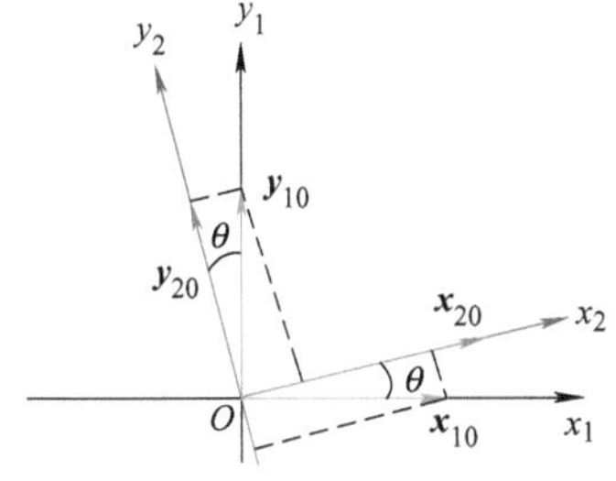

图 2-8　二维坐标系下的旋转变换

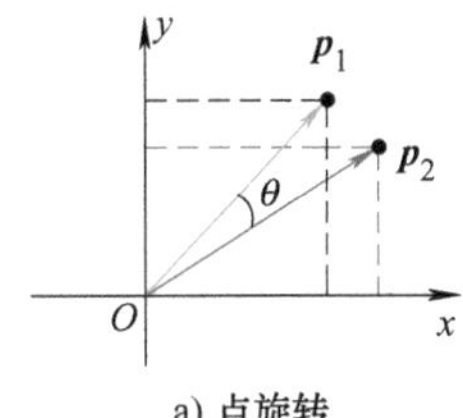

a) 点旋转

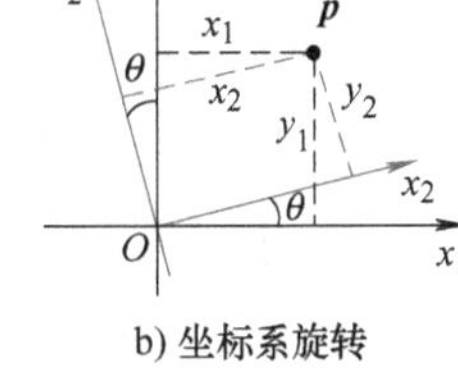

b) 坐标系旋转

图 2-9　方向余弦矩阵的两种用法

对于三维情况：两个坐标系 P 和 Q 之间的旋转矩阵可由 P 坐标系的单位向量 $\boldsymbol{x}_{p0}$、$\boldsymbol{y}_{p0}$、$\boldsymbol{z}_{p0}$ 和 Q 坐标系的单位向量 $\boldsymbol{x}_{q0}$、$\boldsymbol{y}_{q0}$、$\boldsymbol{z}_{q0}$ 计算得到矩阵 $\boldsymbol{R}_Q^P$，该矩阵的 9 个元素均为两坐标系单位向量夹角的余弦，故也称为方向余弦矩阵，如图 2-10 所示。

$$\boldsymbol{R}_Q^P=\begin{pmatrix}\cos\angle(\boldsymbol{x}_{p0},\boldsymbol{x}_{q0}) & \cos\angle(\boldsymbol{x}_{p0},\boldsymbol{y}_{q0}) & \cos\angle(\boldsymbol{x}_{p0},\boldsymbol{z}_{q0})\\ \cos\angle(\boldsymbol{y}_{p0},\boldsymbol{x}_{q0}) & \cos\angle(\boldsymbol{y}_{p0},\boldsymbol{y}_{q0}) & \cos\angle(\boldsymbol{y}_{p0},\boldsymbol{z}_{q0})\\ \cos\angle(\boldsymbol{z}_{p0},\boldsymbol{x}_{q0}) & \cos\angle(\boldsymbol{z}_{p0},\boldsymbol{y}_{q0}) & \cos\angle(\boldsymbol{z}_{p0},\boldsymbol{z}_{q0})\end{pmatrix} \tag{2-29}$$

欧拉角可以转化为方向余弦矩阵。如绕 x、y、z 轴分别旋转一定角度 (γ,β,α)，旋转矩阵可以由三个矩阵累乘得到。考虑在三维场景中，当一个点 $\boldsymbol{p}$ 绕 x 轴旋转角度为 γ，由

于是绕 x 轴进行的旋转，因此 $\boldsymbol{p}$ 的 x 坐标保持不变，$\boldsymbol{p}$ 在 y–O–z 平面上进行的是一个二维的旋转，结合二维旋转矩阵得到 $\boldsymbol{R}_x(\gamma)$，同理可得到 $\boldsymbol{R}_y(\beta)$、$\boldsymbol{R}_z(\alpha)$：

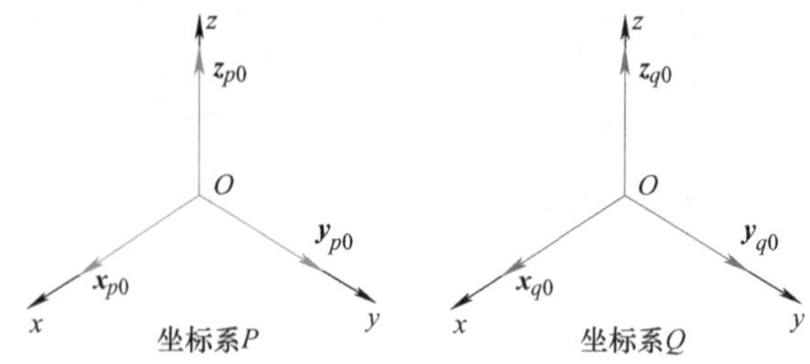

图 2-10　三维坐标系 P 和 Q

$$\boldsymbol{R}_x(\gamma)=\begin{pmatrix}1 & 0 & 0\\ 0 & \cos\gamma & -\sin\gamma\\ 0 & \sin\gamma & \cos\gamma\end{pmatrix},\quad \boldsymbol{R}_y(\beta)=\begin{pmatrix}\cos\beta & 0 & \sin\beta\\ 0 & 1 & 0\\ -\sin\beta & 0 & \cos\beta\end{pmatrix},\quad \boldsymbol{R}_z(\alpha)=\begin{pmatrix}\cos\alpha & -\sin\alpha & 0\\ \sin\alpha & \cos\alpha & 0\\ 0 & 0 & 1\end{pmatrix} \tag{2-30}$$

则按照 x–y–z 顺序分别旋转 (γ,β,α) 的方向余弦矩阵为

$$\begin{aligned}\boldsymbol{R}(\alpha,\beta,\gamma)&=\boldsymbol{R}_z(\alpha)\boldsymbol{R}_y(\beta)\boldsymbol{R}_x(\gamma)\\&=\begin{pmatrix}\cos\alpha\cos\beta & \cos\alpha\sin\beta\sin\gamma-\sin\alpha\cos\gamma & \cos\alpha\sin\beta\cos\gamma+\sin\alpha\sin\gamma\\ \sin\alpha\cos\beta & \sin\alpha\sin\beta\sin\gamma+\cos\alpha\cos\gamma & \sin\alpha\sin\beta\cos\gamma-\cos\alpha\sin\gamma\\ -\sin\beta & \cos\beta\sin\gamma & \cos\beta\cos\gamma\end{pmatrix}\end{aligned} \tag{2-31}$$

值得注意的是，最先旋转的矩阵在最右边。通过这样的累乘就可以将欧拉角转换为方向余弦矩阵。

方向余弦矩阵的性质包括：

1）正交性：$\boldsymbol{R}_Q^P(\boldsymbol{R}_Q^P)^{\mathrm{T}}=\boldsymbol{I}$。

2）传递性：$\boldsymbol{R}_Q^P=\boldsymbol{R}_S^P\boldsymbol{R}_Q^S$。

3）不具有交换性：$\boldsymbol{R}_S^P\boldsymbol{R}_Q^S\neq\boldsymbol{R}_Q^S\boldsymbol{R}_S^P$。

欧拉角和方向余弦矩阵的对比见表 2-1。

欧拉角的变量数量为 3，方向余弦矩阵的变量数量为 9，且方向余弦矩阵具有正交性，因此 9 个数值不相互独立，实际上只有三个自由度。欧拉角变量有明确的物理意义，而方向余弦矩阵变量不容易理解。此外，欧拉角有奇异点和周期性，而方向余弦矩阵不存在此类问题。

表 2-1　欧拉角和方向余弦矩阵的对比

旋转的描述方法	欧拉角	方向余弦矩阵
变量的数量	3	9
变量的物理意义	易于理解	不易理解
奇异点	有	无
周期性	有	无

3. 轴角与四元数

欧拉角的变量数为 3，但有奇异点和周期性；方向余弦矩阵没有奇异点和周期性，但变量数为 9。那么有没有一种坐标系旋转变换表示方法，可以只用 3 个变量表示，又没有奇异点或周期性呢？很遗憾，没有。这涉及三维流形的概念。这就好像要把球面地图投影成二维平面地图，总会失去一些约束信息。那可以退而求其次，使用 4 个变量来表示。

根据欧拉旋转定理，一个坐标系到参考坐标系的变换，总可以通过绕一个定义在参考坐标系中的向量的单次转动来实现。如果用 $\boldsymbol{u}=(u_1,u_2,u_3)$ 表示等效转轴方向的单位向量，用 θ 表示转角的大小，则转动坐标系的位置完全由 $\boldsymbol{u}$ 和 θ 确定，它们可以组成一个轴角（Axis-Angle）：$(\theta,\boldsymbol{u})$。

由轴角可以计算旋转矩阵（方向余弦矩阵），所使用的是罗德里格斯（Rodrigues）旋转公式：

$$\boldsymbol{R}=\cos\phi\begin{pmatrix}1&0&0\\0&1&0\\0&0&1\end{pmatrix}+(1-\cos\phi)\begin{pmatrix}u_1\\u_2\\u_3\end{pmatrix}\begin{pmatrix}u_1&u_2&u_3\end{pmatrix}+\sin\phi\begin{pmatrix}0&-u_3&u_2\\u_3&0&-u_1\\-u_2&u_1&0\end{pmatrix} \tag{2-32}$$

轴角 $(\theta,\boldsymbol{u})$ 共有 4 个变量，所以可以构造一组四元数来表示坐标系的旋转关系。但是并不是直接将 θ 和 $\boldsymbol{u}$ 作为四元数的 4 个分量，否则也会有奇异点和周期性（首先 θ 具有周期性，其次当 $\theta=0$ 时，$\boldsymbol{u}$ 可以为任意值）。那么如何构造四元数来表示旋转变换呢？这就要考虑到四元数本身的运算规则了。

四元数（Quaternion）理论是数学中一个古老的分支，它可以用代数的方法实现三维空间中的向量运算。四元数是由英国数学家哈密尔顿于 1843 年发明的。四元数是三维空间中的超复数，具有与复数相似的计算规则。它的写法也比较灵活，其中一种写法为

$$\boldsymbol{q}=(q_0,q_1,q_2,q_3)\text{或}\boldsymbol{q}=q_0+q_1\mathrm{i}+q_2\mathrm{j}+q_3\mathrm{k} \tag{2-33}$$

四元数具有加法、减法、乘法和除法运算，以及共轭和范数等操作。

四元数的乘法运算如下：

$$\begin{gathered}\mathrm{i}\otimes\mathrm{i}=\mathrm{j}\otimes\mathrm{j}=\mathrm{k}\otimes\mathrm{k}=-1\\ \mathrm{i}\otimes\mathrm{j}=-\mathrm{j}\otimes\mathrm{i}=\mathrm{k}\\ \mathrm{j}\otimes\mathrm{k}=-\mathrm{k}\otimes\mathrm{j}=\mathrm{i}\\ \mathrm{k}\otimes\mathrm{i}=-\mathrm{i}\otimes\mathrm{k}=\mathrm{j}\end{gathered}$$

四元数的共轭操作如下：

$$\boldsymbol{q}^*=q_0-q_1\mathrm{i}-q_2\mathrm{j}-q_3\mathrm{k}$$

四元数的范数操作如下：

$$\|\boldsymbol{q}\|=\boldsymbol{q}\otimes\boldsymbol{q}^*=q_0^2+q_1^2+q_2^2+q_3^2$$

式中，“⊗”仅仅是一种记号，很多文献也直接用乘号“×”表示。

旋转变换可以用四元数表示。前面提到使用向量 $\boldsymbol{u}$ 表示等效转轴方向的单位向量，用 θ 表示转角的大小，那么四元数表示为：$\boldsymbol{q}=\cos\dfrac{\theta}{2}+\boldsymbol{u}\sin\dfrac{\theta}{2}$。其中写成半角的正余弦形式，

就可以利用四元数的运算规则。而且可以看出，四元数表示法没有周期性和奇异点，但是 $\boldsymbol{q}$ 和 $-\boldsymbol{q}$ 表示的是同一个旋转，在使用时通常加以规定限制。

设三维空间中的一个向量 $\boldsymbol{r}$ 绕轴 $\boldsymbol{u}$ 转动角度 θ 得到 $\boldsymbol{r}'$，如图 2-11 所示。其中 $\boldsymbol{r}$ 和 $\boldsymbol{r}'$ 可以表示为：$\boldsymbol{r}=0+x\mathrm{i}+y\mathrm{j}+z\mathrm{k}$，$\boldsymbol{r}'=0+x'\mathrm{i}+y'\mathrm{j}+z'\mathrm{k}$。

则以四元数描述向量之间的变换关系为

$$\boldsymbol{r}'=\boldsymbol{q}\otimes\boldsymbol{r}\otimes\boldsymbol{q}^{*} \tag{2-34}$$

四元数的单位性和传递性表示为：$\|\boldsymbol{q}\|=1$、$\boldsymbol{q}_{31}=\boldsymbol{q}_{32}\otimes\boldsymbol{q}_{21}$。其中 $\boldsymbol{q}_{ij}$ 表示从 j 坐标系到 i 坐标系的旋转变换四元数。

至此，介绍了三维刚体运动中常用的旋转描述方法，包括欧拉角、方向余弦矩阵和四元数，不同姿态描述之间的相互转换可以借助第三方编程工具辅助实现，例如通过 MATLAB 函数或 Eigen 中的 C++ 类实现，具体见表 2-2。

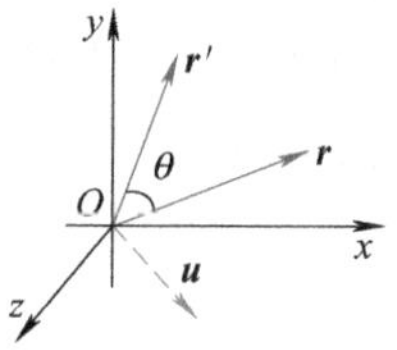

图 2-11　三维向量经过轴角变换过程

表 2-2　MATLAB 和 Eigen 中实现不同姿态描述之间的相互转换

MATLAB 函数	Eigen 中的 C++ 类
dcm2eul ( )	Eigen::Vector3d
eul2dcm ( )	Eigen::Matrix3d
eul2qua ( )	Eigen::Quaterniond
qua2dcm ( )	（通过构造函数和“=”运算符的重载实现自动转换）

2.3　用李群与李代数描述机器人运动

机器人位姿变化的计算可以用到多种数学理论工具，其中李群和李代数因其具备良好的数学性质，已经被广泛应用于机器人研究领域。本节将主要介绍本书所使用的两个李群：特殊正交群 SO(3) 和特殊欧氏群 SE(3)，以及它们的李代数 so(3) 和 se(3)。

2.3.1　李群 SO(3) 描述机器人姿态

由于用来描述旋转的方向余弦矩阵是一个 3×3 的正交矩阵，因此它刚好构成了一种李群（Lie Group），即特殊正交群（Special Orthogonal Group）。“特殊”是指行列式为 1，而一般的正交矩阵行列式为 +1 或 −1。行列式为 −1 的正交矩阵会在坐标变换的时候改变手性，右手系变左手系，反之亦然。

对于一个李群 G，有如下性质：

1）封闭性：$\forall\boldsymbol{R}_1,\boldsymbol{R}_2\in G,\ \boldsymbol{R}_1\boldsymbol{R}_2\in G$。

2）结合律：$\forall\boldsymbol{R}_1,\boldsymbol{R}_2,\boldsymbol{R}_3\in G,\ (\boldsymbol{R}_1\boldsymbol{R}_2)\boldsymbol{R}_3=\boldsymbol{R}_1(\boldsymbol{R}_2\boldsymbol{R}_3)$。

3）单位元素：$\exists\boldsymbol{I}\in G,\ \text{s.t.}\ \forall\boldsymbol{R}\in G,\ \boldsymbol{I}\boldsymbol{R}=\boldsymbol{R}\boldsymbol{I}=\boldsymbol{R}$。

4）逆运算：$\forall\boldsymbol{R}\in G,\ \exists\boldsymbol{R}^{-1}\in G,\ \boldsymbol{R}\boldsymbol{R}^{-1}=\boldsymbol{I}$。

三维旋转矩阵所构成的特殊正交群记为 SO(3)，它被定义为

$$\mathrm{SO}(3)=\{\boldsymbol{R}\in\mathbb{R}^{3\times3}\mid\boldsymbol{R}\boldsymbol{R}^{\mathrm{T}}=\boldsymbol{I}_{3\times3},\|\boldsymbol{R}\|=1\}\tag{2-35}$$

从定义可以看出，SO(3) 是全体三维旋转矩阵所组成的数学空间，SO(3) 对乘法封闭，对加法不封闭，因此无法构成一个线性空间，而是一个群。

2.3.2　李代数 so(3) 描述机器人姿态

李群是具有连续（光滑）性质的群，李群可以求导，导数与李代数（Lie Algebra）有关。下面尝试求解 $\boldsymbol{R}$ 的导数形式。

已知 $\boldsymbol{R}$ 具有正交性：

$$\boldsymbol{R}\boldsymbol{R}^{\mathrm{T}}=\boldsymbol{I}$$

两边同时求导（假设对时间 t 求导），则

$$\dot{\boldsymbol{R}}(t)\boldsymbol{R}(t)^{\mathrm{T}}+\boldsymbol{R}(t)\dot{\boldsymbol{R}}(t)^{\mathrm{T}}=0$$

整理得

$$\dot{\boldsymbol{R}}(t)\boldsymbol{R}(t)^{\mathrm{T}}=-(\dot{\boldsymbol{R}}(t)\boldsymbol{R}(t)^{\mathrm{T}})^{\mathrm{T}}$$

于是可以看出，$\dot{\boldsymbol{R}}(t)\boldsymbol{R}(t)^{\mathrm{T}}$ 是一个反对称矩阵。

反对称矩阵一定具有以下形式：

$$\boldsymbol{A}=\begin{pmatrix}0&-a_3&a_2\\a_3&0&-a_1\\-a_2&a_1&0\end{pmatrix}\tag{2-36}$$

定义操作 ∧：

$$\boldsymbol{a}^\wedge=(a_1\quad a_2\quad a_3)^\wedge=\begin{pmatrix}0&-a_3&a_2\\a_3&0&-a_1\\-a_2&a_1&0\end{pmatrix}\tag{2-37}$$

所以 $\dot{\boldsymbol{R}}(t)\boldsymbol{R}(t)^{\mathrm{T}}$ 可以用一个三维向量 $\boldsymbol{\phi}$ 来表示，即

$$\dot{\boldsymbol{R}}(t)\boldsymbol{R}(t)^{\mathrm{T}}=\boldsymbol{\phi}^\wedge$$

于是得到了 SO(3) 的导数形式：

$$\dot{\boldsymbol{R}}(t)=\boldsymbol{\phi}^\wedge(\boldsymbol{R}(t)^{\mathrm{T}})^{-1}=\boldsymbol{\phi}^\wedge\boldsymbol{R}(t)$$

$\boldsymbol{\phi}^\wedge$ 即为 SO(3) 对应的李代数，记为 so(3)，则

$$\mathrm{so}(3)=\{\boldsymbol{\Phi}=\boldsymbol{\phi}^\wedge\in\mathbb{R}^{3\times3}\mid\boldsymbol{\phi}\in\mathbb{R}^3\}$$

需要注意的是，李群的导数并不直接等于李代数（相差一个 $\boldsymbol{R}(t)$），但是李代数反映了导数性质，也可以说李代数表示了李群的正切空间。李群 SO(3) 与李代数 so(3) 具有相同的自由度，均为 3。而 so(3) 的三个元素彼此独立，表示为由三个独立元素所生成的反对称矩阵。

将∧的逆运算定义为∨，它表示将一个反对称矩阵变换为向量的操作过程。

反对称矩阵具有如下性质：

$$\begin{aligned} & \boldsymbol{a}^{\wedge}\boldsymbol{b} = -\boldsymbol{b}^{\wedge}\boldsymbol{a} \\ & \boldsymbol{a}^{\wedge}\boldsymbol{b}^{\wedge} = \boldsymbol{b}\boldsymbol{a}^{\mathrm{T}} - (\boldsymbol{a}^{\mathrm{T}}\boldsymbol{b})\boldsymbol{I}_{3\times 3}, \forall \boldsymbol{a}, \boldsymbol{b} \in \mathbb{R}^3 \end{aligned} \tag{2-38}$$

李代数 so(3) 对加法是封闭的。

李代数中的三维向量 $\boldsymbol{\phi}$ 是有实际物理含义的，这可以通过李群及李代数之间的变换关系来理解。对 $\dot{\boldsymbol{R}}(t) = \boldsymbol{\phi}^{\wedge}\boldsymbol{R}(t)$ 进行积分（零初值），可知 SO(3) 与 so(3) 之间存在指数映射关系：

$$\begin{aligned} & \boldsymbol{R} = \exp(\boldsymbol{\phi}^{\wedge}) \\ & \boldsymbol{\phi}^{\wedge} = \ln \boldsymbol{R} \end{aligned} \tag{2-39}$$

若将 $\boldsymbol{\phi}$ 表示成方向与模值的形式，$\boldsymbol{\phi} = \phi\boldsymbol{a}$，则有

$$\exp(\boldsymbol{\phi}^{\wedge}) = \cos\phi \boldsymbol{I}_{3\times 3} + (1-\cos\phi)\boldsymbol{a}\boldsymbol{a}^{\mathrm{T}} + \sin\phi \boldsymbol{a}^{\wedge} \tag{2-40}$$

这与罗德里格斯旋转公式是一致的，式（2-40）中的 $\boldsymbol{a}$ 表示旋转轴，ϕ 表示旋转角度。同时，式（2-40）也暗示了该指数映射并不是一对一映射，而是从 SO(3) 到 so(3) 的满射。由于旋转具有周期性，不同的旋转角度可以表示同一个旋转。而对于反过来的对数映射，通常把旋转角度限制在 $(-\pi, \pi]$，可以通过罗德里格斯反变换来求解。

$$\sin\phi \bullet \boldsymbol{a}^{\wedge} = \frac{\boldsymbol{R} - \boldsymbol{R}^{\mathrm{T}}}{2} \tag{2-41}$$

2.3.3 李群 SE(3) 描述机器人位姿

将自由度为 3×3 的三维旋转矩阵扩展为 4×4 的变换矩阵，则特殊正交群 SO(3) 被扩展为特殊欧氏群 SE(3)，其表达式为

$$\mathrm{SE}(3) = \left\{ \boldsymbol{T} = \begin{pmatrix} \boldsymbol{R} & \boldsymbol{t} \\ \boldsymbol{0}^{\mathrm{T}} & 1 \end{pmatrix} \mid \boldsymbol{R} \in \mathrm{SO}(3), \boldsymbol{t} \in \mathbb{R}^3 \right\} \tag{2-42}$$

可以看到，SE(3) 包含一个 SO(3) 子矩阵 $\boldsymbol{R}$，表示空间位姿的旋转；向量 $\boldsymbol{t}$ 表示空间位姿的平移，其自由度为 6。

李群 SE(3) 的每个元素都是一个 4×4 的坐标变换矩阵，通过对齐次坐标的矩阵乘法实现 6 个自由度的坐标变换。

$$\begin{pmatrix} \boldsymbol{x}_2 \\ 1 \end{pmatrix} = \begin{pmatrix} \boldsymbol{R} & \boldsymbol{t} \\ \boldsymbol{0}^{\mathrm{T}} & 1 \end{pmatrix} \begin{pmatrix} \boldsymbol{x}_1 \\ 1 \end{pmatrix} \Leftrightarrow \boldsymbol{x}_2 = \boldsymbol{R}\boldsymbol{x}_1 + \boldsymbol{t} \tag{2-43}$$

由于变换矩阵 $\boldsymbol{T}$ 表示一个坐标系相对于另一个坐标系的 6 自由度变换关系，因此在机器人导航定位应用中，通常使用变换矩阵来描述机器人在参考坐标系中的位姿。

2.3.4 李代数 se(3) 描述机器人位姿

李群 SE(3) 同样有对应的李代数，记为 se(3)，其表达式为

$$\mathrm{se}(3)=\left\{\boldsymbol{\Xi}=\boldsymbol{\xi}^{\wedge}=\begin{pmatrix}\boldsymbol{\phi}^{\wedge} & \boldsymbol{\rho}\\ \mathbf{0}^{\mathrm{T}} & 0\end{pmatrix}\in\mathbb{R}^{4\times4} \mid \boldsymbol{\xi}=\begin{pmatrix}\boldsymbol{\phi}\\ \boldsymbol{\rho}\end{pmatrix},\boldsymbol{\phi}^{\wedge}\in\mathrm{so}(3),\boldsymbol{\rho}\in\mathbb{R}^{3}\right\} \tag{2-44}$$

式中，操作符 $\wedge$ 在 $\boldsymbol{\xi}^{\wedge}$ 中的运算是对 $\boldsymbol{\phi}^{\wedge}$ 的推广，统一表示为从向量到李代数的操作过程。类似的，其逆运算 $\vee$ 表示从李代数到向量的操作过程。

se(3) 与 SE(3) 具有相同的自由度，即 6 个自由度。se(3) 的元素 $\boldsymbol{\xi}^{\wedge}$ 是一个 4×4 矩阵，其中包含一个 so(3) 子矩阵 $\boldsymbol{\phi}^{\wedge}$。但是需要注意的是，向量 $\boldsymbol{\rho}$ 并不等于 $\boldsymbol{t}$，它的计算需要使用 $\boldsymbol{\phi}$ 的雅可比矩阵。

对于一个李代数 so(3) 的变量 $\boldsymbol{\phi}^{\wedge}$，当增加一个微小扰动 $\delta\boldsymbol{\phi}$ 时，它的对应李群变量存在一阶近似计算：$\exp(\boldsymbol{\phi}+\delta\boldsymbol{\phi})^{\wedge}\approx\exp(\boldsymbol{J}_1\delta\boldsymbol{\phi})^{\wedge}\bullet\exp(\boldsymbol{\phi})^{\wedge}$，其中 $\boldsymbol{J}_1$ 是 $\boldsymbol{\phi}^{\wedge}$ 的左雅可比矩阵。

$\boldsymbol{J}_1$ 及它的逆矩阵可以通过以下公式计算：

$$\begin{cases}\boldsymbol{J}_1=\dfrac{\sin\phi}{\phi}\boldsymbol{I}+\dfrac{1-\cos\phi}{\phi}\boldsymbol{a}^{\wedge}+\left(1-\dfrac{\sin\phi}{\phi}\right)\boldsymbol{a}\boldsymbol{a}^{\mathrm{T}}\\ \boldsymbol{J}_1^{-1}=\dfrac{\phi}{2}\cot\dfrac{\phi}{2}\boldsymbol{I}-\dfrac{\phi}{2}\boldsymbol{a}^{\wedge}+\left(1-\dfrac{\phi}{2}\cot\dfrac{\phi}{2}\right)\boldsymbol{a}\boldsymbol{a}^{\mathrm{T}}\end{cases} \tag{2-45}$$

反过来，当李群 SO(3) 变量 $\boldsymbol{R}$ 上增加（乘以）一个微小扰动 $\Delta\boldsymbol{R}$ 时，它的对应李代数变量存在一阶近似计算，则有

$$\ln(\Delta\boldsymbol{R}\bullet\boldsymbol{R})=(\phi+\boldsymbol{J}_1^{-1}\delta\phi)^{\wedge} \tag{2-46}$$

和 so(3) 与 SO(3) 之间的关系类似，se(3) 与 SE(3) 之间也存在映射关系： 43

$$\begin{aligned}\boldsymbol{T}&=\exp(\boldsymbol{\xi}^{\wedge})=\begin{pmatrix}\exp(\boldsymbol{\phi}^{\wedge}) & \boldsymbol{J}_1\boldsymbol{\rho}\\ \mathbf{0}^{\mathrm{T}} & 1\end{pmatrix}=\begin{pmatrix}\boldsymbol{R} & \boldsymbol{J}_1\boldsymbol{\rho}\\ \mathbf{0}^{\mathrm{T}} & 1\end{pmatrix}\\ \boldsymbol{\xi}^{\wedge}&=\ln\boldsymbol{T}=\begin{pmatrix}\ln\boldsymbol{R} & \boldsymbol{J}_1^{-1}(\ln\boldsymbol{R}^{\vee})\boldsymbol{t}\\ \mathbf{0}^{\mathrm{T}} & 0\end{pmatrix}\end{aligned} \tag{2-47}$$

正是由于李群 SE(3) 与李代数 se(3) 之间的这种映射关系（注意并不是一一映射），因此也可以使用李代数 $\boldsymbol{\xi}^{\wedge}$（或者直接用向量 $\boldsymbol{\xi}$）表示机器人的位姿。

综上所述，机器人位姿表示方法有多种，且各有优缺点。以旋转表示方法为主要区分，本节中的各类旋转表示方法的对比见表 2-3。

表 2-3　各类旋转表示方法的对比

表示方法	特点对比		
	优势	劣势	主要应用
欧拉角	变量意义直观	不便于数值计算、存在万向锁	用户输入输出
方向余弦矩阵（SO(3)）	便于数值计算	变量维数冗余、变量意义不直观	程序内部数值计算
四元数	较便于数值计算	需要频繁单位化	数据保存、程序内部数值计算
李代数 so(3)	加法封闭（便于求导）	较不便于数值计算	位姿的非线性优化

2.4 非线性优化求解机器人位姿方法

除了基于滤波方法以外，机器人的位姿估计问题还可以使用非线性优化方法来求解。非线性优化方法是目前求解该类问题精度最高并且被广泛使用的方法，其中的重要一步就是对优化变量（即坐标变换矩阵）进行求导，这就需要用到李代数。

2.4.1 非线性观测模型的建立

将位姿和观测等状态作为状态变量，利用观测模型在各变量之间建立约束关系，可以得到一个关于观测误差的非线性模型。在高斯误差模型下，状态变量的概率最优估计可以转化为非线性最小二乘问题。

1. 从后验概率到最小二乘

机器人通常可以通过外部观测来计算最优的位姿估计。设机器人在当前位姿 $\boldsymbol{\xi}$ 时对世界中的某个状态量 $\boldsymbol{x}_{wj}$ 的观测为 x_{oj}（为简化推导过程，观测值记为标量形式），$j=1,\cdots,N$。从概率理论角度来看，相机位姿的估计可以表示为以下极大后验估计（Maximum A Posteriori，MAP）。

$$\begin{aligned}\arg\max_{\xi} L(\xi) &= \arg\max_{\xi} p(\xi \mid (x_{o1}, \boldsymbol{x}_{w1}),\cdots,(x_{oN}, \boldsymbol{x}_{wN})) \\ &= \arg\max_{\xi} \prod_{j=1}^{N} p(\xi \mid (x_{oj}, \boldsymbol{x}_{wj})) \\ &= \arg\max_{\xi} \prod_{j=1}^{N} p((x_{oj}, \boldsymbol{x}_{wj}) \mid \xi) p(\xi)\end{aligned} \tag{2-48}$$

式中，$\arg\max\limits_{\xi} L(\xi)$ 为 $\boldsymbol{\xi}$ 的极大后验估计；$p((x_{oj}, \boldsymbol{x}_{wj}) \mid \xi)$ 为极大似然概率；$p(\xi)$ 为 $\boldsymbol{\xi}$ 的先验概率。当无先验信息时，$p(\xi)$ 记为常数，不影响极值搜索。

记观测值 x_{oj} 对状态量 $\boldsymbol{x}_{wj}$ 的观测误差为 $e(x_{oj}, \boldsymbol{x}_{wj})$，在高斯噪声模型假设下有：$e(x_{oj}, \boldsymbol{x}_{wj}) \sim N(0, \sigma_j^{\ 2})$。

根据高斯误差模型下的概率分布函数形式，得

$$\begin{aligned}\arg\max_{\xi} \prod_{j=1}^{N} p((x_{oj}, \boldsymbol{x}_{wj}) \mid \xi) &= \arg\max_{\xi} \prod_{j=1}^{N} \frac{1}{\sigma_j \sqrt{2\pi}} \exp\left(-\frac{e(x_{oj}, \boldsymbol{x}_{wj})^2}{2\sigma_j^{\ 2}}\right) \\ &= \arg\max_{\xi} \ln\left\{\prod_{j=1}^{N} \frac{1}{\sigma_j \sqrt{2\pi}} \exp\left(-\frac{e(x_{oj}, \boldsymbol{x}_{wj})^2}{2\sigma_j^{\ 2}}\right)\right\} \\ &= \arg\min_{\xi} \sum_{j=1}^{N} \frac{e(x_{oj}, \boldsymbol{x}_{wj})^2}{2\sigma_j^{\ 2}}\end{aligned} \tag{2-49}$$

这是一个非线性最小二乘问题，其中观测误差 $e(x_{oj}, \boldsymbol{x}_{wj})$ 是 x_{oj} 和 $\boldsymbol{x}_{wj}$ 的非线性函数，$1/\sigma_j$ 表示误差的权重。

记：$\boldsymbol{e}^{\mathrm{T}} = (e(x_{o1}, \boldsymbol{x}_{w1}), \cdots, e(x_{oN}, \boldsymbol{x}_{wN}))$，$\boldsymbol{\Sigma} = \mathrm{diag}(\sigma_1, \cdots, \sigma_N)$，则可以得到矩阵形式表示的最小二乘公式：

$$\arg\max_{\xi}\prod_{j=1}^{N}p((x_{oj},\boldsymbol{x}_{wj})\,|\,\boldsymbol{\xi})=\arg\min_{\xi}\frac{1}{2}\boldsymbol{e}^{\mathrm{T}}\boldsymbol{\Sigma}^{-2}\boldsymbol{e} \tag{2-50}$$

非线性最小二乘模型是机器人状态估计中最常用的模型。在大部分情况下，可以直接将状态估计问题建模成观测误差的最小二乘形式，但是需要注意其前提条件是高斯误差模型。

至此发现，非线性最小二乘模型的关键在于观测误差 $e(x_{oj},\boldsymbol{x}_{wj})$ 的建模。

2. 视觉观测模型

以视觉观测模型为例，假设有 m 个相机观测到了 n 个特征点，相机的位姿记为 $\boldsymbol{\xi}_i$，$i\leqslant m$；特征点的世界坐标记为 $\boldsymbol{p}_j$，$j\leqslant n$；特征点在图像中的投影记为 $\boldsymbol{z}_{ij}$。其中 $\boldsymbol{p}_j$、$\boldsymbol{\xi}_i$、$\boldsymbol{z}_{ij}$ 之间满足多相机透视投影模型，如图 2-12 所示。

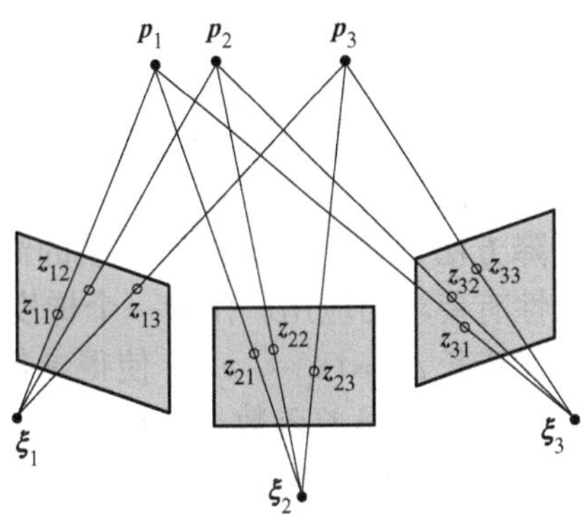

图 2-12　多相机透视投影模型（共视约束）

$\boldsymbol{p}_j$、$\boldsymbol{\xi}_i$、$\boldsymbol{z}_{ij}$ 之间的这种约束关系称为共视约束关系。已知其中的任意两组变量，即可求解另一组变量。例如，已知相机位姿和特征点的像素坐标，可以求解特征点的世界坐标，这个过程相当于多目立体视觉的目标定位过程，可以用于物体建模或机器人建图；如果已知相机位姿和特征点的世界坐标，则可以求解特征点的像素坐标，这个过程相当于拍照的透视投影过程，常见于增强现实等应用；如果已知特征点的世界坐标及其像素坐标，则可以求解相机位姿，这个过程就是本书所主要讨论的机器人自定位。

第 i 个相机根据其内、外参数模型，将特征点 $\boldsymbol{p}_j$ 投影到图像上，得到其投影像素坐标为 $\boldsymbol{z}_{ij}$；而在图像中通过特征提取方法所得到的对应特征点的像素坐标为 $\tilde{z}_{ij}$。$\boldsymbol{z}_{ij}$ 是由模型计算得到的估计值，$\tilde{z}_{ij}$ 是真实观测值，二者之间存在着观测误差，记为 $\boldsymbol{e}_{ij}=\boldsymbol{z}_{ij}-\tilde{\boldsymbol{z}}_{ij}$，称为重投影误差，它是一种二维图像的像素距离误差。

在高斯误差模型下，$\boldsymbol{e}_{ij}\sim N(\boldsymbol{0},\boldsymbol{\Sigma}_{ij}^2)$，对位姿 $\boldsymbol{\xi}_i$ 的最优估计等价于对重投影误差的最小二乘，即

$$F(\boldsymbol{\xi}_i,\boldsymbol{p}_j)=\frac{1}{2}\sum_{i=1}^{m}\sum_{j=1}^{n}\boldsymbol{e}_{ij}^{\mathrm{T}}\boldsymbol{\Sigma}_{ij}^{-2}\boldsymbol{e}_{ij} \tag{2-51}$$

同样也可以记为

$$F(\boldsymbol{\xi}_i,\boldsymbol{p}_j)=\frac{1}{2}\boldsymbol{e}^{\mathrm{T}}\boldsymbol{\Sigma}^{-2}\boldsymbol{e} \tag{2-52}$$

式中，$\boldsymbol{e}$ 是所有像素距离误差组成的向量。

2.4.2　非线性模型的迭代优化求解

非线性最小二乘问题可以通过非线性优化方法来迭代求解。具有代表性的求解方法包括高斯 – 牛顿（Gauss–Newton）方法、列文伯格 – 马夸尔特（Levenberg–Marquardt）方法等。对非线性模型进行迭代优化求解的过程涉及雅可比矩阵、信息矩阵、核函数等相关

概念。

1. 高斯 - 牛顿方法

一个一般的非线性优化问题可以描述为：对于待估计参数 $\boldsymbol{x}=(x_1,\cdots,x_i)$，误差函数 $\boldsymbol{e}(\boldsymbol{x})=(e_1(\boldsymbol{x}),\cdots,e_j(\boldsymbol{x}))$，误差权重 $\boldsymbol{w}=(w_1,\cdots,w_j)$，期望找到一个最优的参数估计值 $\hat{\boldsymbol{x}}$，使得加权误差平方和趋近于 0，即

$$\arg\min_{\boldsymbol{x}} F(\boldsymbol{x})=\arg\min_{\boldsymbol{x}} \frac{1}{2}(\boldsymbol{w}\,\boldsymbol{e}(\boldsymbol{x}))^{\mathrm{T}}\boldsymbol{w}\boldsymbol{e}(\boldsymbol{x}):=\arg\min_{\boldsymbol{x}} \frac{1}{2}\boldsymbol{e}(\boldsymbol{x})^{\mathrm{T}}\boldsymbol{W}\boldsymbol{e}(\boldsymbol{x}) \tag{2-53}$$

式中，$\boldsymbol{W}$ 为信息矩阵，是一个对角矩阵。信息矩阵在不同的应用和求解方法中有不同的取值方式，其中最简单的取值是单位矩阵 $\boldsymbol{I}$。

该问题可以使用高斯 - 牛顿方法迭代求解。高斯 - 牛顿方法是一种计算简便的梯度下降方法，它不需要计算烦琐的海塞（Hessian）矩阵，计算效率较高，因此常用于对实时性有要求的应用。作为一个梯度下降方法，对于任意一个初始 $\boldsymbol{x}$，期望找到一个合适的迭代步长 $\Delta\boldsymbol{x}=(x_1,\cdots,x_i)$，使得参数 $\boldsymbol{x}+\Delta\boldsymbol{x}$ 令性能指标函数 $F(\boldsymbol{x})$ 取得极小值。

首先将误差函数进行线性化：$\boldsymbol{e}(\boldsymbol{x}+\Delta\boldsymbol{x})=\boldsymbol{e}(\boldsymbol{x})+\boldsymbol{J}\Delta\boldsymbol{x}$。其中 $\boldsymbol{J}$ 为 $\boldsymbol{e}(\boldsymbol{x})$ 的雅可比矩阵。则非线性优化函数可重写为

$$\arg\min_{\boldsymbol{x}} F(\boldsymbol{x}+\Delta\boldsymbol{x})=\arg\min_{\boldsymbol{x}}\frac{1}{2}\{\boldsymbol{e}^{\mathrm{T}}(\boldsymbol{x})\boldsymbol{W}\boldsymbol{e}(\boldsymbol{x})+2(\boldsymbol{J}^{\mathrm{T}}\boldsymbol{W}\boldsymbol{e}(\boldsymbol{x}))^{\mathrm{T}}\Delta\boldsymbol{x}+\Delta\boldsymbol{x}^{\mathrm{T}}\boldsymbol{J}^{\mathrm{T}}\boldsymbol{W}\boldsymbol{J}\Delta\boldsymbol{x}\} \tag{2-54}$$

若迭代步长 $\Delta\boldsymbol{x}$ 可以使函数在 $\boldsymbol{x}+\Delta\boldsymbol{x}$ 处取得极小值，则有

46

$$\begin{aligned}\frac{\partial F(\boldsymbol{x}+\Delta\boldsymbol{x})}{\partial\Delta\boldsymbol{x}}=0 \quad &\Rightarrow \boldsymbol{J}^{\mathrm{T}}\boldsymbol{W}\boldsymbol{e}(\boldsymbol{x})+\boldsymbol{J}^{\mathrm{T}}\boldsymbol{W}\boldsymbol{J}\Delta\boldsymbol{x}=0\\ &\Rightarrow \Delta\boldsymbol{x}=-(\boldsymbol{J}^{\mathrm{T}}\boldsymbol{W}\boldsymbol{J})^{-1}\boldsymbol{J}^{\mathrm{T}}\boldsymbol{W}\boldsymbol{e}(\boldsymbol{x})\end{aligned} \tag{2-55}$$

将其中的 $\boldsymbol{J}^{\mathrm{T}}\boldsymbol{W}\boldsymbol{J}$ 记为 $\boldsymbol{H}$，它可以看作是对海塞矩阵的一种近似；$\boldsymbol{J}^{\mathrm{T}}\boldsymbol{W}\boldsymbol{e}(\boldsymbol{x})$ 则可以记为 $\boldsymbol{b}$。最终的迭代公式可以简写为

$$\Delta\boldsymbol{x}=-\boldsymbol{H}^{-1}\boldsymbol{b} \tag{2-56}$$

利用迭代步长 $\Delta\boldsymbol{x}$ 即可实现循环迭代求解过程，直到迭代增量 $\Delta\boldsymbol{x}\to 0$ 时停止迭代，得到最优参数估计 $\hat{\boldsymbol{x}}$。迭代求解过程如下：

已知优化函数 $F(\boldsymbol{x})=\frac{1}{2}\boldsymbol{e}(\boldsymbol{x})^{\mathrm{T}}\boldsymbol{W}\boldsymbol{e}(\boldsymbol{x})$，给定位姿初值 $\boldsymbol{x}$，迭代终止条件 $\boldsymbol{\varepsilon}$：
① 计算观测误差 $\boldsymbol{e}(\boldsymbol{x})=(e_1(\boldsymbol{x}),\cdots,e_j(\boldsymbol{x}))$
② 计算雅可比矩阵 $\boldsymbol{J}$
③ 得到迭代增量 $\Delta\boldsymbol{x}=-\boldsymbol{H}^{-1}\boldsymbol{b}$
④ 如果 $\Delta\boldsymbol{x}<\boldsymbol{\varepsilon}$，终止迭代，将 $\boldsymbol{x}=\boldsymbol{x}+\Delta\boldsymbol{x}$ 作为最优估计
⑤ 令 $\boldsymbol{x}=\boldsymbol{x}+\Delta\boldsymbol{x}$，返回第①步
返回

2. 列文伯格 - 马夸尔特方法

列文伯格 - 马夸尔特方法是对高斯 - 牛顿方法的改进。通过在高斯 - 牛顿方法中增

加一个阻尼因子 λ，控制迭代收敛速度，防止震荡，同时也避免了 $\boldsymbol{H}$ 矩阵求逆的非奇异问题。列文伯格 - 马夸尔特方法给出的迭代步长为

$$\Delta \boldsymbol{x} = -(\boldsymbol{J}^{\mathrm{T}}\boldsymbol{W}\boldsymbol{J} + \lambda \boldsymbol{I})^{-1}\boldsymbol{J}^{\mathrm{T}}\boldsymbol{W}\boldsymbol{e}(\boldsymbol{x}) \tag{2-57}$$

式中，阻尼因子 λ 的取值随迭代过程而变化，当误差值随着迭代过程而增加时，增加阻尼来减小搜索步长，反之则减小阻尼来增加搜索步长。

3. 鲁棒核函数

在非线性优化过程中引入鲁棒核函数可以有效增强迭代过程的鲁棒性。非线性优化的目标是实现所有样本点的总残差的最小化，因此那些残差越大的样本点对迭代优化的梯度方向的影响也越大。当样本点中存在外点时，由于外点的误差很大，导致优化过程过分依赖于外点，最终可能导致优化算法收敛到错误的局部最优值。鲁棒核函数的引入可以很大程度上抑制误差特别大的样本点的作用，使迭代过程更加稳定，提高非线性优化算法的鲁棒性。

为了消除外点对迭代过程的影响，一个直观的想法是将它们的权重设为 0。然而，对于一种迭代优化算法而言，它的迭代初值与最优解之间可能存在较大的偏差，此时的外点和误差大小之间并不存在必然的关系，大部分的内点也会有较大的误差，因此，此时依据误差的大小来区分外点和内点反而会导致错误的收敛结果。鲁棒核函数是一种相对更加平滑的非线性函数，它会降低那些误差较大的样本点的权重，但是仍然保证权重是随误差单调增加的。因此，鲁棒核函数可以有效降低外点对优化过程的影响，同时又避免算法的错误收敛，从而提高整体算法的鲁棒性。

对于一个非线性优化问题 $\arg\min\limits_{\boldsymbol{x}} \dfrac{1}{2}\boldsymbol{e}(\boldsymbol{x})^{\mathrm{T}}\boldsymbol{W}\boldsymbol{e}(\boldsymbol{x})$，它的每个样本的方差计算公式为 $E_j = e_j w_j e_j$，因为它是一种平方和计算方式，因此也被称为 ℓ_2 核函数。

与 ℓ_2 核函数不同，GM（Geman–MacClure）鲁棒核函数将该计算过程改为 $E_{\mathrm{GM}j} = e_j w_j e_j / (1 + e_j w_j e_j)$，从而实现对误差较大的样本权重的降低。二者的曲线对比如图 2-13 所示。

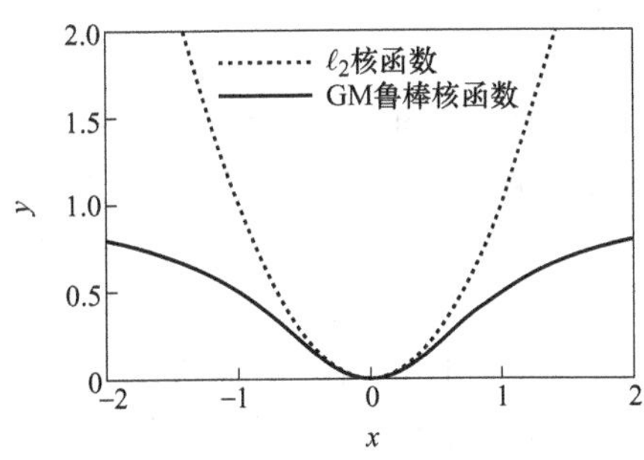

图 2-13　GM 鲁棒核函数与 ℓ_2 核函数的曲线对比

从图 2-13 中可以看出，GM 鲁棒核函数与 ℓ_2 核函数一样，随着误差绝对值的增加而单调增加，这可以保证迭代优化的收敛性，避免迭代发生振荡。当误差绝对值较小时，二者的函数曲线十分接近；但是当误差绝对值较大时，GM 鲁棒核函数可以有效降低函数输出值，即降低了这些样本对迭代优化的作用。

于是，原始非线性优化算法中的权重 $\boldsymbol{W}$ 被替换为 GM 鲁棒核函数的 GM 权重 $\boldsymbol{W}_{\mathrm{GM}}$，则

$$\boldsymbol{E}_{\mathrm{GM}}=\sum_{j=1}^{N}\frac{e_j w_j e_j}{(1+e_j w_j e_j)}:=\boldsymbol{e}^{\mathrm{T}}\boldsymbol{W}_{\mathrm{GM}}\boldsymbol{e} \tag{2-58}$$

GM 权重与原始的权重矩阵一样，也是一个对角矩阵，对角元素为 $w_j/(1+e_j w_j e_j)$。

使用 GM 权重来代替原始权重，就可以像原始的迭代优化过程一样，使用迭代增量实现迭代优化，即

$$\Delta\boldsymbol{x}=-(\boldsymbol{J}^{\mathrm{T}}\boldsymbol{W}_{\mathrm{GM}}\boldsymbol{J})^{-1}\boldsymbol{J}^{\mathrm{T}}\boldsymbol{W}_{\mathrm{GM}}\boldsymbol{e} \tag{2-59}$$

2.4.3 常用的非线性优化函数库

非线性优化的求解过程较为复杂，但是也可以使用多种图优化或非线性优化工具来辅助求解，包括 g2o、Ceres、GTSAM 等，这三者都是机器人导航定位中常用的开源非线性优化函数库。Ceres 和 g2o 在视觉同步定位与建图中应用最广泛，GTSAM 相比于图优化，使用了计算效率更高的因子图优化，适合用于多传感器融合定位。

g2o 是 General Graph Optimization 的首字母缩写，它是一个通用的图优化框架，扩展性比较强。同时它也是开源的函数库，使用 C++ 语言编写，被广泛用于机器人定位与建图等应用中。其中最具代表性的一个应用是 ORB-SLAM，用于视觉建图与定位。

机器人状态最优估计的图优化求解方法是从图论的角度来看待状态变量之间的约束关系。用顶点（Vertex）表示可优化的状态量，用边（Edge）表示节点之间的约束，图优化模型如图 2-14 所示。

在图 2-14 中，顶点包括 $\boldsymbol{x}_1$、$\boldsymbol{x}_2$、$\boldsymbol{x}_3$，表示机器人位姿状态，$\boldsymbol{l}_1$、$\boldsymbol{l}_2$ 表示环境中路标点（可以被机器人观测到的标志，比如一棵树、一个特征点等）。边描述了状态之间的约束关系，包括机器人在当前状态 $\boldsymbol{x}_i$ 下对路标点 $\boldsymbol{l}_j$ 的观测和机器人不同状态之间的转移模型约束等，其中状态 $\boldsymbol{x}_1$ 的先验约束被表示为指向自身的边。

这个图形表示形式与贝叶斯网络类似，是一种图形化建模方式。在对该模型进行求解时，仍然会被转化为一个非线性优化问题，因此 g2o 也可以被用来求解其他各类非线性优化问题。

另一个常用的图优化求解工具是 Ceres，Ceres 也是谷神星的名字。Ceres 函数库是谷歌开发的一款用于非线性优化的函数库，它同样也是开源的，使用 C++ 语言编写而成；Ceres 和 g2o 都是视觉 SLAM 中应用最广泛的优化算法库。使用 Ceres 库的代表性应用就是谷歌的 Cartographer，它是一个激光雷达定位与建图的开源项目。

最后介绍一个 GTSAM 函数库，它是由佐治亚理工学院的学者开发完成的，GTSAM 则是 Georgia Tech Smoothing and Mapping 的缩写。GTSAM 与 g2o 有很大的区别，它使用了因子图优化。因子图也是概率图模型的一种，它有两种节点，用变量节点表示状态，用因子节点表示约束，因子图模型如图 2-15 所示。

GTSAM 同样也是开源的，使用 C++ 语言编写而成。相比于图优化，因子图优化的主要优势是计算效率比较高，而且特别适合用于多传感器融合定位。典型的代表性应用是 iSAM，即 Incremental Smoothing and Mapping，可以用于视觉建图与定位。

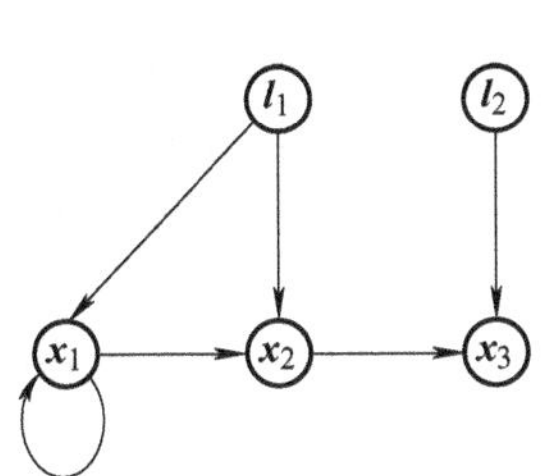

图 2-14　图优化模型

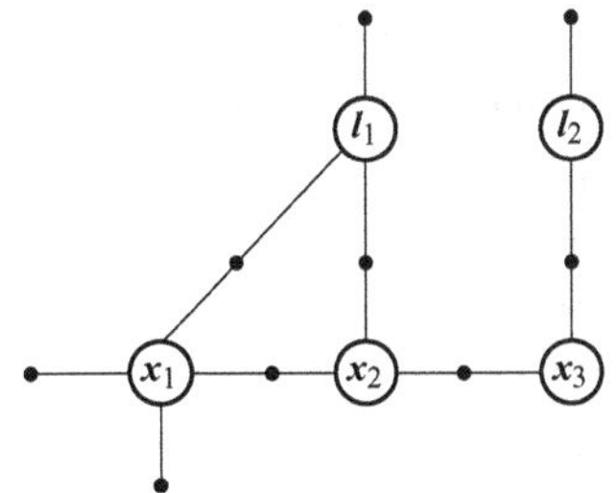

图 2-15　因子图模型

本章小结

本章从机器人的位姿状态估计问题出发，介绍了相关概率理论，这是机器人位姿估计问题的最基础理论，无论是滤波方法还是非线性优化方法，都遵循这一理论基础。机器人三维空间中的位姿描述方式有多种，且各具优势，其中李代数表示方式在非线性优化求解位姿最优估计的过程中扮演着重要角色。基于非线性优化的机器人位姿估计方法在机器人定位和建图领域中有着广泛应用，例如视觉里程计、三维建图、闭环轨迹优化等。

思考题与习题

2-1　已知有两个坐标系 P 和 Q 不重合。坐标系 Q 若按照 3–2–1 的顺序经过 3 次转动与坐标系 P 重合，转动角依次为 φ、ψ、γ，旋转矩阵记作 $\boldsymbol{C}_{Q1}^{P}$。坐标系 Q 若按照 2–3–1 的顺序经过 3 次转动与坐标系 P 重合，转动角依次为 σ、θ、ν，旋转矩阵记作 $\boldsymbol{C}_{Q2}^{P}$。思考 φ、ψ、γ和 σ、θ、ν是否相等，$\boldsymbol{C}_{Q1}^{P}$ 与 $\boldsymbol{C}_{Q2}^{P}$ 是否相等。

2-2　扩展卡尔曼滤波和粒子滤波都是常用的非线性滤波算法，试对比分析二者的优缺点。

2-3　使用非线性最小二乘模型对机器人位姿优化求解的前提条件是什么？检索相关资料，讨论这种前提条件在机器人应用中是否满足。

参考文献

[1]　特龙，比加尔，福克斯．概率机器人 [M]. 曹红玉，谭智，史晓霞，等译．北京：机械工业出版社，2017.

[2]　萨日伽．贝叶斯滤波与平滑 [M]. 程建华，陈岱岱，管冬雪，等译．北京：国防工业出版社，2015.

[3]　秦永元，张洪钺，汪叔华．卡尔曼滤波与组合导航原理 [M]. 西安：西北工业大学出版社，2015.

[4]　朱志宇．粒子滤波算法及其应用 [M]. 北京：科学出版社，2010.

[5]　巴富特．机器人学中的状态估计 [M]. 高翔，谢晓佳，译．西安：西安交通大学出版社，2018.

[6]　高翔，张涛．视觉 SLAM 十四讲：从理论到实践 [M]. 北京：电子工业出版社，2017.

[7]　于清华，肖军浩，卢惠民，等．移动机器人三维视觉同步定位与建图 [M]. 北京：国防工业出版社，2023.

[8] LOURAKIS M I A, ARGYROS A A. SBA: A software package for generic sparse bundle adjustment[J]. ACM Transactions on Mathematical Software, 2009, 36 (1): 1–30.

[9] KUMMERLE R, GRISETTI G, STRASDAT H, et al. G^2O: A general framework for graph optimization[C]//2011 IEEE International Conference on Robotics and Automation. Shanghai: IEEE, 2011: 3607–3613.

[10] AGARWAL S, MIERLE K. Ceres solver[EB/OL]. (2023–10) [2024–09–24]. https://github.com/ceres–solver/ceres–solver.

[11] DELLAERT F. Factor graphs and Gtsam: A hands–on introduction[R/OL]. https://gtsam.org/tutorials/intro.html.

第 3 章　基于模型的机器人自主导航方法

导读

本章主要介绍不依赖于外部设施进行定位的自主导航方法，所使用的参数估计原理均依赖于几何模型，主要包括惯性导航技术、视觉建图与定位技术、激光建图与定位技术、多传感器组合导航技术等，此类定位技术常用于满足机器人在未知场景或者电磁干扰场景中的导航需求。

本章知识点

- 惯性导航
- 视觉建图与定位
- 激光建图与定位
- 多传感器组合导航

3.1　惯性导航

惯性导航以牛顿力学定律为基础，通过陀螺仪测量载体在惯性参考系下的角运动，通过加速度计测量载体在惯性参考系下的线运动，然后将这些数据对时间进行积分运算，从而得到运动载体的姿态、速度及位置信息。

按照测量方式的不同，惯性导航可分为两类，分别是平台式惯导和捷联式惯导。平台式惯导的核心部分是一个稳定平台，它为加速度计测量惯性参考系下的线运动提供了基础，同时保证加速度计有一个良好的工作环境。捷联式惯导与平台式惯导的区别在于它没有实体的陀螺稳定平台，而是由导航计算机来实现相应的功能，计算机实时计算三个方向的角速度，并进行坐标系转换，以形成一个数学意义的平台。捷联式惯导的优点是取消了大量的机械电气元件，减小了惯导系统的重量和体积，但捷联式惯导对计算能力有较高的要求。

惯性导航相比其他的导航方式具有明显的优点。首先是工作自主性能强，不依靠外界辅助设备就可以实现导航；其次是提供了较多的导航参数，包括三个方向的线加速度、角加速度、线速度、角速度等；再次是抗干扰能力强，除了当地重力信息外，惯导系统不依赖于其他物理场，不易被干扰。但是惯性导航的误差会随着时间的增长而不断累积，此外，高精度惯性导航系统成本较高，体积较大。

3.1.1 惯性导航微分方程

惯性导航微分方程是描述载体运动状态的基础方程。它通过连续测量载体的加速度和角速度，结合初始条件，建立速度、位置和姿态随时间变化的数学模型。这些微分方程是惯性导航系统的核心，用于实时计算载体的导航信息。

1. 速度微分方程

载体在运动过程中会存在加速度，同时会受到地球引力作用，因此加速度计的测量值包含了引力加速度的影响。惯性导航的速度微分方程也称为比力方程，描述了加速度计组件测量得到的比力矢量 $\boldsymbol{f}$ 与载体运动加速度矢量 $\boldsymbol{a}$ 以及引力加速度矢量 $\boldsymbol{G}$ 之间的数学关系，是通过测量运载体的加速度来推算运载体速度、位置的基础，也是惯性导航的基本方程。比力是指在惯性系中作用在单位质量上的非引力外力，与加速度具有相同的量纲。因此载体相对于惯性系的加速度为

$$\boldsymbol{a}=\boldsymbol{f}+\boldsymbol{G} \tag{3-1}$$

设载体在地心惯性坐标系中的位置矢量为 $\boldsymbol{r}$，则根据哥氏定理，载体位置矢量 $\boldsymbol{r}$ 在地心惯性坐标系 i 中对时间的导数可表达为

$$\left.\frac{\mathrm{d}\boldsymbol{r}}{\mathrm{d}t}\right|_i=\left.\frac{\mathrm{d}\boldsymbol{r}}{\mathrm{d}t}\right|_e+\boldsymbol{\omega}_{ie}\wedge\boldsymbol{r} \tag{3-2}$$

式中，$\left.\frac{\mathrm{d}\boldsymbol{r}}{\mathrm{d}t}\right|_e$ 为载体相对地球的速度；$\boldsymbol{\omega}_{ie}$ 为地球相对惯性空间的自转角速度；$\boldsymbol{\omega}_{ie}\wedge\boldsymbol{r}$ 为地球自转产生的牵连速度矢量，^ 为向量叉积运算。

用 $\boldsymbol{v}_e$ 表示载体相对地球的速度矢量，即 $\boldsymbol{v}_e=\left.\frac{\mathrm{d}\boldsymbol{r}}{\mathrm{d}t}\right|_e$，则

$$\left.\frac{\mathrm{d}\boldsymbol{r}}{\mathrm{d}t}\right|_i=\boldsymbol{v}_e+\boldsymbol{\omega}_{ie}\wedge\boldsymbol{r} \tag{3-3}$$

将式（3-3）两边在惯性系中求导，可以得到

$$\left.\frac{\mathrm{d}^2\boldsymbol{r}}{\mathrm{d}t^2}\right|_i=\left.\frac{\mathrm{d}\boldsymbol{v}_e}{\mathrm{d}t}\right|_i+\left.\frac{\mathrm{d}}{\mathrm{d}t}(\boldsymbol{\omega}_{ie}\wedge\boldsymbol{r})\right|_i \tag{3-4}$$

考虑地球自转角速度矢量 $\boldsymbol{\omega}_{ie}$ 是常值，故 $\left.\frac{\mathrm{d}\boldsymbol{\omega}_{ie}}{\mathrm{d}t}\right|_i=0$，式（3-4）变为

$$\left.\frac{\mathrm{d}^2\boldsymbol{r}}{\mathrm{d}t^2}\right|_i=\left.\frac{\mathrm{d}\boldsymbol{v}_e}{\mathrm{d}t}\right|_i+\boldsymbol{\omega}_{ie}\wedge\left.\frac{\mathrm{d}\boldsymbol{r}}{\mathrm{d}t}\right|_i \tag{3-5}$$

理论上 $\boldsymbol{v}_e$ 是相对导航参考坐标系描述的，若导航参考坐标系 m 相对地球为动坐标系，则

$$\left.\frac{\mathrm{d}\boldsymbol{v}_e}{\mathrm{d}t}\right|_i=\left.\frac{\mathrm{d}\boldsymbol{v}_e}{\mathrm{d}t}\right|_m+\boldsymbol{\omega}_{im}\wedge\boldsymbol{v}_e \tag{3-6}$$

把式（3-3）和式（3-6）代入式（3-5），得

$$\left.\frac{\mathrm{d}^2\boldsymbol{r}}{\mathrm{d}t^2}\right|_i=\left.\frac{\mathrm{d}\boldsymbol{v}_e}{\mathrm{d}t}\right|_m+(2\boldsymbol{\omega}_{ie}+\boldsymbol{\omega}_{em})\hat{}\boldsymbol{v}_e+\boldsymbol{\omega}_{ie}\hat{}(\boldsymbol{\omega}_{ie}\hat{}\boldsymbol{r}) \tag{3-7}$$

式中，$2\boldsymbol{\omega}_{ie}\hat{}\boldsymbol{v}_e$ 为由于地球坐标系 e 相对于惯性坐标系 i 旋转造成的哥氏加速度；$\boldsymbol{\omega}_{em}\hat{}\boldsymbol{v}_e$ 为由于导航参考坐标系 m 相对于地球坐标系 e 旋转造成的哥氏加速度；$\boldsymbol{\omega}_{ie}\hat{}(\boldsymbol{\omega}_{ie}\hat{}\boldsymbol{r})$ 为由于地球坐标系 e 相对于惯性坐标系 i 旋转造成的离心加速度。

将 $\left.\frac{\mathrm{d}\boldsymbol{v}_e}{\mathrm{d}t}\right|_m$ 表示为 $\dot{\boldsymbol{v}}_e$，则

$$\left.\frac{\mathrm{d}^2\boldsymbol{r}}{\mathrm{d}t^2}\right|_i=\dot{\boldsymbol{v}}_e+(2\boldsymbol{\omega}_{ie}+\boldsymbol{\omega}_{em})\hat{}\boldsymbol{v}_e+\boldsymbol{\omega}_{ie}\hat{}(\boldsymbol{\omega}_{ie}\hat{}\boldsymbol{r}) \tag{3-8}$$

由式（3-1）可知，$\boldsymbol{f}=\boldsymbol{a}-\boldsymbol{G}=\left.\frac{\mathrm{d}^2\boldsymbol{r}}{\mathrm{d}t^2}\right|_i-\boldsymbol{G}$，则

$$\dot{\boldsymbol{v}}_e=\boldsymbol{f}+\boldsymbol{G}-(2\boldsymbol{\omega}_{ie}+\boldsymbol{\omega}_{em})\hat{}\boldsymbol{v}_e-\boldsymbol{\omega}_{ie}\hat{}(\boldsymbol{\omega}_{ie}\hat{}\boldsymbol{r}) \tag{3-9}$$

考虑到地球的重力场是地球引力和地球自转产生的离心力的矢量和，即

$$\boldsymbol{g}=\boldsymbol{G}-\boldsymbol{\omega}_{ie}\hat{}(\boldsymbol{\omega}_{ie}\hat{}\boldsymbol{r}) \tag{3-10}$$

则式（3-9）可以写为

$$\dot{\boldsymbol{v}}_e=\boldsymbol{f}-(2\boldsymbol{\omega}_{ie}+\boldsymbol{\omega}_{em})\hat{}\boldsymbol{v}_e+\boldsymbol{g} \tag{3-11}$$

式（3-11）即为比力方程，它是惯性导航中的一个基本方程，说明由加速度计测量得到的比力矢量扣除哥氏加速度和重力加速度的影响后才能得到导航参考坐标系下载体相对于地球的运动加速度。

2. 位置微分方程

惯性系或地球系下的直角坐标系位置微分方程可以写为

$$\dot{\boldsymbol{r}}_e^i=\boldsymbol{v}_e^i,\quad \dot{\boldsymbol{r}}_e^e=\boldsymbol{v}_e^e \tag{3-12}$$

在“北 - 东 - 地”坐标系下，采用经度 λ、纬度 L 和高程 h 表示的微分方程可以写为

$$\dot{L}=\frac{v_\mathrm{N}}{R_\mathrm{N}+h},\quad \dot{\lambda}=\frac{v_\mathrm{E}}{(R_\mathrm{E}+h)\cos L},\quad \dot{h}=-v_\mathrm{D} \tag{3-13}$$

式中，v_N、v_E 和 v_D 分别表示载体相对于地球在导航坐标系中北向、东向和地向的速度；R_N 为地球子午圈半径；R_E 为地球卯酉圈半径。当地水平地理坐标系采用“北 - 东 - 地”坐标系时，使用位置矩阵方法，用当地水平地理坐标系与地球坐标系之间的方向余弦矩阵将位置微分方程表示为

$$\boldsymbol{C}_e^n=\begin{pmatrix}\cos\left(-\frac{\pi}{2}-L\right) & 0 & \sin\left(-\frac{\pi}{2}-L\right)\\ 0 & 1 & 0\\ \sin\left(-\frac{\pi}{2}-L\right) & 0 & \cos\left(-\frac{\pi}{2}-L\right)\end{pmatrix}\begin{pmatrix}\cos\lambda & \sin\lambda & 0\\ -\sin\lambda & \cos\lambda & 0\\ 0 & 0 & 1\end{pmatrix} \tag{3-14}$$

将其进行化简，可以得到

$$C_e^n = \begin{pmatrix} -\cos\lambda\sin L & \sin\lambda\sin L & \cos L \\ -\sin\lambda & \cos\lambda & 0 \\ -\cos\lambda\cos L & -\sin\lambda\cos L & -\sin L \end{pmatrix} \tag{3-15}$$

前面分别给出了三种形式的位置微分方程，其中式（3-12）的直角坐标系表示方法，物理意义明确，适合进行力学编排，式（3-13）所示的经纬度高程表示法，适合进行导航参数的解算。三种形式的表示方法可以相互转换。

3. 姿态微分方程

姿态微分方程描述了载体坐标系与导航参考坐标系的相对姿态关系随转动角速度的动态变化，通常可以采用方向余弦矩阵、四元数矩阵和等效转动矢量进行表示。这里主要给出方向余弦矩阵微分方程的推导过程。

设矢量 $\boldsymbol{r}_b$ 固定在坐标系 b 中，由哥氏定理得

$$\left.\frac{\mathrm{d}\boldsymbol{r}_b}{\mathrm{d}t}\right|_m = \left.\frac{\mathrm{d}\boldsymbol{r}_b}{\mathrm{d}t}\right|_b + \boldsymbol{\omega}_{mb}\wedge\boldsymbol{r}_b \tag{3-16}$$

因为矢量 $\boldsymbol{r}_b$ 固定在坐标系 b 中不变，所以 $\left.\frac{\mathrm{d}\boldsymbol{r}_b}{\mathrm{d}t}\right|_b = 0$。由此可得

$$\left.\frac{\mathrm{d}\boldsymbol{r}_b}{\mathrm{d}t}\right|_m = \boldsymbol{\omega}_{mb}\wedge\boldsymbol{r}_b \tag{3-17}$$

将式（3-17）在坐标系 m 内表示，有 $\boldsymbol{r}_b = (i_m \quad j_m \quad k_m)\boldsymbol{r}_b^m$，$\boldsymbol{\omega}_{mb} = (i_m \quad j_m \quad k_m)\boldsymbol{\omega}_{mb}^m$。写成坐标投影的形式，即

$$\dot{\boldsymbol{r}}_b^m = \boldsymbol{\omega}_{mb}^m\wedge\boldsymbol{r}_b^m = (\boldsymbol{\omega}_{mb}^m\wedge)\boldsymbol{C}_b^m\boldsymbol{r}_b^b \tag{3-18}$$

式中，

$$\boldsymbol{\omega}_{mb}^m\wedge = \begin{pmatrix} 0 & -\omega_{mbz}^m & \omega_{mby}^m \\ \omega_{mbz}^m & 0 & -\omega_{mbx}^m \\ -\omega_{mby}^m & \omega_{mbx}^m & 0 \end{pmatrix} \tag{3-19}$$

根据矢量坐标变换有 $\boldsymbol{r}_b^m = \boldsymbol{C}_b^m\boldsymbol{r}_b^b$，两边同时求导，可以得到

$$\dot{\boldsymbol{r}}_b^m = \dot{\boldsymbol{C}}_b^m\boldsymbol{r}_b^b + \boldsymbol{C}_b^m\dot{\boldsymbol{r}}_b^b \tag{3-20}$$

因为 $\boldsymbol{r}_b$ 固定在坐标系 b 中，$\dot{\boldsymbol{r}}_b^b = 0$，$\dot{\boldsymbol{r}}_b^m = \dot{\boldsymbol{C}}_b^m\boldsymbol{r}_b^b$，此时

$$\dot{\boldsymbol{r}}_b^m = \dot{\boldsymbol{C}}_b^m\boldsymbol{r}_b^b = (\boldsymbol{\omega}_{mb}^m\wedge)\boldsymbol{C}_b^m\boldsymbol{r}_b^b,\quad \dot{\boldsymbol{C}}_b^m = (\boldsymbol{\omega}_{mb}^m\wedge)\boldsymbol{C}_b^m \tag{3-21}$$

$$\dot{\boldsymbol{C}}_b^m = (\boldsymbol{\omega}_{mb}^m\wedge)\boldsymbol{C}_b^m = ((\boldsymbol{\omega}_{ib}^m - \boldsymbol{\omega}_{im}^m)\wedge)\boldsymbol{C}_b^m = (\boldsymbol{\omega}_{ib}^m\wedge)\boldsymbol{C}_b^m - (\boldsymbol{\omega}_{im}^m\wedge)\boldsymbol{C}_b^m \tag{3-22}$$

当导航参考坐标系取当地水平地理坐标系时，方向余弦姿态微分方程可以写为

$$\dot{\boldsymbol{C}}_b^n = \boldsymbol{C}_b^n(\boldsymbol{\omega}_{nb}^b\wedge) = \boldsymbol{C}_b^n(\boldsymbol{\omega}_{ib}^b\wedge) - \boldsymbol{C}_b^n(\boldsymbol{\omega}_{in}^b\wedge) = \boldsymbol{C}_b^n(\boldsymbol{\omega}_{ib}^b\wedge) - (\boldsymbol{\omega}_{in}^n\wedge)\boldsymbol{C}_b^n \tag{3-23}$$

3.1.2　初始对准

由于惯性导航是根据递推求解姿态、速度和位置等导航参数，递推的初值必不可少。因此初始对准是惯性导航系统工作的关键步骤，通过确定载体初始的姿态、速度和位置信息，为后续的导航计算提供基准。一般情况下，载体的初始位置和初始速度由外部测量设备输入，因此初始对准的过程最重要的工作就是确定载体的初始姿态。

初始对准的过程也可以看作确定载体坐标系 b 和导航坐标系 n 之间方向余弦矩阵 $\boldsymbol{C}_n^b$ 的过程，因此可以通过矢量叉乘的方法构造出三个矢量并确定三个矢量在两个坐标系中的投影，从而确定两个坐标系之间的旋转关系。通常可以选重力矢量 $\boldsymbol{g}$ 和地球自转角速度 $\boldsymbol{\omega}_{ie}$ 作为参考。令 $\boldsymbol{v}=\boldsymbol{g}\wedge\boldsymbol{\omega}_{ie}$，则有

$$\begin{aligned}\boldsymbol{g}^b&=\boldsymbol{C}_n^b\boldsymbol{g}^n\\ \boldsymbol{\omega}_{ie}^b&=\boldsymbol{C}_n^b\boldsymbol{\omega}_{ie}^n\\ \boldsymbol{v}^b&=\boldsymbol{C}_n^b\boldsymbol{v}^n\end{aligned} \tag{3-24}$$

选取当地水平地理坐标系为导航坐标系，可知

$$\boldsymbol{g}^n=\begin{pmatrix}0 & 0 & g\end{pmatrix}^{\mathrm{T}} \tag{3-25}$$

$$\boldsymbol{\omega}_{ie}^n=\begin{pmatrix}\omega_{ie}\cos L & 0 & -\omega_{ie}\sin L\end{pmatrix}^{\mathrm{T}} \tag{3-26}$$

用陀螺和加速度计确定 $\boldsymbol{g}^b$ 和 $\boldsymbol{\omega}_{ie}^b$，就可以确定载体坐标系和导航坐标系之间的相对姿态关系。当惯性传感器精度较低，无法测量到载体坐标系中的地球自转角速度 $\boldsymbol{\omega}_{ie}^b$ 时，可以引入外部传感器辅助惯导进行初始对准。

3.1.3　捷联惯性导航解算

捷联惯性导航解算主要通过陀螺仪和加速度计测量数据，结合初始条件，进行实时积分运算，以解算出载体的速度、位置和姿态。其解算过程包括姿态更新、速度更新和位置更新，以确保导航信息的准确性和实时性。

1. 姿态更新算法

与姿态微分方程表示方法相对应，惯性导航的姿态更新也有三种方法，分别是方向余弦矩阵法、四元数法和欧拉法，下面主要介绍方向余弦矩阵方法。根据前文的推导，方向余弦姿态微分方程为

$$\dot{\boldsymbol{C}}_b^n=\boldsymbol{C}_b^n(\boldsymbol{\omega}_{nb}^b\wedge) \tag{3-27}$$

式中，$\boldsymbol{\omega}_{nb}^b$ 表示陀螺仪输出的角速度大小。

式（3-27）是一个一阶齐次线性的方向余弦矩阵微分方程。在时间间隔 (t_{k-1},t_k) 内，微分方程的解为

$$\boldsymbol{C}_b^n(t_k)=\boldsymbol{C}_b^n(t_{k-1})\exp\int_{t_{k-1}}^{t_k}(\boldsymbol{\omega}_{nb}^b\wedge)\mathrm{d}t \tag{3-28}$$

记旋转矢量为

$$(\boldsymbol{\sigma}\wedge)=\int_{t_{k-1}}^{t_k}(\boldsymbol{\omega}_{nb}^{b}\wedge)\mathrm{d}t \tag{3-29}$$

式中，

$$(\boldsymbol{\sigma}\wedge)=\begin{pmatrix} 0 & -\sigma_z & \sigma_y \\ \sigma_z & 0 & -\sigma_x \\ -\sigma_y & \sigma_x & 0 \end{pmatrix} \tag{3-30}$$

根据泰勒级数，积分项可以展开为

$$\exp\int_{t_{k-1}}^{t_k}(\boldsymbol{\omega}_{nb}^{b}\wedge)\,\mathrm{d}t=\boldsymbol{I}+(\boldsymbol{\sigma}\wedge)+\frac{(\boldsymbol{\sigma}\wedge)^2}{2!}+\frac{(\boldsymbol{\sigma}\wedge)^3}{3!}+\frac{(\boldsymbol{\sigma}\wedge)^4}{4!}+\cdots \tag{3-31}$$

又因为

$$\sin x=x-\frac{(\sigma\wedge)^3}{3!}+\frac{(\sigma\wedge)^5}{5!}-\frac{(\sigma\wedge)^7}{7!}+\cdots \tag{3-32}$$

$$\cos x=1-\frac{(\sigma\wedge)^2}{2!}+\frac{(\sigma\wedge)^4}{4!}-\frac{(\sigma\wedge)^6}{6!}+\cdots \tag{3-33}$$

所以式（3-31）又可以写成

$$\exp\int_{t_{k-1}}^{t_k}(\boldsymbol{\omega}_{nb}^{b}\wedge)\mathrm{d}t=\boldsymbol{I}+\frac{\sin\sigma}{\sigma}(\boldsymbol{\sigma}\wedge)+\frac{1-\cos\sigma}{\sigma^2}(\boldsymbol{\sigma}\wedge)^2 \tag{3-34}$$

所以

$$\boldsymbol{C}_b^n(t_k)=\boldsymbol{C}_b^n(t_{k-1})\left\{\boldsymbol{I}+\frac{\sin\sigma}{\sigma}(\boldsymbol{\sigma}\wedge)+\frac{1-\cos\sigma}{\sigma^2}(\boldsymbol{\sigma}\wedge)^2\right\} \tag{3-35}$$

在计算过程中，通常是对正弦函数和余弦函数继续做泰勒展开，当所取的阶次越高、数据更新频率越快时，计算的精度越高。

2. 速度更新算法

速度微分方程可以表示为

$$\dot{\boldsymbol{v}}_e=\boldsymbol{f}-(2\boldsymbol{\omega}_{ie}+\boldsymbol{\omega}_{em})\wedge\boldsymbol{v}_e+\boldsymbol{g} \tag{3-36}$$

在时间间隔 (t_{k-1},t_k) 内，微分方程的解为

$$\boldsymbol{v}_k^n=\boldsymbol{v}_{k-1}^n+\Delta\boldsymbol{v}_{\mathrm{sfk}}^n+\Delta\boldsymbol{v}_{g/\mathrm{cork}}^n \tag{3-37}$$

式中，$\Delta\boldsymbol{v}_{\mathrm{sfk}}^n$ 为比例积分增量；$\Delta\boldsymbol{v}_{g/\mathrm{cork}}^n$ 为重力和哥氏加速度积分增量，计算公式如下：

$$\Delta\boldsymbol{v}_{\mathrm{sfk}}^n=\int_{t_{k-1}}^{t_k}\boldsymbol{f}^n\mathrm{d}t \tag{3-38}$$

$$\Delta\boldsymbol{v}_{g/\mathrm{cork}}^n=\int_{t_{k-1}}^{t_k}(\boldsymbol{g}^n-(2\boldsymbol{\omega}_{ie}^n+\boldsymbol{\omega}_{en}^n)\wedge\boldsymbol{v}_e^n)\,\mathrm{d}t \tag{3-39}$$

由于重力和哥氏加速度变化缓慢，在积分时间间隔内，式（3-39）可以近似为常值积分。而比例积分增量的求解比较复杂，考虑到导航坐标系相对惯性坐标系的变化比较缓

慢，式（3-39）可近似为

$$\Delta \boldsymbol{v}_{\mathrm{sfk}}^{n} = \boldsymbol{C}_{n_{k-1}}^{n_k} \boldsymbol{C}_{b_{k-1}}^{n_{k-1}} \Delta \boldsymbol{v}_{\mathrm{sfk}}^{b_{k-1}} \tag{3-40}$$

式中，

$$\Delta \boldsymbol{v}_{\mathrm{sfk}}^{b_{k-1}} = \int_{t_{k-1}}^{t_k} \boldsymbol{C}_{b_\tau}^{b_{k-1}} \boldsymbol{f}^b(\tau)\mathrm{d}\tau \tag{3-41}$$

根据式（3-34），$\boldsymbol{C}_{b_k}^{b_{k-1}}$ 取一阶近似，有

$$\boldsymbol{C}_{b_k}^{b_{k-1}} = \boldsymbol{I} + \frac{\sin\sigma}{\sigma}(\boldsymbol{\sigma}\wedge) + \frac{(1-\cos\sigma)}{\sigma^2}(\boldsymbol{\sigma}\wedge)^2 \approx \boldsymbol{I} + (\boldsymbol{\sigma}\wedge) \tag{3-42}$$

则式（3-41）中的 $\Delta \boldsymbol{v}_{\mathrm{sfk}}^{b_{k-1}}$ 可近似为

$$\begin{aligned} \Delta \boldsymbol{v}_{\mathrm{sfk}}^{b_{k-1}} &= \int_{t_{k-1}}^{t_k} (\boldsymbol{I} + (\boldsymbol{\sigma}\wedge))\boldsymbol{f}^b(\tau)\mathrm{d}\tau \\ &= \int_{t_{k-1}}^{t_k} \boldsymbol{f}^b(\tau)\mathrm{d}\tau + \int_{t_{k-1}}^{t_k} \boldsymbol{\sigma}\wedge\boldsymbol{f}^b(\tau)\mathrm{d}\tau \\ &= \Delta \boldsymbol{v}_k + \int_{t_{k-1}}^{t_k} \boldsymbol{\sigma}\wedge\boldsymbol{f}^b(\tau)\mathrm{d}\tau \end{aligned} \tag{3-43}$$

式中，$\Delta \boldsymbol{v}_k$ 表示载体系下的比例积分增量，计算公式如下：

$$\Delta \boldsymbol{v}_k = \int_{t_{k-1}}^{t_k} \boldsymbol{f}^b(\tau)\mathrm{d}\tau \tag{3-44}$$

$\int_{t_{k-1}}^{t_k} \boldsymbol{\sigma}\wedge\boldsymbol{f}^b(\tau)\mathrm{d}\tau$ 中包含旋转效应项 $\Delta \boldsymbol{v}_{\mathrm{rot}}$ 和划摇效应项 $\Delta \boldsymbol{v}_{\mathrm{scul}}$，对于双子样解算，可简化为如下公式： 57

$$\Delta \boldsymbol{v}_{\mathrm{rot}} = \frac{1}{2}(\Delta \boldsymbol{\theta}_k \wedge \Delta \boldsymbol{v}_k) \tag{3-45}$$

$$\Delta \boldsymbol{v}_{\mathrm{scul}} = \frac{2}{3}(\Delta \boldsymbol{\theta}_1 \wedge \Delta \boldsymbol{v}_2 + \Delta \boldsymbol{v}_1 \wedge \Delta \boldsymbol{\theta}_2) \tag{3-46}$$

式中，

$$\Delta \boldsymbol{\theta}_k = \Delta \boldsymbol{\theta}_1 + \Delta \boldsymbol{\theta}_2,\quad \Delta \boldsymbol{v}_k = \Delta \boldsymbol{v}_1 + \Delta \boldsymbol{v}_2 \tag{3-47}$$

式中，$\Delta \boldsymbol{\theta}_1$ 和 $\Delta \boldsymbol{\theta}_2$ 为两个采样的角度增量；$\Delta \boldsymbol{v}_1$ 和 $\Delta \boldsymbol{v}_2$ 为两个采样的速度增量。因此，式（3-43）可简化为

$$\Delta \boldsymbol{v}_{\mathrm{sfk}}^{b_{k-1}} = \Delta \boldsymbol{v}_k + \Delta \boldsymbol{v}_{\mathrm{rot}} + \Delta \boldsymbol{v}_{\mathrm{scul}} \tag{3-48}$$

3. 位置更新算法

对速度矢量进行积分即可得到位置矢量，当导航解算频率比较高时，积分方式直接采用梯形积分。根据式（3-13）的位置微分方程，在地理坐标系下的经度、纬度和高程更新可以表示为

$$
\begin{aligned}
L_k &= L_{k-1} + \left[\frac{v_{\mathrm{N}}(k)+v_{\mathrm{N}}(k-1)}{2(R_{\mathrm{N}}+h)}\right]T \\
\lambda_k &= \lambda_{k-1} + \left[\frac{v_{\mathrm{E}}(k)+v_{\mathrm{E}}(k-1)}{2(R_{\mathrm{E}}+h)\cos L}\right]T \\
h_k &= h_{k-1} + \frac{1}{2}[v_{\mathrm{D}}(k)+v_{\mathrm{D}}(k-1)]T
\end{aligned}
\tag{3-49}
$$

式中，T为采样时间。

3.2 视觉建图与定位

视觉建图与定位是利用相机作为传感器采集场景的图像信息，结合多视图几何模型预测场景的结构信息（地图）与相机的位姿信息，再经过时间递推构建出整个序列的全局地图。因其低廉的成本而在多种无人平台中得以应用。视觉建图与定位方法大致可分为“感知”和“优化”两部分，它们分别在算法中代表前端和后端。前端负责捕捉当前场景中的显著局部特征，并使用匹配算法对提取出的特征进行跟踪。后端则使用多视图几何模型对前端预估的初始位姿和地图进一步优化，并使用闭环校正模块对前端定位结果的累积误差进行校正。

按照前端提取与跟踪的局部特征的类型，可以把视觉建图与定位方法分为光流法与特征点法，其中光流法注重特征提取的效率，特征点法则注重特征提取的精度，二者在计算机视觉中各具特色，互为补充。后端优化模型主要使用多视图几何模型中的透视投影模型与重投影误差模型，光束法平差则适用于全局地图的优化，下面将逐一进行介绍。

3.2.1 光流估计

光流法通过分析图像中像素点的位移来计算物体运动，适用于运动检测、目标跟踪等场景。

1. 基于局部光度一致模型的光流提取

如图 3-1 所示，光流用于描述短时间内相机运动所拍摄得到的图像中同一物体上的像素在相邻帧中的像素运动向量，该向量分为 u 和 v 横纵坐标上的位移。同时假设同一物体上的像素在相邻帧中的灰度值保持不变。该假设称为光度不变假设，根据该假设可找到相邻帧的匹配像素点并计算像素点之间的运动向量以构成相邻帧的稠密光流。光度不变假设的公式描述见式（3-50）。其中 u 和 v 代表图像的横纵坐标，$\mathrm{d}u$ 和 $\mathrm{d}v$ 代表横纵坐标上的位移，$\mathrm{d}t$ 代表两帧之间的运动时间。然而在现实场景中，由于光照变化的影响，同一个物体在不同帧中也会出现光度不一致的现象，但在算法优化过程中假定前后帧时间相差不大，因此物体上的光度值也不存在较大的差异。

$$
\boldsymbol{I}(u+\mathrm{d}u, v+\mathrm{d}v, t+\mathrm{d}t) = \boldsymbol{I}(u, v, t) \tag{3-50}
$$

对式（3-50）的等号左侧进行一阶泰勒展开，可得

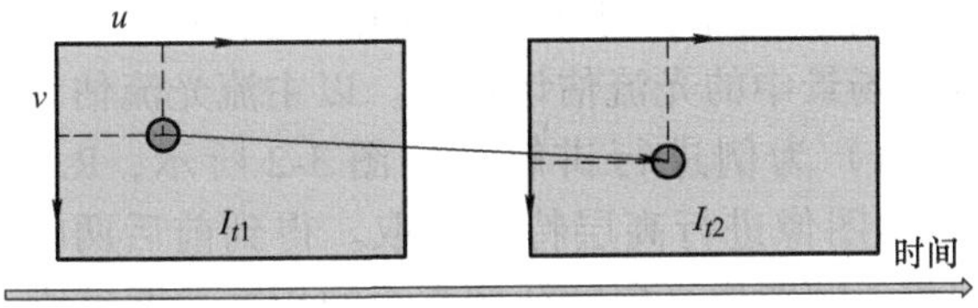

图 3-1　光流跟踪示意图

$$\boldsymbol{I}(u+\mathrm{d}u,v+\mathrm{d}v,t+\mathrm{d}t)\approx\boldsymbol{I}(u,v,t)+\frac{\partial\boldsymbol{I}}{\partial u}\mathrm{d}u+\frac{\partial\boldsymbol{I}}{\partial v}\mathrm{d}v+\frac{\partial\boldsymbol{I}}{\partial t}\mathrm{d}t \tag{3-51}$$

假定前后帧同一位置特征点光度不变，则式（3-51）的右边可转化为

$$\frac{\partial\boldsymbol{I}}{\partial u}\mathrm{d}u+\frac{\partial\boldsymbol{I}}{\partial v}\mathrm{d}v+\frac{\partial\boldsymbol{I}}{\partial t}\mathrm{d}t=0 \tag{3-52}$$

将式（3-52）代入式（3-51）中并将等式两边同时除以 dt 可得

$$\frac{\partial\boldsymbol{I}}{\partial u}\frac{\mathrm{d}u}{\mathrm{d}t}+\frac{\partial\boldsymbol{I}}{\partial v}\frac{\mathrm{d}v}{\mathrm{d}t}=-\frac{\partial\boldsymbol{I}}{\partial t} \tag{3-53}$$

规定 $\frac{\mathrm{d}u}{\mathrm{d}t}$ 和 $\frac{\mathrm{d}v}{\mathrm{d}t}$ 代表光流在图像横坐标和纵坐标上的移动速度，将其记为 $\vec{u}$ 和 $\vec{v}$。此外，$\frac{\partial\boldsymbol{I}}{\partial u}$ 和 $\frac{\partial\boldsymbol{I}}{\partial v}$ 是图像在点 (u,v) 处的横纵坐标上的梯度。将其用 $\boldsymbol{I}_u$ 和 $\boldsymbol{I}_v$ 表示。图像关于时间的梯度 $\frac{\partial\boldsymbol{I}}{\partial t}$ 使用 $\boldsymbol{I}_t$ 进行表示。将式（3-53）转化为

$$(\boldsymbol{I}_u\ \boldsymbol{I}_v)\begin{pmatrix}\vec{u}\\ \vec{v}\end{pmatrix}=-\boldsymbol{I}_t \tag{3-54}$$

引入特征点周围局部区域的像素光流信息，并假设在局部范围内的像素运动都符合同一运动模式，构建光流方程组对式（3-54）中的 $(\vec{u},\vec{v})$ 进行求解，其中 n 的总数为 $s\times s$，代表局部像素的总数。方程组的具体形式如下：

$$(\boldsymbol{I}_u\ \boldsymbol{I}_v)_n\begin{pmatrix}\vec{u}\\ \vec{v}\end{pmatrix}=-\boldsymbol{I}_{tn} \tag{3-55}$$

$$\boldsymbol{X}=\begin{pmatrix}(\boldsymbol{I}_u\ \boldsymbol{I}_v)_1\\ \vdots\\ (\boldsymbol{I}_u\ \boldsymbol{I}_v)_n\end{pmatrix},\quad \boldsymbol{Y}=\begin{pmatrix}\boldsymbol{I}_{t1}\\ \vdots\\ \boldsymbol{I}_{tn}\end{pmatrix},\quad \boldsymbol{X}\begin{pmatrix}\vec{u}\\ \vec{v}\end{pmatrix}=-\boldsymbol{Y} \tag{3-56}$$

使用最小二乘法对式（3-56）所示的优化方程进行求解可得到光流 $(\vec{u},\vec{v})$ 的最优解。

2. 基于深度学习网络的光流提取

基于局部光度一致模型的光流提取算法是一种基于图像低层信息的特征提取与跟踪算法，如果在前后帧运动过程中物体表面光照变化明显则会破坏局部光度一致性模型，从而导致光流估计精度变低。深度学习类方法使用多层神经网络提取图像的深度语义特征，并使用与任务相关的回归器将深度特征转化为具体的估计值。由于深度学习类方法具有较高

的鲁棒性，因此在多种计算机视觉任务中得以应用。使用深度学习网络构建光流估计网络可提升在光照变化剧烈场景中的光流估计精度。以主流光流估计网络 RAFT（Recurrent All-Pairs Field Transforms）为例进行讲解。如图 3-2 所示，RAFT 使用残差神经网络 ResNet18 的卷积层对原始图像进行高层特征提取。得到前后两帧的图像高层特征之后，使用相关性查找表得到相邻帧图像高层特征像素级的相关性度量值，并将此度量值代入运动编码器，结合从语义提取模块中得到的图像高层语义信息，得到具备初步光流信息的光流估计初值。随后在光流更新模块中不断迭代光流估计初值，进而得到多轮更新后的光流估计值。

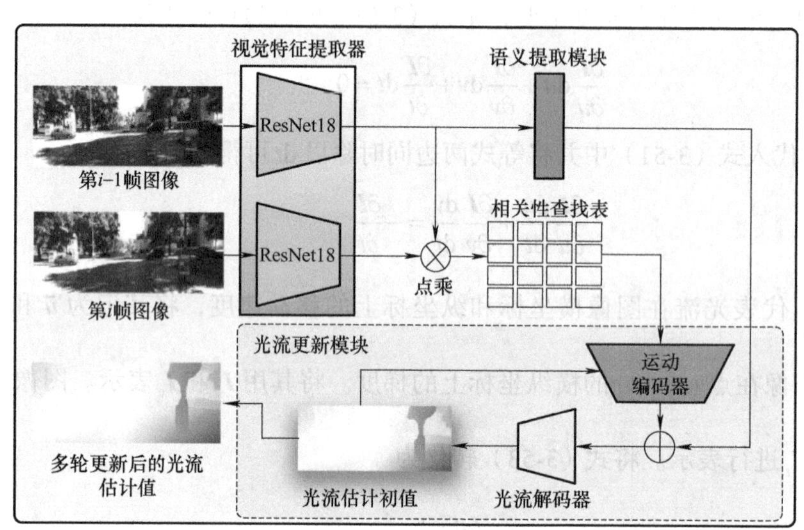

图 3-2 基于深度学习光流估计网络

3.2.2 视觉特征提取

视觉特征提取是计算机视觉中的关键步骤，涉及从图像中检测并提取出具有代表性的局部或全局信息。常见方法包括基于手工设计的特征提取和基于深度学习的特征提取，这些方法有助于计算机更准确地理解和分析图像内容。

1. 基于手工设计的特征提取

基于手工设计的特征提取算法主要指的是在早期计算机视觉领域中，由研究人员根据图像处理和几何学原理手工设计的特征检测和描述方法。这些算法通常依赖于图像的特定属性，如边缘、角点、纹理等，来提取图像的特征。角点是指图像中两个边缘相交的点，这些点在图像分析和计算机视觉中非常重要，因为它们提供了图像结构的重要信息。主流的基于手工设计的特征提取算法包括 SIFT、SURF、Harris 以及 ORB。

SIFT（Scale-Invariant Feature Transform）是一种广泛使用的特征提取算法，能够提取图像中的尺度不变特征。它通过构建图像的尺度空间，使用高斯差分来检测关键点，并利用关键点邻域的主方向来增强旋转不变性。SIFT 描述符是基于图像梯度的直方图，具有尺度和旋转不变性。

SURF（Speeded-Up Robust Features）是 SIFT 的一个变体，它使用积分图像来加速特征点的检测和描述。SURF 的关键点检测基于 Hessian 矩阵的近似，而描述符是基于图像的 Haar 小波响应。

Harris 算法是一种经典的角点检测方法，通过计算图像亮度的二阶矩来评估每个像素点的角点响应。它使用一个窗口来收集邻域内的像素，并计算一个响应矩阵，从而确定角点。

ORB（Oriented FAST and Rotated BRIEF）是一种计算机视觉中的特征提取算法，它结合了 FAST（Features from Accelerated Segment Test）关键点检测和 BRIEF（Binary Robust Independent Elementary Features）描述符，同时增加了对图像旋转的鲁棒性。由于 ORB 特征提取算法具有较高的特征提取效率，因此被应用于基于手工设计的视觉 SLAM 中，比如 ORB-SLAM 系列。

FAST（Features from Accelerated Segment Test）特征提取算法是一种用于在图像中检测角点的算法。FAST 算法的角点提取方法步骤如下：

1）算法首先遍历图像中的每个像素点。对于每个像素点，算法将其作为候选角点并进行进一步的检测。在某些情况下，算法可能会跳过图像边缘附近的像素点，因为这些点不太可能是角点。

2）对于每个候选点，算法会确定一个以该点为中心的圈。FAST 算法通常使用一个由 16 个像素点组成的圈，这些点均匀分布在候选点周围。

3）对中心点和周围候选点之间的亮度进行对比。如果圈中的像素点亮度与候选点亮度的差值超过了预设的阈值，那么这些像素点将被视为“显著不同”。

4）FAST 算法通过只检查圈中的部分像素点来加速检测过程。具体来说，算法首先检查圈的三个像素点，如果这三个点的亮度都比候选点的亮度高或低于阈值，算法就会继续检查剩余的像素点。如果这三个点中有任何一点不满足条件，算法就会立即跳过当前候选点，转而检测下一个候选点。

5）如果圈中有足够多的像素点（例如 12 个）的亮度与候选点的亮度差异超过阈值，那么这个候选点就被确定为一个角点。

使用 FAST 算法确定图像中的角点之后，使用 BRIEF 算法为每一个角点赋予二值描述子。BRIEF 算法的核心机制是生成二进制字符串。首先对于每一个经过 FAST 算法得到的角点，BRIEF 算法定义了一个采样模式，这个模式由多个点对组成。每个点对由两个像素点构成，它们在关键点周围的一个小区域内。对于每个点对，BRIEF 算法会比较两个像素点的亮度值，并且点对的选择是随机性的，算法随机选择这些点对的位置，这意味着每次生成的描述符可能都不同，即使对于相同的关键点也是如此。这种随机性有助于增加特征的区分度。随后对于每个点对，如果第一个像素点的亮度高于第二个像素点，则结果为“1”，如果低于或等于，则结果为“0”。这样就得到了一个二进制位。将所有点对的比较结果串联起来，形成一个二进制字符串。例如，如果有 256 个点对，那么生成的二进制字符串就有 256 位。这个二进制字符串就是关键点的 BRIEF 描述符。由于它是二进制的，所以非常紧凑，便于存储和快速比较。BRIEF 描述子提取示意图如图 3-3 所示。

图 3-3　BRIEF 描述子提取示意图

2. 基于深度学习的特征提取

基于手工设计的特征提取算法在普通场景中的性能较好，然而在光照变换较为明显的路段，传统手工设计的特征点会出现低层信息的巨变从而影响特征跟踪，进而降低视觉定位精度。使用深度学习网络重构局部特征提取算法，借助深度学习网络的高鲁棒性能够解决复杂光照环境下的稳定特征跟踪问题。典型的基于深度学习的特征提取算法是 SuperPoint。该算法先对简单图像的特征检测预训练，再通过自适应单应性的方法来泛化真实图像的训练，以得到真实图像的特征，提取步骤为：兴趣点预训练、兴趣点自标注和联合训练提取特征。其原理如图 3-4 所示。

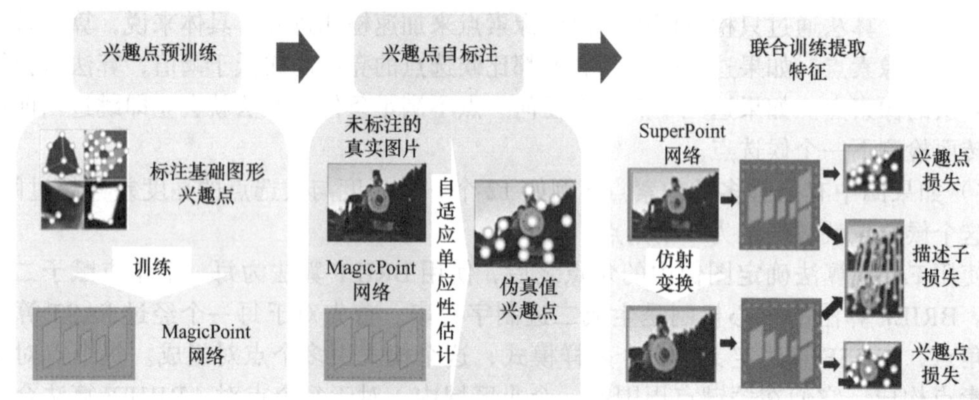

图 3-4　SuperPoint 特征点提取的原理

（1）兴趣点检测网络结构

兴趣点预训练的方法如下：首先利用基本形状元素组成的虚拟三维图像数据集，对虚拟三维图像的端点、顶点、交点等角点进行标注，训练一个全卷积神经网络（Fully Convolutional Network，FCN），使其能对简单的集合图像进行精确的兴趣点检测，此时训练成功的全卷积神经网络称为 MagicPoint 网络。

MagicPoint 网络的结构采用传统的编码 / 解码（Encoder-Decoder）结构，其中的编码器部分使用类似 VGG 模型的卷积神经网络（Visual Geometry Group Network）。通过编码器将单通道的灰度图像编码为 1/8 原边长的图像，并增加了 64 个通道。编码产生的 65

个通道包括原图局部非重叠的像素区域以及一个无兴趣点通道，该通道用于表示该区域没有检测到兴趣点的情况。

下面开始构建兴趣点解码器。上一步编码产生的是一个尺寸为 65 通道的张量，先对所有通道使用 Softmax 交叉熵函数计算像素点为角点的分类概率，然后舍弃概率最小的那个通道，之后通过 Reshape 函数将其整形到原始尺寸的热度图，最终其网络结构如图 3-5 所示。

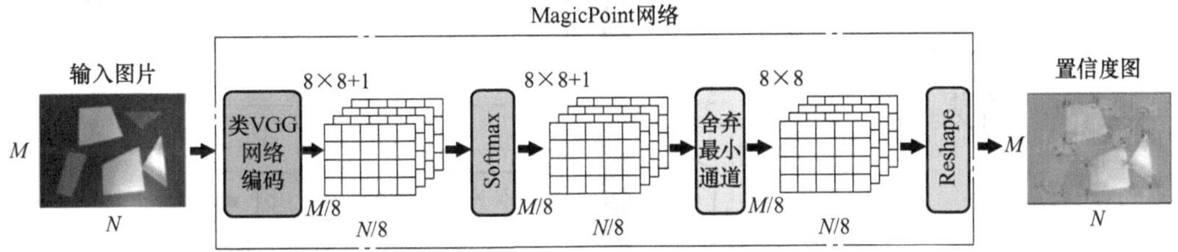

图 3-5　MagicPoint 网络结构

MagicPoint 网络的输出为与输入图像相同尺寸的热度图。热度图上的每一个像素值代表了该像素作为兴趣点的概率（即置信度），而真实角点附近的像素通常也伴随着比较大的概率，所以再通过非极大值抑制将概率极大的像素点提取出来，即可在原尺寸热度图上得到稀疏兴趣点。当稀疏的兴趣点有 n 个时，MagicPoint 网络的输出为 n 个兴趣点的坐标及其每个点对应的置信度 scores_i。

图 3-5 彩图

（2）特征检测网络训练方法

MagicPoint 网络在基础形状的兴趣点检测方面表现出色，且在检测真实图片的兴趣点时具有一定的抗噪声能力。但同时该网络相较于传统特征检测会丢失许多可能点。为了优化网络对真实图像中潜在兴趣点的提取，提高 MagicPoint 网络的泛化能力，可使用一种自适应单应性（Homographic Adaptation）估计的方法对兴趣点进行自标注和再训练。具体步骤如下：

1）利用一组简单随机的单应性矩阵 $\{\boldsymbol{H}_1,\boldsymbol{H}_2,\boldsymbol{H}_3,\cdots,\boldsymbol{H}_n\}$，对真实图像 $\boldsymbol{A}$ 进行随机单应性变换，这些变换方式包括旋转、缩放、裁剪、扭曲等，得到一个单应性变换图像集合 $\{\boldsymbol{A}_1,\boldsymbol{A}_2,\boldsymbol{A}_3,\cdots,\boldsymbol{A}_n\}$。

2）使用 MagicPoint 网络对集合 $\{\boldsymbol{A}_1,\boldsymbol{A}_2,\boldsymbol{A}_3,\cdots,\boldsymbol{A}_n\}$ 中的每张图像进行兴趣点检测，得到一系列兴趣点响应 $\{\boldsymbol{p}_1,\boldsymbol{p}_2,\boldsymbol{p}_3,\cdots,\boldsymbol{p}_n\}$ 的图片。

3）通过已知的单应性变换矩阵 $\{\boldsymbol{H}_1,\boldsymbol{H}_2,\boldsymbol{H}_3,\cdots,\boldsymbol{H}_n\}$，将 2）中所有的扭曲图像的兴趣点反解回原始图像，得到 $\{\boldsymbol{p}_1',\boldsymbol{p}_2',\boldsymbol{p}_3',\cdots,\boldsymbol{p}_n'\}$。最后，对所有兴趣点取并集，得到最终的兴趣点集合，这些点统称为伪真值兴趣点。

4）利用自适应标注前的特征检测构造损失函数并训练网络，即可完成对 SuperPoint 特征点的检测。

（3）特征描述网络结构

利用网络提取 SuperPoint 特征点描述子的过程同样是一个编码与解码的过程，且与兴趣点检测网络的前端编码共享。在解码器的头部是 256 单元的卷积层，只有卷积后的结构不同：兴趣点检测解码器接一个 65 单元的卷积层，而描述子解码器接一个 256 单元的卷积层。因为检测网络与描述网络的前端共享，所以在训练时可以进行联合训练。

SuperPoint 特征检测与描述的网络结构如图 3-6 所示。

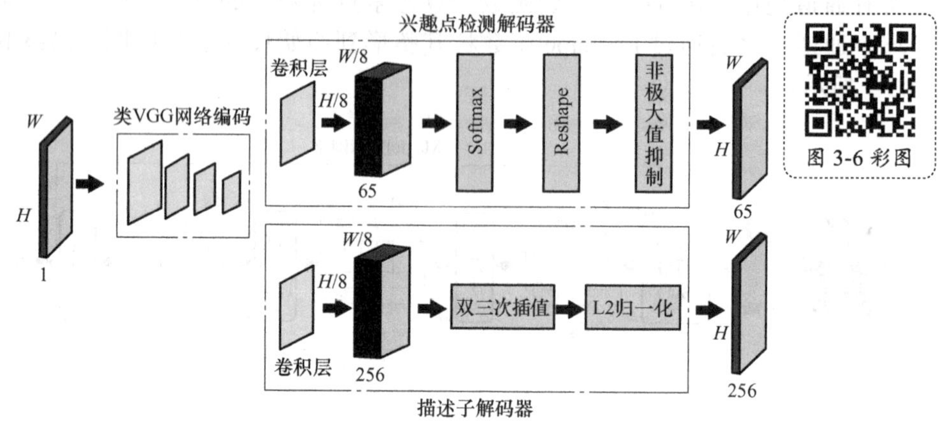

图 3-6 SuperPoint 特征检测与描述的网络结构

为简化计算量，原单通道灰度图像（$W \times H \times 1$）经过编码网络与通用对应网络（Universal Correspondence Network，UCN），先输出一个半稠密描述子，再通过双三次插值得到完整的描述子，最后通过 L2 归一化得到固定单位长度的描述子。

（4）特征描述网络训练方法

联合训练使用一张原图像 $\boldsymbol{A}$、随机单应性矩阵 $\boldsymbol{H}$、对应单应性变换图像 $\boldsymbol{A}'$。将 $\boldsymbol{A}$ 与 $\boldsymbol{A}'$ 输入 SuperPoint 网络，可以输出二者的特征点与描述子。将通过单应性自适应标注的结果（伪真值兴趣点），作为特征点位置的真值标签，可以对特征点检测网络进行训练；并且因为单应性矩阵已知，即 $\boldsymbol{A}$ 与 $\boldsymbol{A}'$ 的变换关系已知，所以可以同时优化描述子的损失。这种同时训练 SuperPoint 特征点位置与描述子的方法称为 SuperPoint 网络的联合训练。

联合训练的关键在于构建损失函数。SuperPoint 损失函数由两部分构成：特征点检测的损失函数 L_p 与描述子的损失函数 L_d。损失函数 L 的表达式如下

$$L(\boldsymbol{X},\boldsymbol{X}',\boldsymbol{D},\boldsymbol{D}',\boldsymbol{Y},\boldsymbol{Y}',\boldsymbol{S}) = L_p(\boldsymbol{X},\boldsymbol{Y}) + L_p(\boldsymbol{X}',\boldsymbol{Y}') + \lambda L_d(\boldsymbol{D},\boldsymbol{D}',\boldsymbol{S}) \tag{3-57}$$

式中，$\boldsymbol{X}$ 为图像 $\boldsymbol{A}$ 经过兴趣点检测解码器头部卷积后的 65 维 $W/8 \times H/8$ 尺寸的张量；$\boldsymbol{X}'$ 为单应性变换图像 $\boldsymbol{A}'$ 经过兴趣点检测解码器头部卷积后的 65 维 $W/8 \times H/8$ 尺寸的张量；$\boldsymbol{D}$ 为图像 $\boldsymbol{A}$ 经过描述子解码器头部卷积后的 256 维 $W/8 \times H/8$ 尺寸的张量；$\boldsymbol{D}'$ 为单应性变换图像 $\boldsymbol{A}'$ 经过描述子解码器头部卷积后的 256 维 $W/8 \times H/8$ 尺寸的张量；$\boldsymbol{Y}$ 为图像 $\boldsymbol{A}$ 的真值标签；$\boldsymbol{Y}'$ 为图像 $\boldsymbol{A}'$ 的真值标签；$\boldsymbol{S}$ 为图像 $\boldsymbol{A}$ 与图像 $\boldsymbol{A}'$ 的所有对应项；λ 为参数，用于平衡总损失函数 L。其中，特征点检测的损失函数使用的是交叉熵损失函数，即计算 $\boldsymbol{X}$ 中元素为特征点的概率，即

$$L_p(\boldsymbol{X},\boldsymbol{Y}) = \frac{1}{H_c W_c} \sum_{h=1,w=1}^{H_c,W_c} l_p(\boldsymbol{x}_{hw}, y_{hw}) \tag{3-58}$$

$$\begin{gathered}\boldsymbol{x}_{hw} \in \boldsymbol{X}, y_{hw} \in \boldsymbol{Y} \\ l_{\mathrm{p}}(\boldsymbol{x}_{hw}, y) = -\log\left(\frac{\exp(\boldsymbol{x}_{hw}, y_{hw})}{\sum_{k=1}^{65}\exp(\boldsymbol{x}_{hw}, k_{hw})}\right)\end{gathered} \tag{3-59}$$

式中，H_{c} 与 W_{c} 分别表示 $H/8$ 与 $W/8$；l_{p} 为特征点检测任务中在位置 (h,w) 处的交叉熵损失函数；$\boldsymbol{x}_{hw}$ 为一个 65 维的向量，表示在位置 (h,w) 处经过兴趣点解码器头部卷积后的输出；y_{hw} 为一个标量，表示在位置 (h,w) 处像素是否为特征点的真值标签（通常为 0 或 1）；$\exp(\boldsymbol{x}_{hw}, y_{hw})$ 为向量 $\boldsymbol{x}_{hw}$ 中对应标签 y_{hw} 的元素的指数。

描述子的损失函数 L_{d} 的计算如下：

$$\boldsymbol{d}_{hw} \in \boldsymbol{D}, \boldsymbol{d}'_{h'w'} \in \boldsymbol{D}' \tag{3-60}$$

$$l_{\mathrm{d}}(\boldsymbol{d}, \boldsymbol{d}', s_{hwh'w'}) = \lambda_{\mathrm{d}} s_{hwh'w'} \max(0, m_{\mathrm{p}} - \boldsymbol{d}^{\mathrm{T}}\boldsymbol{d}') + (1 - s_{hwh'w'}) \max(0, \boldsymbol{d}^{\mathrm{T}}\boldsymbol{d}' - m_{\mathrm{n}}) \tag{3-61}$$

式中，l_{d} 表示在位置 (h,w) 处的描述子损失函数；m_{p} 表示正向边界；m_{n} 表示负向边界，m_{p} 与 m_{n} 共同计算最大化边距目标；λ_{d} 为加权项，以平衡负响应比正响应多的情况；$s_{hwh'w'}$ 表示两张图像描述子之间的对应关系是否匹配。因为两张图像之间存在单应性变换关系，所以二者的描述子单元 (h,w) 与 (h',w') 的对应关系可以表示为

$$s_{hwh'w'} = \begin{cases} 1, \text{若} \left\| \boldsymbol{H}\boldsymbol{p}_{hw} - \boldsymbol{p}_{h'w'} \right\| \leqslant 8 \\ 0, \text{其他} \end{cases} \tag{3-62}$$

式中，$\boldsymbol{p}_{hw}$ 表示 (h,w) 单元的位置；$\boldsymbol{H}\boldsymbol{p}_{hw}$ 表示该单元位置通过单应性变换后的坐标估计。

3.2.3　光束法平差

光束法平差（Bundle Adjustment，BA）是一种基于成像光束空间交会的几何模型建立的测量法，通过最小化损失函数优化相机内外参数及三维空间点位置来精确解决几何测量问题。在建筑、测绘、制造及机器人导航等领域有重要应用，该方法操作简单且能明确记录光的传播轨迹和特征值。光束法平差示意图如图 3-7 所示。

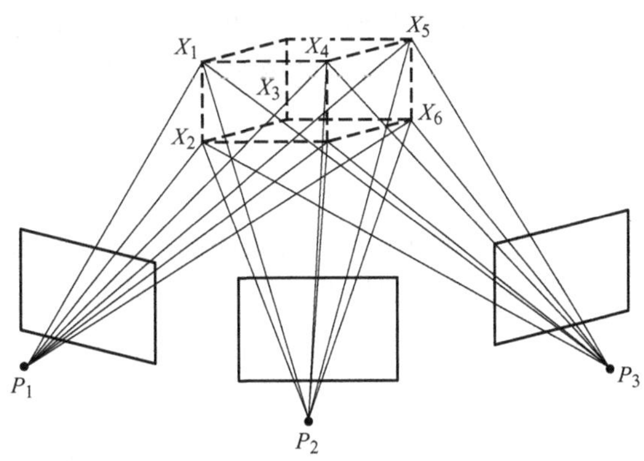

图 3-7　光束法平差示意图

光束法平差是指从视觉重建中提炼出最优的 3D 模型和相机参数（内参和外参）。从每个特征点反射出来的几束光线，在把相机姿态和特征点的位置做出最优的调整之后，收束到光心的这个过程，就称为光束法平差。

假设空间位置的 3D 点为

$$\boldsymbol{X}=\{\boldsymbol{x}_1,\boldsymbol{x}_2,\cdots,\boldsymbol{x}_n\} \tag{3-63}$$

式中，n 为空间点总数。

相机中心位姿为

$$\boldsymbol{T}=\{\boldsymbol{T}_1,\boldsymbol{T}_2,\cdots,\boldsymbol{T}_k\} \tag{3-64}$$

式中，k 为位姿总数。

光束法平差可以构建重投影误差最小二乘如下：

$$\{\boldsymbol{X},\boldsymbol{T}\}=\min\frac{1}{2}\sum_{i=0}^{n}\left\|\boldsymbol{u}_i-\frac{1}{s_i}\boldsymbol{K}\boldsymbol{T}\boldsymbol{x}_i\right\|^2 \tag{3-65}$$

对于变换矩阵 $\boldsymbol{T}$，它是 2.3.3 小节中所介绍的特殊欧氏群 SE(3) 中的元素，满足如下约束：

$$\boldsymbol{T}=\begin{pmatrix}\boldsymbol{R} & t\\ 0^{\mathrm{T}} & 1\end{pmatrix},\boldsymbol{R}^{\mathrm{T}}\boldsymbol{R}=\boldsymbol{I},\det(\boldsymbol{R})=1,t\in\boldsymbol{R}^3 \tag{3-66}$$

对于有约束的变换矩阵在最小二乘中不好求解，转换为无约束的李群求解：

$$\{\boldsymbol{X},\boldsymbol{\xi}\}=\min\frac{1}{2}\sum_{i=0}^{n}\left\|\boldsymbol{u}_i-\frac{1}{s_i}\boldsymbol{K}\exp(\boldsymbol{\xi}^\wedge)\boldsymbol{x}_i\right\|^2 \tag{3-67}$$

使用高斯－牛顿方法对上述公式所示的优化模型进行求解，得到经过优化后的空间点坐标和位姿 $\{\boldsymbol{X},\boldsymbol{\xi}\}$。

3.2.4 闭环检测

闭环检测是 SLAM 系统中的一项关键技术，它允许系统识别机器人是否已经返回到之前访问过的地点。这个过程对于校正长时间累积的定位误差至关重要，可以确保地图一致性并优化运动估计，是实现精准定位与环境感知的核心环节。下面详细介绍闭环检测过程。

1. 关键帧的选择和队列管理

闭环检测首先需要确定哪些关键帧是候选的闭环帧。这些关键帧通常存储在一个队列中，等待闭环检测的处理。例如，在 ORB–SLAM2 中，局部地图管理线程会将待处理的关键帧发送到闭环校正线程。

2. 词袋模型

使用词袋（Bag–of–Words，BoW）模型来表示关键帧的特征。词袋模型是一种将图像特征量化的方法，它将图像中的特征点与预先训练好的视觉词汇（或称为视觉单词）

相关联，形成一个特征向量，用于描述图像内容。离线生成词袋模型的步骤如下：首先从每个图像帧中提取特征点，提取的特征点需要被描述，即生成特征描述符。描述符是对特征点周围邻域的局部外观的量化表示，它应该对图像的缩放、旋转和部分亮度变化具有不变性。使用聚类算法（如 K-means）对所有提取的特征描述符进行聚类，生成一组视觉词汇或视觉单词。这些词汇的数量是预先确定的，它们代表场景中可能出现的主要特征类型。将每个特征描述符与最近的视觉词汇关联起来，从而实现特征的量化。这样，每个特征点就可以用一个索引来表示，该索引对应于它所属的聚类中心。对于每个图像帧，统计其所有特征点所对应的视觉词汇索引，并构建一个词袋向量，这个向量的长度等于视觉词汇的数量，每个维度的值表示对应视觉词汇在图像中出现的频率。此外为了消除图像大小对词袋向量的影响，通常需要对向量进行归一化处理，使其长度为 1，即成为一个单位向量。然后利用词袋向量可以计算两个图像帧之间的相似度。词袋模型的优点在于其简单性和有效性，它可以将高维的特征描述符空间转换为低维的词袋向量空间，从而简化计算和存储的需求。然而，它也有缺点，比如忽略了特征点的空间位置信息，这可能会影响其在某些应用中的性能。尽管如此，词袋模型因其计算效率高和实现简单，在 SLAM 和其他视觉任务中仍然非常流行。

3. 候选关键帧的筛选

通过比较当前关键帧的 BoW 向量与历史关键帧的 BoW 向量之间的相似度，来初步判断是否存在闭环的可能性。相似度可以通过计算两个向量之间的距离或使用其他相似性度量方法来评估。常见的相似度度量准则包括余弦相似度、欧氏距离、曼哈顿距离、杰卡德相似系数以及皮尔逊相关系数。根据选择的度量方法，计算两个特征向量之间的相似度。例如，使用余弦相似度时，需要计算两个单位向量的点积，然后除以它们的模长。计算候选闭环帧的相似度之后，根据应用场景可能需要设定一个相似度阈值，只有当计算出的相似度超过这个阈值时才认为这两个对象是相似的。

根据 BoW 相似度计算的结果可以筛选出一定数量的候选关键帧。这些候选关键帧与当前关键帧在视觉特征上具有较高的相似性，可能是闭环的候选。

4. 连续性检测

进一步筛选候选关键帧，确保它们在共视图（Covisibility Graph）中具有良好的连续性。这通常意味着候选关键帧需要与多个其他候选关键帧形成共视关系。

5. 特征匹配和相对位姿估计

对于筛选后的候选关键帧，进行更精确的特征匹配，以确定它们与当前关键帧之间的空间关系。这可能涉及特征匹配算法，如 ORB 特征匹配。建立特征匹配关系后，可以根据共视几何估计两个关键帧之间的相对位姿。

6. 闭环验证

使用 RANSAC 或其他鲁棒估计方法来验证闭环假设。这包括估计当前关键帧和候选闭环关键帧之间的相对位姿变换并评估匹配特征点的内点比例。如果闭环验证成功，即找到了足够数量的内点，并且相对位姿变换满足一定的置信度，那么确认闭环检测成功。此时，候选闭环关键帧被确认为闭环关键帧。

3.2.5 典型视觉建图与定位方法

典型视觉建图与定位方法通过提取图像特征、构建环境地图来实现精准定位与导航。特征点法利用图像特征进行匹配与定位，直接法则基于像素信息估计相机位姿。这些方法在机器人、自动驾驶等领域广泛应用，以提升定位精度与鲁棒性。

1. ORB-SLAM2

ORB-SLAM2 是一个基于特征的 SLAM 系统，它能够利用单目相机、双目相机、RGB-D 相机以及 IMU 等多种传感器输入进行实时定位和建图。ORB-SLAM2 是由西班牙瓦伦西亚大学的 Raul Mur-Artal 及其团队开发的，是 ORB-SLAM 的升级版，具有更高的精度和更强的鲁棒性。ORB-SLAM2 系统按照线程可划分为特征跟踪、局部地图管理与闭环校正。ORB-SLAM2 框架如图 3-8 所示。

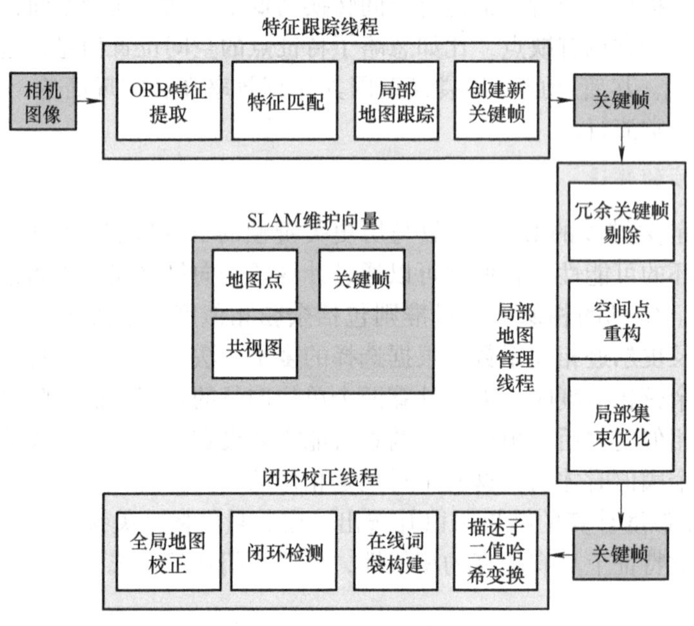

图 3-8 ORB-SLAM2 框架示意图

其中，特征跟踪线程负责从连续的图像帧中提取特征并跟踪它们，从而估计相机的运动；局部地图管理线程负责维护一个局部地图，并处理新的测量数据，同时删除旧的或不可靠的数据；闭环校正线程负责检测和纠正长时间运动中的累积误差。ORB-SLAM2 在 SLAM 领域具有重要的地位，它不仅在学术界受到广泛认可，而且在工业界也有实际的应用，其多传感器支持和强大的功能赋予了它极大的灵活性，因此成为一种非常高效的 SLAM 解决方案。

2. VINS-MONO

VINS-MONO 框架示意图如图 3-9 所示。VINS-MONO 是一个用于单目视觉的惯性 SLAM 系统，它结合了单目相机的图像信息和惯性测量单元（Inertial Measurement Unit, IMU）的数据来实现精确的状态估计和地图构建。VINS-MONO 利用单目相机提供的图像序列和 IMU 提供的加速度和角速度数据，通过传感器融合算法来提高系统的鲁棒性和精度。系统启动时，VINS-MONO 首先进行初始化，包括估计相机和 IMU 之间的相对位姿、初始重力方向和 IMU 的偏差。在后端优化过程中，VINS-MONO 采用非线性的观测模型来处理图像和 IMU 数据，这允许系统处理更复杂的场景和运动。VINS-MONO 系统维护一个状态向量，包括相机的位姿、速度、IMU 的偏差和地图点的位置等。VINS-MONO 使用非线性观测和 IMU 预积分技术来估计和更新这个状态向量，并且 VINS-MONO 系统采用紧耦合的方式将视觉和惯性数据融合在一起，解决了单目 SLAM 中的尺度漂移问题，提高了系统的精度和鲁棒性。它是视觉惯性 SLAM 领域的一个重要贡献，为移动机器人、自动驾驶车辆等提供了一种有效的状态估计和环境感知解决方案。

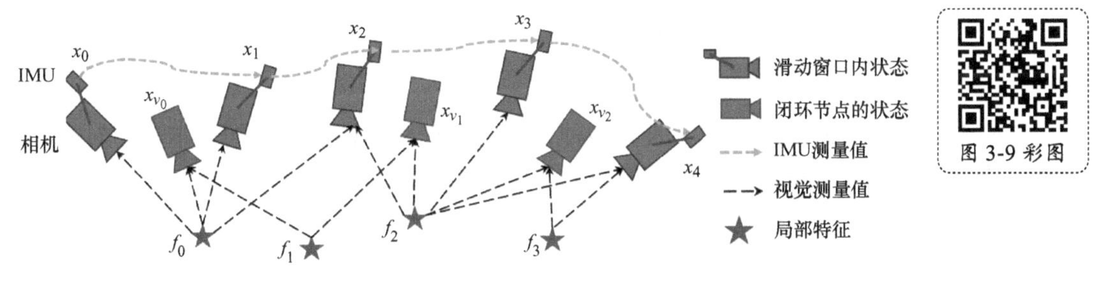

图 3-9 VINS-MONO 框架示意图

3.3 激光建图与定位

激光雷达是机器人定位和建图的常用传感器之一，与相机相比具有更高的定位测量精度。激光雷达可以通过扫描环境获取场景的三维坐标信息，从而实现高精度的自主定位和建图。激光雷达建图与定位技术已经在室内机器人、自主驾驶等领域得到了广泛的研究和应用。

激光建图与定位所使用的激光雷达类型包括二维激光雷达、三维激光雷达等，其中三维激光雷达还分为旋转式激光雷达和固态激光雷达。无论是哪种激光雷达类型，所获取的传感器数据类型都是离散的空间坐标数据，以二维或三维点云的形式存储。激光建图与定位系统需要对激光雷达点云数据进行处理，通过使用特征提取、扫描匹配等算法，增量式地获取机器人位姿状态并构建地图。

2D 激光雷达与 3D 激光雷达相比价格更低、体积更小，便于安装在小型机器人上。但相对而言，2D 激光雷达只能提供平面的扫描信息，对环境的感知能力明显弱于 3D 激光雷达，其代表性算法有 Gmapping、Hector-slam 等。3D 激光雷达 SLAM 能够实现三维空间的位姿估计和建图，同时由于其更强的环境感知能力，在自动驾驶等领域有着广泛应用，其代表性算法有 LOAM、LeGO-LOAM 等。

本节将以三维激光雷达为例，对激光建图与定位中常用的算法和工具进行介绍。

3.3.1 激光雷达点云数据的获取与处理

激光雷达对环境扫描获得的数据以扫描点的形式输出，形成二维或三维点云。其中，点云的每一个点都包含了一个三维空间坐标信息，有些激光雷达还会同步输出该激光点的光强度反射信息，如图 3-10 所示。

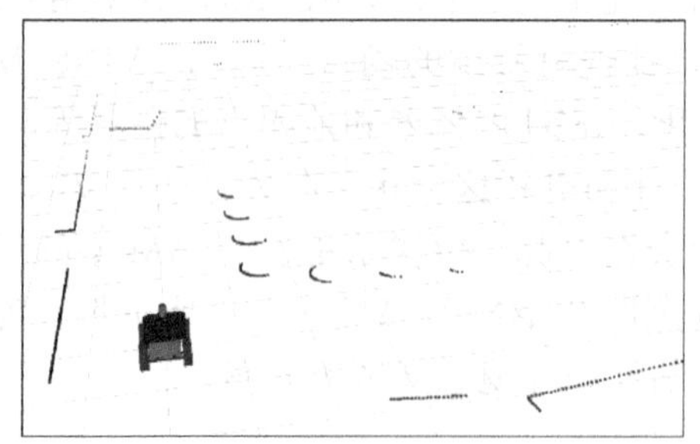

a) 二维激光雷达点云

b) 三维激光雷达点云

图 3-10 激光雷达点云示例

激光雷达获取点云的原理和方式有多种，其测量距离和精度也不同。本书不对激光雷达测量原理展开介绍，重点介绍如何使用获取到的三维激光雷达点云数据实现三维建图与定位。

1. 数据的获取

受限于激光雷达扫描测距的工作方式，激光雷达获取数据的帧率一般在 10Hz 左右。不同品牌型号的帧格式可能存在差别，但每帧数据基本按照扫描线和扫描点的顺序存储，用户可以按照设备厂家提供的软件开发包（SDK）实现数据获取。

目前主流的激光雷达数据存储格式是 LAS（Lidar Aerial Survey），它是由美国摄影测量与遥感学会（ASPRS）下的 LiDAR 于 2003 年发布的标准 LiDAR 数据格式。

LAS 文件是一种二进制文件格式，用于存储激光雷达扫描生成的点云数据。它通常包含大量的点云数据，每个点都有其在三维空间中的位置坐标（x、y、z）以及其他属性信息，如强度（Intensity）、分类（Classification）和反射率（Reflectance）等。LAS 文件还可以包含附加的元数据，例如激光扫描参数和坐标参考系统信息。

在 Python 环境下，可以使用 laspy 库实现对 LAS 格式文件的读取和处理。其示例代码如下：

```
# 使用 laspy 库读取 LAS 文件
import laspy
in_file = laspy.file.File（"input.las"，mode='r'）
```

如果激光雷达提供官方的或支持第三方的机器人操作系统（ROS）驱动功能包，则可以通过订阅 ROS 话题的方式获取激光雷达数据。

在 ROS 中，二维激光雷达数据的消息类型为 sensor_msgs/LaserScan。LaserScan 是按一圈激光扫描的顺序和参数定义点云数据，并不直接给出每个激光点的三维坐标值。其数据格式如下：

```
Header header            #Header 包含了 seq、stamp、frame_id。其中 seq 是扫描帧
                          序号，stamp 是时间戳，frame_id 是扫描帧的参考系名称
float32 angle_min        # 扫描开始角度
float32 angle_max        # 扫描结束角度
```

```
float32 angle_increment          # 扫描角度增量
float32 time_increment           # 扫描点之间的时间间隔（s）
float32 scan_time                # 扫描帧之间的时间间隔（s）
float32 range_min                # 测量距离最小值（m）
float32 range_max                # 测量距离最大值（m）
float32[] ranges                 # 扫描点距离数组
float32[] intensities            # 激光反射强度数组
```

三维激光雷达数据的消息类型为 sensor_msgs/PointCloud 或 sensor_msgs/PointCloud2。PointCloud 是基础的三维点云消息格式。其数据格式如下：

```
Header header                        #Header 包含了 seq、stamp、frame_id。其中 seq 是扫描帧序
                                      号，stamp 是时间戳，frame_id 是扫描帧的参考系名称
geometry_msgs/Point32[] points       # 点云数组。每个三维坐标点都在 frame_id 坐标系下
ChannelFloat32[] channels            # 存储每个扫描点的通道信息，数组长度与 points 相同
```

PointCloud2 是对 PointCloud 的扩展，可以存储更丰富的信息，例如附加点云法线信息、光强度信息等，既可以支持旋转三维激光雷达数据，也可以支持深度相机数据（二维距离图像）。其数据格式如下：

```
Header header                        #Header 包含了 seq、stamp、frame_id。其中 seq 是扫描帧序
                                      号，stamp 是时间戳，frame_id 是扫描帧的参考系名称
uint32 height                        #如果三维点云存储为二维距离图像，表示图像高度；否则
                                      为 1
uint32 width                         #如果三维点云存储为二维距离图像，表示图像宽度；否则
                                      表示点云总数量
PointField[] fields                  # sensor_msgs/PointField 类型的数组，描述了每个点的信息
                                      存储格式
bool   is_bigendian                  # 点云是否按正序排列（大端模式 big-endian）
uint32   point_step                  # 每个点信息所占字节数
uint32   row_step                    # 每行点信息所占字节数
uint8[] data                         #点云信息存储区的首地址，每个点的存储格式由 fields
                                      定义
bool is_dense                        # 点云是否稠密（即是否保留了无效点，用于二维距离图像）
```

PointCloud 和 PointCloud2 消息类型之间可以互相转换，转换程序代码如下：

```
#include "sensor_msgs/point_cloud_conversion.h"
/*PointCloud 转换为 PointCloud2*/
static inline bool convertPointCloudToPointCloud2 ( const sensor_msgs::PointCloud &input, sensor_
msgs::PointCloud2 &output );
/*PointCloud2 转换为 PointCloud*/
static inline bool convertPointCloud2ToPointCloud ( const sensor_msgs::PointCloud2 &input,
sensor_msgs::PointCloud &output );
```

针对获取的激光点云数据，涉及坐标变换、滤波、存储等多种操作也有成熟的开源工具库可供使用。

需要注意的是，如果机器人是运动的，那么激光雷达获得的扫描点云通常需要进行运动畸变补偿。这是因为激光雷达的点云需要经过一小段时间的扫描，因此每个扫描点的获取时间不同，正如 LaserScan 消息类型中 time_increment 所描述的。当机器人运动时，时间的不同导致坐标系发生了位姿变换。因此需要对一帧的点云进行进一步划分，根据不同扫描点获取时间的不同，利用每个扫描点对应时刻的坐标变换，将所有点变换到同一时刻下的坐标系。所谓同一时刻通常是指扫描的开始时刻，但也有使用结束时刻或中间时刻的。用户可以根据实际应用的需要进行选择，特别是在与其他传感器进行融合使用时，需要重点关注时间同步问题。

2. PCL

PCL（Point Cloud Library，点云库）（网址为：http://www.pointclouds.org/）是一个大型的开源函数库，用于提供对二维或三维图像特别是三维点云数据的处理，目前已经能够在 Linux、MacOS、Windows 和 Android 平台上实现应用。PCL 最早是由 Willow Garage（柳树车库）公司为 PR2 机器人开发构建的，目前逐渐发展成为一个独立的函数库。PCL 包含了大量三维点云数据处理算法且对算法做了很好的计算优化，因此具有良好的实时性，是处理三维点云数据的有效工具。

PCL 在最初是作为 ROS 框架的一部分来进行开发的，直到 2010 年 11 月，为了促进三维数据处理研究的更好发展，将其从 ROS 中分离出来，作为一个独立的函数库。但是 ROS 仍然提供了对 PCL 的良好支持，在安装 ROS 时一般默认安装 PCL。也可以参照官方网站进行安装，包括在线安装或下载源码离线编译安装。

在 ROS 下使用 PCL 时，经常需要将点云数据在 ROS 消息格式和 PCL 点云格式之间进行转换，可以使用 ROS 提供的 pcl_conversions 相关功能函数，其示例代码如下：

```
#include "pcl_conversions/pcl_conversions.h"
/*pcl::PointCloud< T > 转换为 PointCloud2*/
template<typename T>
  void toROSMsg（const pcl::PointCloud<T> &pcl_cloud，sensor_msgs::PointCloud2 &cloud）
  {
  pcl::PCLPointCloud2 pcl_pc2;
  pcl::toPCLPointCloud2（pcl_cloud，pcl_pc2）;
  pcl_conversions::moveFromPCL（pcl_pc2，cloud）;
}
/*PointCloud2 转换为 pcl::PointCloud< T >*/
  template<typename T>
  void fromROSMsg（const sensor_msgs::PointCloud2 &cloud，pcl::PointCloud<T> &pcl_cloud）
  {
  pcl::PCLPointCloud2 pcl_pc2;
  pcl_conversions::toPCL（cloud，pcl_pc2）;
  pcl::fromPCLPointCloud2（pcl_pc2，pcl_cloud）;
  }
```

其中 PCL 点云格式为 pcl::PointCloud<T>，模板 T 可以是 pcl::PointXYZ、pcl::PointXYZRGB、pcl::PointXYZRGBA 等，可以方便地使用 PCL 库函数进行处理。

PCL 提供了丰富的点云处理功能，涵盖输入 / 输出、可视化、滤波、特征提取、点云配准、分割等各种常用操作，如图 3-11 所示。

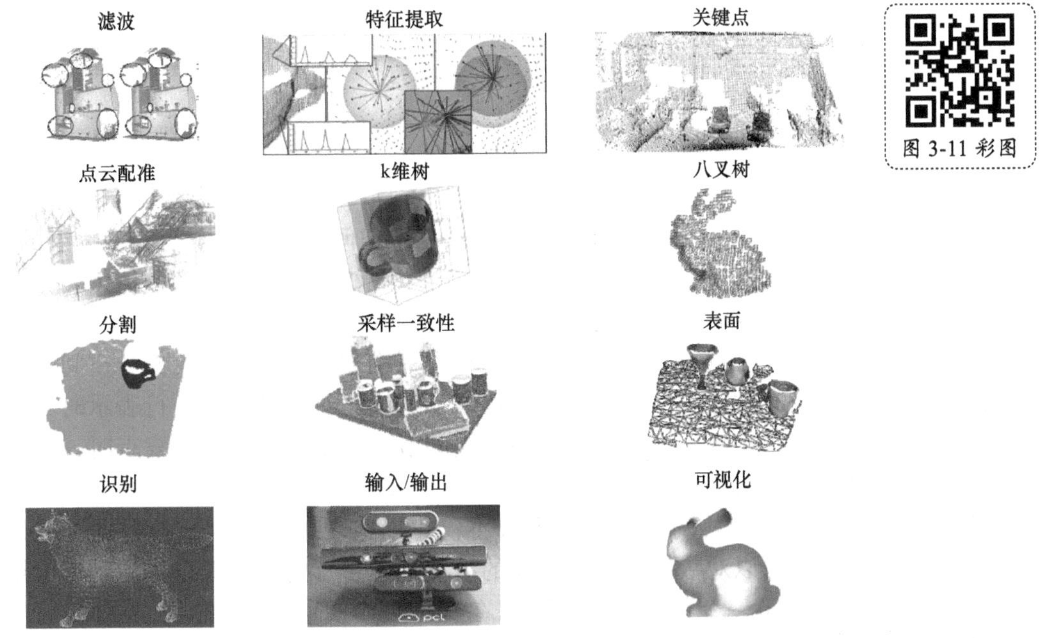

图 3-11　PCL 中的常用功能模块

以足球机器人获取的点云为例，使用 PCL 提供的 RANSAC 拟合功能对足球进行球面分割和对地面进行平面分割，结果显示如图 3-12 所示。

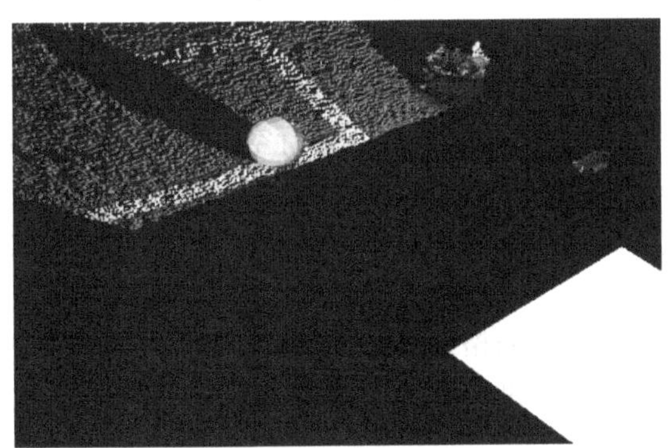

图 3-12　RANSAC 模型拟合识别得到的球面（足球）和平面（地面）

3. 八叉树存储结构

八叉树（Octree）是一种数据组织结构，它通过对三维空间中的任意一个立方体栅格进行划分，可以得到 2 × 2 × 2 共 8 个子立方体。将划分前后的大立方体和小立方体之间的关系称为父子关系，构成树形结构。按照此方法可以实现对整个空间从粗到细的划分，如图 3-13 所示。

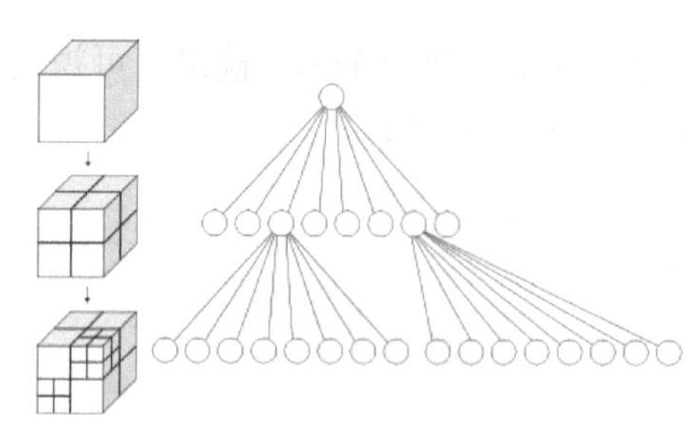

图 3-13　八叉树对空间的划分过程及树形表示结构

八叉树的生成过程是一个递归过程，可以对三维空间进行任意空间分辨率下的划分。在实际应用中需要根据环境表示精度的需要设置一个最小的空间分辨率阈值，当一个节点的空间大小满足精度需要时则不再划分，作为最终的叶子节点。

激光建图构建的三维点云并不是均匀充满整个三维空间的，其中大部分空间区域是没有实体的，也就是没有像素点的。因此当使用八叉树结构对三维点云进行表示时不需要对每一处空间都划分得很精细。当八叉树的一个空间节点中不包含任何像素点时，则可以终止对它的继续划分，直接作为一个叶子节点。

使用八叉树的树形结构对空间进行划分不仅可以实现对三维点云的数据压缩，而且得益于其树形结构，可以对数据实现更方便的组织管理。首先，树形结构有利于增量式更新。当空间中新增加了一个像素点时，可以在八叉树中快速地检索到它所对应的空间节点，如果这个节点是一个最小分辨率的叶子节点，则更新其空间占据状态；如果这个节点是大于最小分辨率的空节点，则按照八叉树生成规则进一步划分为子树。另外，可以利用同一个八叉树实现在不同分辨率下的空间划分。例如一个 n 层的八叉树所表示的空间，根节点表示的空间区域大小为 S，那么它的空间分辨率为 $S=8n$；如果只取其前 $n-1$ 层作为一个新的八叉树，那么它的空间分辨率为 $S=8(n-1)$。

使用八叉树对三维点云进行表示，最终得到的八叉树有两类叶子节点：一类是表示空间无实体区域，对于机器人的运动而言是可通行空间；另一类表示该空间为实体所占据，对于机器人的运动而言是不可通行的空间。当使用较少层数的八叉树实现较低分辨率的空间描述时，如果一个节点在原八叉树中拥有子节点，那么它在新的树中也一定表示被实体占据的空间节点。

正是基于以上优点，八叉树栅格地图表示方法在机器人领域中被广泛应用，既实现了对地图存储体积的压缩，又便于维护，而且栅格表示的地图形式也有利于机器人的路径规划等应用。

3.3.2　迭代最近点算法

对于增量式的激光雷达建图与定位，需要将当前帧点云与局部或全局的点云地图进行匹配，从而估计机器人当前的运动状态，包括位移和姿态的变化。

迭代最近点（Iterative Closest Point，ICP）是一种用于计算两组三维空间中点集之间最优拟合变换的迭代方法，在视觉特征点匹配和激光雷达点云匹配应用中十分常用。它可以通过求解不同机器人位姿状态下获取的点云之间的最优变换关系，实现机器人的自主导航定位。

已知机器人当前帧获取的激光点云数据为 $Q=\{\boldsymbol{q}_1,\boldsymbol{q}_2,\cdots,\boldsymbol{q}_n\}$，机器人存储的局部或全局点云地图中与 P 对应的点云集合为 $P=\{\boldsymbol{p}_1,\boldsymbol{p}_2,\cdots,\boldsymbol{p}_n\}$。其中 $\boldsymbol{p}_i$、$\boldsymbol{q}_i$ 为单个数据点的三维坐标。通过迭代求解的方式，求取一个坐标变换 $\boldsymbol{T}=\begin{pmatrix}\boldsymbol{R} & \boldsymbol{t}\\ \boldsymbol{0}^{\mathrm{T}} & 1\end{pmatrix}$，使得 P 点云和 Q 点云经坐标变换后可以尽量接近，即 $\boldsymbol{p}_i$、$\boldsymbol{q}_i$ 的匹配残差取极小值：

$$\arg\min_{\boldsymbol{R},\boldsymbol{t}}\frac{1}{2}\boldsymbol{e}^{\mathrm{T}}\boldsymbol{W}\boldsymbol{e}=\arg\min_{\boldsymbol{R},\boldsymbol{t}}\sum_{i=1}^{n}w_i\left\|\boldsymbol{R}\boldsymbol{q}_i+\boldsymbol{t}-\boldsymbol{p}_i\right\|^2 \tag{3-68}$$

式中，w_i 为残差权重，在不同的应用和求解方法中有不同的取值方式，例如列文伯格 – 马夸尔特方法中使用了鲁棒核函数。这是一个最小二乘问题，可以使用奇异值分解（SVD）或非线性优化方法求解。

但是在进行最小二乘求解之前需要先找到 P 和 Q 点云中各点的对应关系，即 $\boldsymbol{p}_i$ 与 $\boldsymbol{q}_i$ 对应。ICP 算法使用点与点之间的距离判断对应关系，即“最近邻”，然后随着 $\boldsymbol{R}$、$\boldsymbol{t}$ 在迭代求解过程中的动态变化，动态更新 $\boldsymbol{p}_i$ 与 $\boldsymbol{q}_i$ 的对应关系。这也是 ICP 算法名称的由来。存在坐标变换的两组三维点云示例如图 3-14 所示。

图 3-14　存在坐标变换的两组三维点云示例

ICP 算法流程如下：

> 输入点云 $Q=\{\boldsymbol{q}_1,\boldsymbol{q}_2,\cdots,\boldsymbol{q}_n\}$、$P=\{\boldsymbol{p}_1,\boldsymbol{p}_2,\cdots,\boldsymbol{p}_n\}$，位姿估计初值 $\boldsymbol{R}$、$\boldsymbol{t}$，迭代收敛阈值：
>
> ① 对点云 Q 进行采样，得到一组采样点 Q_1；
>
> ② 利用 $\boldsymbol{R}$、$\boldsymbol{t}$ 对 Q_1 进行变换，得到一个变换后的点云 Q_1'；
>
> ③ 在点云 P 中寻找与 Q_1' 最近的点（最近邻），得到一组匹配点 P_1；
>
> ④ 根据 P_1、Q_1 对应关系，利用最小二乘计算出新的 $\boldsymbol{R}_1$、$\boldsymbol{t}_1$ 估计；
>
> ⑤ 如果 $\boldsymbol{R}_1$、$\boldsymbol{t}_1$ 与 $\boldsymbol{R}$、$\boldsymbol{t}$ 的变化小于收敛阈值，则退出，否则令 $\boldsymbol{R}=\boldsymbol{R}_1$、$\boldsymbol{t}=\boldsymbol{t}_1$，返回①；
>
> 输出位姿估计 $\boldsymbol{R}$、$\boldsymbol{t}$。

3.3.3　曲率特征提取与特征匹配

激光雷达获得的点云数据量较为庞大且数据冗余度高，直接使用 ICP 算法进行点云匹配不仅计算量大且容易陷入局部最优解。因此在激光建图与定位问题中通常可以使用提取特征点的方式来降低计算量和提高位姿估计的鲁棒性。

激光点云的特征点应当具有空间位置的稳定性，即随着机器人的运动，对该特征点的观测不发生变化。与视觉定位的特征提取类似，对激光雷达数据的特征提取也通常将具有显著空间梯度变化的位置作为特征点。以典型激光雷达 SLAM 方法 LOAM 为例，所提取的激光点云特征为曲率特征。

考虑一个三维旋转式激光雷达，其点云数据按照扫描线形式获取。对于每一条扫描线，当其扫描到平面时，相邻扫描点的坐标变化平缓；当其扫描到空间边缘时，相邻扫描点的坐标变化剧烈。因此，通过分别对每一个扫描点的邻域空间曲率的计算，可以提取出空间边缘点和平面点。

对于三维点云中某条扫描线的一个扫描点 $\boldsymbol{x}_i$，定义如下曲率计算公式：

$$c_i = \frac{1}{n\left\|\boldsymbol{x}_i\right\|}\sum_{j\in[i-n/2,i+n/2],j\neq i}\left\|\boldsymbol{x}_j - \boldsymbol{x}_i\right\| \tag{3-69}$$

式中，$\boldsymbol{x}_i$ 为扫描点的三维坐标；$\boldsymbol{x}_j$ 为同一条扫描线中邻域扫描点的三维坐标，邻域点共有 n 个（例如取 10 个邻域点）。

通过对同一条扫描线中所有扫描点的 c_i 进行对比，选取 c_i 较大的点作为边缘点，选取 c_i 较小的点作为平面点。如图 3-15 所示，经过处理后的灰色圆圈为边缘点，黑色圆圈为平面点，灰色小点为其他扫描点。

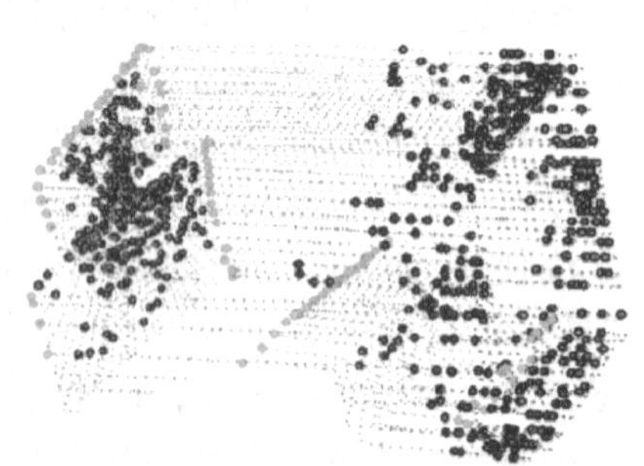

图 3-15 对走廊环境的单帧三维激光点云进行边缘和平面特征提取

在实际应用中还需对特征点进行均衡化提取，即在激光雷达的扫描空间中尽可能均匀地提取特征点，确保机器人由于运动而发生视野变化时能够重复观测到足够多的特征点，以提高导航定位的鲁棒性。常用的做法是将扫描线进行分段（例如 6 段），然后在每段扫描线上分别提取特征点。

3.3.4 扫描匹配与位姿优化

利用从三维点云提取到的曲率特征点，基于 ICP 算法可以实现不同位姿下三维点云之间的配准。但是考虑到曲率特征点代表边缘或平面的物理意义，因此在最近邻的选择上和匹配距离的计算上可以分别依据其物理意义进行处理。

对于待匹配帧中的一个边缘点 $\boldsymbol{x}_i$，设其经过 $\boldsymbol{R}$、$\boldsymbol{t}$ 变换后的坐标为 $\boldsymbol{x}_i'$。寻找参考帧中的边缘线，用点到直线的距离作为匹配残差。参考帧中的边缘线用两个边缘点 $\boldsymbol{x}_j$、$\boldsymbol{x}_l$ 表示。其中 $\boldsymbol{x}_j$ 为参考帧中与 $\boldsymbol{x}_i'$ 距离最近的边缘点；$\boldsymbol{x}_l$ 为参考帧中与 $\boldsymbol{x}_j$ 最近且不在同一条扫描线的边缘点。

对于待匹配帧中的一个平面点 $\boldsymbol{x}_i$，设其经过 $\boldsymbol{R}$、$\boldsymbol{t}$ 变换后的坐标为 $\boldsymbol{x}_i'$，寻找参考帧中的一个局部平面，用点到平面的距离作为匹配残差。参考帧中的局部平面用三个平面点 $\boldsymbol{x}_j$、$\boldsymbol{x}_l$、$\boldsymbol{x}_m$ 表示。其中 $\boldsymbol{x}_j$ 为参考帧中与 $\boldsymbol{x}_i'$ 距离最近的平面点；$\boldsymbol{x}_l$ 为参考帧中与 $\boldsymbol{x}_j$ 最近且在同一条扫描线的边缘点；$\boldsymbol{x}_m$ 为参考帧中与 $\boldsymbol{x}_j$ 最近且不在同一条扫描线的边缘点。

曲率特征点的最近邻匹配点的选取方式如图 3-16 所示。

然后分别基于点到直线的距离和点到平面的距离公式，计算待匹配帧中所有曲率特征点的匹配残差。

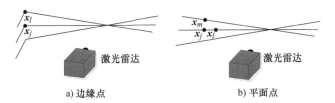

a) 边缘点　　b) 平面点

图 3-16　曲率特征点的最近邻匹配点的选取方式

$$e_i = \frac{\left\|(\boldsymbol{x}_i' - \boldsymbol{x}_j)\times(\boldsymbol{x}_i' - \boldsymbol{x}_l)\right\|}{\left\|\boldsymbol{x}_j - \boldsymbol{x}_l\right\|},\ \boldsymbol{x}_i' = \boldsymbol{R}\boldsymbol{x}_i + \boldsymbol{t},\quad \boldsymbol{x}_i\text{为边缘点} \tag{3-70}$$

$$e_i = \frac{\left\|(\boldsymbol{x}_i' - \boldsymbol{x}_j)\bullet(\boldsymbol{x}_j - \boldsymbol{x}_l)\times(\boldsymbol{x}_j - \boldsymbol{x}_m)\right\|}{\left\|(\boldsymbol{x}_j - \boldsymbol{x}_l)\times(\boldsymbol{x}_j - \boldsymbol{x}_m)\right\|},\ \boldsymbol{x}_i' = \boldsymbol{R}\boldsymbol{x}_i + \boldsymbol{t},\quad \boldsymbol{x}_i\text{为平面点} \tag{3-71}$$

至此，可以写出最小二乘问题模型：

$$\underset{\boldsymbol{R},\boldsymbol{t}}{\arg\min}\frac{1}{2}\boldsymbol{e}^{\mathrm{T}}\boldsymbol{W}\boldsymbol{e} = \underset{\boldsymbol{R},\boldsymbol{t}}{\arg\min}\left\{\sum_{\boldsymbol{x}_i\text{为边缘点}} w_i \frac{\left\|(\boldsymbol{x}_i' - \boldsymbol{x}_j)\times(\boldsymbol{x}_i' - \boldsymbol{x}_l)\right\|^2}{\left\|\boldsymbol{x}_j - \boldsymbol{x}_l\right\|^2} + \sum_{\boldsymbol{x}_i\text{为平面点}} w_i \frac{\left\|(\boldsymbol{x}_i' - \boldsymbol{x}_j)\bullet(\boldsymbol{x}_j - \boldsymbol{x}_l)\times(\boldsymbol{x}_j - \boldsymbol{x}_m)\right\|^2}{\left\|(\boldsymbol{x}_j - \boldsymbol{x}_l)\times(\boldsymbol{x}_j - \boldsymbol{x}_m)\right\|^2}\right\} \tag{3-72}$$

该非线性最小二乘模型可以使用非线性优化方法求解，例如本书 2.4.2 小节中介绍的列文伯格 – 马夸尔特方法，从而实现机器人位姿 $\boldsymbol{R}$ 、$\boldsymbol{t}$ 的最优估计。

这种将当前扫描帧与参考帧进行匹配，并通过优化求解机器人位姿的方法称为扫描匹配方法。它既可以实现两帧点云之间的位姿估计（Scan–to–Scan），也可以实现单帧点云与局部 / 全局地图的位姿估计（Scan–to–Map）。Scan–to–Scan 和 Scan–to–Map 两种方式的基本原理相同。前者可以实现较为快速的机器人位姿估计；后者计算量更大，但精度和鲁棒性通常更高。

对于每一帧三维点云，经过 $\boldsymbol{R}$ 、$\boldsymbol{t}$ 变换后可以增量式地构建三维点云地图。三维点云地图的存储通常使用八叉树存储格式以降低信息冗余和提高检索效率。一些三维激光建图与定位结果示例如图 3-17 所示。

a) LOAM建图结果

b) LeGO–LOAM建图结果

图 3-17　三维激光建图与定位结果示例

3.4 多传感器组合导航

3.4.1 多传感器时空同步

多传感器组合导航系统需要知道时间偏差的量测值，而多传感器检测系统如激光雷达视觉目标检测也需要同一时刻的量测。这不仅涉及传感器坐标系的转换，还包括必须迅速进行图像与点云的匹配。为了实现这一点，传感器之间的时间同步至关重要。时间同步主要有两种方式：硬件时间同步和软件时间同步。

硬件时间同步依赖于统一的时钟源来提供精确的时钟信号。工程上使用 GNSS 设备进行时间对齐是一种常见的做法。此外，也常用高精度的晶振元器件对时间误差进行修正以实现时间校准。这种方式确保了所有传感器都能在相同的时间系下运行，从而减少了物理上数据采集时间差异导致的 SLAM 系统数据不一致的问题。

软件时间同步则关注于解决传感器在不同时间点采集数据的问题。这通常涉及选择一个核心传感器作为时间参考点。这种同步策略通常会指定一个主传感器作为时间参照。在此方法中，系统首先记录下主传感器在特定时刻的数据，随后寻找其他传感器在同一时刻或接近的时间点收集的数据。通过在相关时间点之间进行时间插值，系统可以同步不同传感器的时间，确保各传感器数据的一致性和精确性。这样的处理不仅协调了时间差异，还提高了数据处理的整体质量。香港科技大学沈邵劼团队提出了在初始化的同时对相机与 IMU 的外参以及时间偏差进行标定的方法。该方法将时间误差与 IMU 的误差项和初始误差项结合，通过联合非线性优化进行处理。优化过程中不断调整时间差，逐步实现两种传感器时间戳的同步。

软件和硬件时间同步方法各有特点，硬件同步提供了高精度的时间基准，无须关注时间偏差，而软件同步则提供了灵活性的解决方案，无需硬件支持，可以针对不同传感器的特点进行调整。在多传感器导航系统中，结合这两种方法可以大大提高传感器数据处理的效率和准确性，确保机器人能够安全有效地响应周围环境。

多传感器系统的空间位置同步主要分为自标定和联合标定。对于机器人导航中常见的惯性、视觉、激光雷达组合导航系统，自标定包括 IMU 内参、相机内参标定；联合标定包括相机–IMU 外参、激光雷达 – 相机外参、激光雷达–IMU 外参标定等。

IMU 的标定主要通过高精度的已知运动模式和对 IMU 激励产生的模拟 / 数字信号进行建模对比、计算来完成。简单来说，IMU 的标定即对 IMU 的某些确定性误差参数进行辨识。IMU 的误差补偿是通过精确的标定结果进一步补偿器件误差从而提高惯性导航精度的。

相机标定是利用二维的平面信息和有限的三维空间信息对齐三维物点与对应成像点几何关系的过程，是计算机视觉中一项基础且不可或缺的技术。许多机器人任务的第一步是校准摄像机的内在（图像传感器和畸变参数）和外在（旋转和平移）参数，涵盖多视图几何和三维重建等领域。根据任务类型，可采用不同的技术来校准标准针孔相机、鱼眼相机、立体相机、光场相机、事件相机和激光雷达 – 视觉系统等。从成像模型角度可分为线性标定、非线性标定、双平面模型标定等。从参数解算角度可分为基于最优化算法的标定、基于变换矩阵的标定、基于深度学习算法的标定等。

在相机-IMU 定位系统中，相机和 IMU 的校准是确保数据集成准确性的关键过程。校准在传感器融合中起着至关重要的作用。现有的工作可以分为单目相机-IMU 标定和多目相机-IMU 标定方法。单目相机-IMU 标定方法很多都集成在视觉惯性里程计（VIO）系统中。基于 ORB-SLAM2 的在线标定方案提出了一种在线初始化方法，该方法能够在未知传感器套件的机械配置的情况下，自动估计初始值和外参。该方法首先通过迭代策略估计陀螺仪偏差和相机-IMU 姿态，然后粗略估计比例因子、重力和外参平移，最后通过考虑加速度计偏差和重力大小的精细算法进一步优化这些值。这种方法不仅能够处理陀螺仪和加速度计的偏差，还引入了用于识别方向和位置校准收敛的通用标准，从而在初始化过程中实现自动标定。

激光雷达 - 相机标定主要关注二者之间的外参数，这与激光雷达 - 视觉融合系统的精度直接相关。标定技术主要可分为基于运动的方法和基于外观的方法两大类。基于运动的标定方法类似于 VIO 系统中在线标定的思路，通过运动来构建 LIO（激光雷达惯性里程计）、VIO 系统中的运动轨迹，通过二者的对齐来估计外参。而基于外观的标定方法则是在考虑静态的状态下，分别取一帧激光雷达点云与相机视觉信息，经过二维 - 三维跨模态特征配准，再经过 PnP 算法来实现外参数计算。

3.4.2　基于滤波的多传感器组合导航算法

本节介绍激光雷达 - 相机 - 惯性组合导航算法的经典框架 FAST-LIVO（见图 3-18），并分析多传感器组合模型、观测方程和滤波步骤。

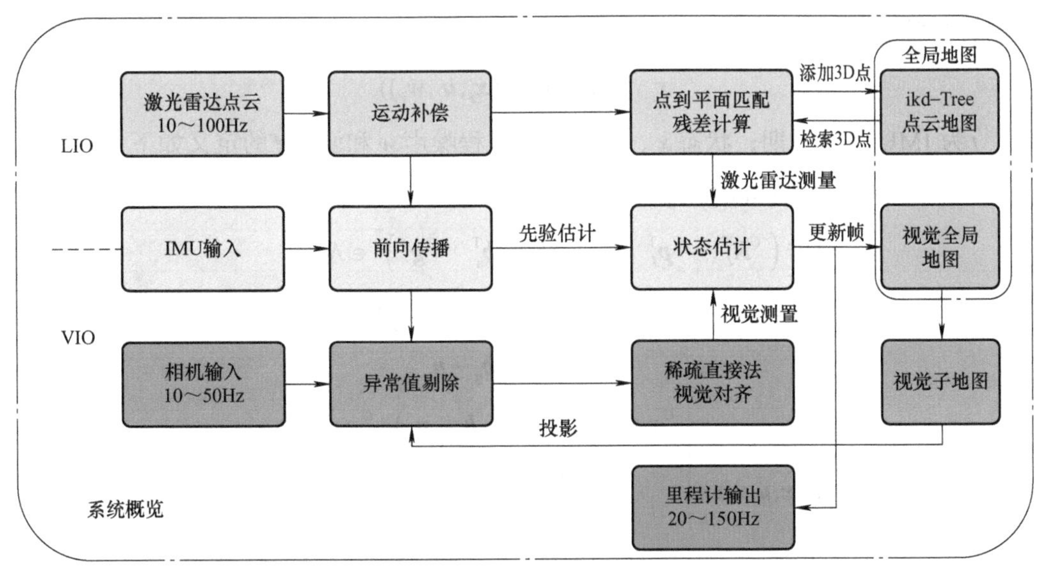

图 3-18　FAST-LIVO 系统概览

FAST-LIVO 框架利用激光雷达、惯性和视觉传感器的测量来实现稳健且准确的状态估计，由激光雷达惯性里程计（LIO）和视觉惯性里程计（VIO）两个子系统组成。LIO 子系统首先通过向后传播补偿激光雷达扫描中的运动畸变，然后计算地图点到平面的残差。类似地，VIO 子系统从视觉全局图中提取当前视场角中的视觉子图，并排除子图中的异常值（被遮挡或深度不连续的点）。激光雷达点到平面的残差和图像光度误差与误差状态迭代卡尔曼滤波器中的 IMU 传播紧密融合，然后将新点添加到全局地图。

FAST–LIVO 的状态估计是一种紧耦合的误差状态迭代卡尔曼滤波器，融合了来自激光雷达、相机和 IMU 的测量结果。接下来，主要讲解状态转换模型和测量模型，部分符号意义如下：${}^{G}(\bullet)$ 代表全局系中的向量；${}^{C}(\bullet)$ 表示相机系中的向量；${}^{I}\boldsymbol{T}_{L}$ 表示激光雷达到 IMU 的外参数；${}^{I}\boldsymbol{T}_{C}$ 表示相机到 IMU 的外参数；$\boldsymbol{x}$、$\hat{\boldsymbol{x}}$、$\bar{\boldsymbol{x}}$ 分别表示真值状态、预测状态和更新状态；$\delta\boldsymbol{x}$ 表示真值和预测之间的误差状态。

1. 广义加减法定义

首先，参考 2.3.4 小节的李代数，介绍本节使用的广义加减符号。使用 ⊞ 和 ⊟ 运算来表达流形 $\mathcal{M}$ 上的状态误差。具体来说，对于 $\mathcal{M}=\mathrm{SO}(3)\times\mathbb{R}^{n}$ 有

$$\begin{pmatrix}\boldsymbol{R}\\ \boldsymbol{a}\end{pmatrix}\boxplus\begin{pmatrix}\boldsymbol{r}\\ \boldsymbol{b}\end{pmatrix}\triangleq\begin{pmatrix}\boldsymbol{R}\exp(\boldsymbol{r})\\ \boldsymbol{a}+\boldsymbol{b}\end{pmatrix},\begin{pmatrix}\boldsymbol{R}_1\\ \boldsymbol{a}\end{pmatrix}\boxminus\begin{pmatrix}\boldsymbol{R}_2\\ \boldsymbol{b}\end{pmatrix}\triangleq\begin{pmatrix}\log(\boldsymbol{R}_2^{\mathrm{T}}\boldsymbol{R}_1)\\ \boldsymbol{a}-\boldsymbol{b}\end{pmatrix} \tag{3-73}$$

式中，$\boldsymbol{r}\in\mathbb{R}^{3}$; $\boldsymbol{a}$、$\boldsymbol{b}\in\mathbb{R}^{n}$; $\exp(\bullet)$ 以及 $\log(\bullet)$ 表示从罗德里格斯公式得到的旋转矩阵和旋转向量之间的双向映射。

2. 状态转换模型

在该系统中，假设三个传感器（激光雷达、IMU 和相机）之间的时间偏差是已知的，可以提前校准或同步。将 IMU 框架（记为 I）作为载体系，将第一帧载体系作为全局系（记为 G）。此外，还假设三个传感器之间的外参数不变。那么，第 i 次 IMU 测量时的离散状态转换模型为

$$\boldsymbol{x}_{i+1}=\boldsymbol{x}_{i}\boxplus(\Delta t\boldsymbol{f}(\boldsymbol{x}_{i},\boldsymbol{u}_{i},\boldsymbol{w}_{i})) \tag{3-74}$$

式中，t 为 IMU 采样周期；状态 $\boldsymbol{x}$、输入 $\boldsymbol{u}$、过程噪声 $\boldsymbol{w}$ 和函数 $\boldsymbol{f}$ 的定义如下：

$$\begin{aligned}
&\mathcal{M}\triangleq\mathrm{SO}(3)\times\mathbb{R}^{15},\dim(\mathcal{M})=18\\
&\boldsymbol{x}\triangleq\begin{pmatrix}{}^{G}\boldsymbol{R}_{I}^{\mathrm{T}} & {}^{G}\boldsymbol{p}_{I}^{\mathrm{T}} & {}^{G}\boldsymbol{v}_{I}^{\mathrm{T}} & \boldsymbol{b}_{\mathrm{g}}^{\mathrm{T}} & \boldsymbol{b}_{\mathrm{a}}^{\mathrm{T}} & {}^{G}\boldsymbol{g}^{\mathrm{T}}\end{pmatrix}^{\mathrm{T}}\in\mathcal{M}\\
&\boldsymbol{u}\triangleq\begin{pmatrix}\boldsymbol{\omega}_{\mathrm{m}}^{\mathrm{T}} & \boldsymbol{a}_{\mathrm{m}}^{\mathrm{T}}\end{pmatrix}^{\mathrm{T}},\boldsymbol{w}\triangleq\begin{pmatrix}\boldsymbol{n}_{\mathrm{g}}^{\mathrm{T}} & \boldsymbol{n}_{\mathrm{a}}^{\mathrm{T}} & \boldsymbol{n}_{b_{\mathrm{g}}}^{\mathrm{T}} & \boldsymbol{n}_{b_{\mathrm{a}}}^{\mathrm{T}}\end{pmatrix}^{\mathrm{T}}\\
&\boldsymbol{f}(\boldsymbol{x},\boldsymbol{u},\boldsymbol{w})=\begin{pmatrix}\boldsymbol{\omega}_{\mathrm{m}}-\boldsymbol{b}_{\mathrm{g}}-\boldsymbol{n}_{\mathrm{g}}\\ {}^{G}\boldsymbol{v}+\dfrac{1}{2}\left({}^{G}\boldsymbol{R}_{I}(\boldsymbol{a}_{\mathrm{m}}-\boldsymbol{b}_{\mathrm{a}}-\boldsymbol{n}_{\mathrm{a}})+{}^{G}\boldsymbol{g}\right)\Delta t\\ {}^{G}\boldsymbol{R}_{I}(\boldsymbol{a}_{\mathrm{m}}-\boldsymbol{b}_{\mathrm{a}}-\boldsymbol{n}_{\mathrm{a}})+{}^{G}\boldsymbol{g}\\ \boldsymbol{n}_{b_{\mathrm{g}}}\\ \boldsymbol{n}_{b_{\mathrm{a}}}\\ \boldsymbol{0}_{3\times1}\end{pmatrix}\in\mathbb{R}^{18}
\end{aligned} \tag{3-75}$$

式中，${}^{G}\boldsymbol{R}_{I}$、${}^{G}\boldsymbol{p}_{I}$ 和 ${}^{G}\boldsymbol{v}_{I}$ 表示全局坐标系中的 IMU 姿态、位置和速度；${}^{G}\boldsymbol{g}$ 为全局坐标系中的重力向量；$\boldsymbol{\omega}_{\mathrm{m}}$ 为陀螺测量的角速度；$\boldsymbol{a}_{\mathrm{m}}$ 为加速度计测量的比力；$\boldsymbol{n}_{\mathrm{g}}$ 和 $\boldsymbol{n}_{\mathrm{a}}$ 分别

为陀螺和加速度计的测量噪声；$\boldsymbol{b}_{\mathrm{a}}$ 和 $\boldsymbol{b}_{\mathrm{g}}$ 分别为陀螺和加速度计的零偏，建模为由高斯噪声 $\boldsymbol{n}_{b_{\mathrm{g}}}$ 和 $\boldsymbol{n}_{b_{\mathrm{a}}}$ 驱动的随机游走模型。

3. IMU 状态递推

FAST-LIVO 使用前向传播来预测每个 IMU 输入 $\boldsymbol{u}_i$ 处的状态 $\hat{\boldsymbol{x}}_{i+1}$ 及其协方差 $\hat{\boldsymbol{P}}_{i+1}$。具体而言，通过将上述状态转换过程中的噪声 $\boldsymbol{w}_i$ 设置为零来传播状态，即

$$\hat{\boldsymbol{x}}_{i+1} = \hat{\boldsymbol{x}}_i \boxplus (\Delta t \boldsymbol{f}(\hat{\boldsymbol{x}}_i, \boldsymbol{u}_i, \boldsymbol{0})) \tag{3-76}$$

协方差传播状态为

$$\begin{aligned} &\hat{\boldsymbol{P}}_{i+1} = \boldsymbol{F}_{\delta\hat{x}} \hat{\boldsymbol{P}}_i \boldsymbol{F}_{\delta\hat{x}}^{\mathrm{T}} + \boldsymbol{F}_w \boldsymbol{Q} \boldsymbol{F}_w^{\mathrm{T}} \\ &\boldsymbol{F}_{\delta\hat{x}} = \left.\frac{\partial \delta \hat{\boldsymbol{x}}_{i+1}}{\partial \delta \hat{\boldsymbol{x}}_i}\right|_{\delta\hat{x}_i=\boldsymbol{0}, w_i=\boldsymbol{0}}, \boldsymbol{F}_w = \left.\frac{\partial \delta \hat{\boldsymbol{x}}_{i+1}}{\partial \boldsymbol{w}_i}\right|_{\delta\hat{x}_i=\boldsymbol{0}, w_i=\boldsymbol{0}} \end{aligned} \tag{3-77}$$

式中，$\boldsymbol{Q}$ 为 $\boldsymbol{w}$ 的协方差；$\boldsymbol{F}_{\delta\hat{x}}$ 和 $\boldsymbol{F}_w$ 的具体形式如下：

$$\boldsymbol{F}_{\delta\hat{x}} = \begin{pmatrix} \exp(-(\boldsymbol{\omega}_{\mathrm{m}} - \hat{\boldsymbol{b}}_{\omega})\Delta t) & 0 & 0 & -\boldsymbol{A}((\boldsymbol{\omega}_{\mathrm{m}} - \hat{\boldsymbol{b}}_{\omega})\Delta t)\Delta t & 0 & 0 \\ 0 & \boldsymbol{I} & \boldsymbol{I}\Delta t & 0 & 0 & 0 \\ -{}^G\hat{\boldsymbol{R}}_{I_i}(\boldsymbol{a}_{\mathrm{m}} - \hat{\boldsymbol{b}}_{\mathrm{a}}) \wedge \Delta t & 0 & \boldsymbol{I} & 0 & -{}^G\hat{\boldsymbol{R}}_{I_i}\Delta t & \boldsymbol{I}\Delta t \\ 0 & 0 & 0 & \boldsymbol{I} & 0 & 0 \\ 0 & 0 & 0 & 0 & \boldsymbol{I} & 0 \\ 0 & 0 & 0 & 0 & 0 & \boldsymbol{I} \end{pmatrix} \tag{3-78}$$

$$\boldsymbol{F}_w = \begin{pmatrix} -\boldsymbol{A}((\boldsymbol{\omega}_{\mathrm{m}} - \hat{\boldsymbol{b}}_{\omega})\Delta t)\Delta t & 0 & 0 & 0 \\ 0 & 0 & 0 & 0 \\ 0 & -{}^G\hat{\boldsymbol{R}}_{I_i}\Delta t & 0 & 0 \\ 0 & 0 & \boldsymbol{I}\Delta t & 0 \\ 0 & 0 & 0 & \boldsymbol{I}\Delta t \\ 0 & 0 & 0 & 0 \end{pmatrix} \tag{3-79}$$

状态预测和协方差从接收最后一次激光雷达或图像测量值的时间 t_{k-1} 开始传播，直到接收当前激光雷达或图像测量值的时间 t_k 为止，同时接收在 t_{k-1} 和 t_k 之间的每个 IMU 测量 $\boldsymbol{u}_i$。式（3-76）和式（3-77）中的初始状态和协方差分别为 $\bar{\boldsymbol{x}}_{k-1}$ 和 $\bar{\boldsymbol{P}}_{k-1}$，通过融合最近一帧的激光雷达或图像测量获得。将传播到 t_k 的状态和协方差分别表示为 $\hat{\boldsymbol{x}}_k$ 和 $\hat{\boldsymbol{P}}_k$。激光雷达的一帧扫描或者相机的一帧图像将触发状态更新。

4. 帧到地图的测量模型

（1）激光雷达测量模型

如果在时间 t_k 接收到激光雷达扫描，首先进行与激光雷达 IMU 里程计算法（FAST-LIO2）相同的反向传播来补偿运动失真。扫描中的结果点 $\{{}^L\boldsymbol{p}_j\}$ 可以视为在 t_k 处同时采样，并在同一激光雷达本地帧 L 中表示。将扫描点 $\{{}^L\boldsymbol{p}_j\}$ 注册到地图时，假设每个点位于

地图中具有法线 $\boldsymbol{n}_j$ 和中心点 $\boldsymbol{q}_j$ 的相邻平面。也就是说，如果使用真实位姿 $\boldsymbol{x}_k$ 将激光雷达局部坐标系中表示的测量 $\{{}^L\boldsymbol{p}_j\}$ 变换到全局坐标系，则残差应为零，即

$$\boldsymbol{0}=\boldsymbol{r}_l(\boldsymbol{x}_k,{}^L\boldsymbol{p}_j)=\boldsymbol{n}_j^{\mathrm{T}}({}^G\boldsymbol{T}_{I_k}{}^I\boldsymbol{T}_L{}^L\boldsymbol{p}_j-\boldsymbol{q}_j) \tag{3-80}$$

为了找到相邻平面，使用预测状态 $\hat{\boldsymbol{x}}_k$ 中的位姿，通过 ${}^G\hat{\boldsymbol{p}}_j={}^G\hat{\boldsymbol{T}}_{I_k}{}^I\boldsymbol{T}_L{}^L\boldsymbol{p}_j$ 将 ${}^L\boldsymbol{p}_j$ 变换到全局框架，并在激光雷达中搜索最近的 5 个全局地图点，利用这些点可以计算出拟合平面的法线 $\boldsymbol{n}_j$ 和中心点 $\boldsymbol{q}_j$。式（3-80）中的方程定义了状态 $\boldsymbol{x}_k$ 的隐式测量模型。为了考虑 ${}^L\boldsymbol{p}_j$ 中的测量噪声，该方程用因子 Σ_l 进行加权。

（2）稀疏直接视觉对准测量模型

与传统的帧到帧图像对准不同，通过最小化图像特征匹配对的光度误差来进行帧到地图图像对准，如图 3-19 所示。具体来说，如果在时间 t_k 接收到图像，算法从全局视觉地图中提取落在图像视场角内的地图点 $\{{}^G\boldsymbol{p}_i\}$。对于每个地图点 ${}^G\boldsymbol{p}_i$，它已经附加了在不同的先前图像帧中观测到的视觉点，算法选择图像中观察到的与当前图像观察角度最近的点的路径 $\boldsymbol{Q}_i$ 作为参考路径，然后用真实姿态 $\boldsymbol{x}_k$ 将地图点 ${}^G\boldsymbol{p}_i$ 转换到当前图像 $\boldsymbol{I}_k(\cdot)$ 上，$\boldsymbol{Q}_i$ 与当前图像中相对路径之间的光度误差应为零，即

$$\boldsymbol{0}=\boldsymbol{r}_c(\boldsymbol{x}_k,{}^G\boldsymbol{p}_i)=\boldsymbol{I}_k(\boldsymbol{\pi}({}^I\boldsymbol{T}_C^{-1G}\boldsymbol{T}_{I_k}^{-1G}\boldsymbol{p}_i))-\boldsymbol{A}_i\boldsymbol{Q}_i \tag{3-81}$$

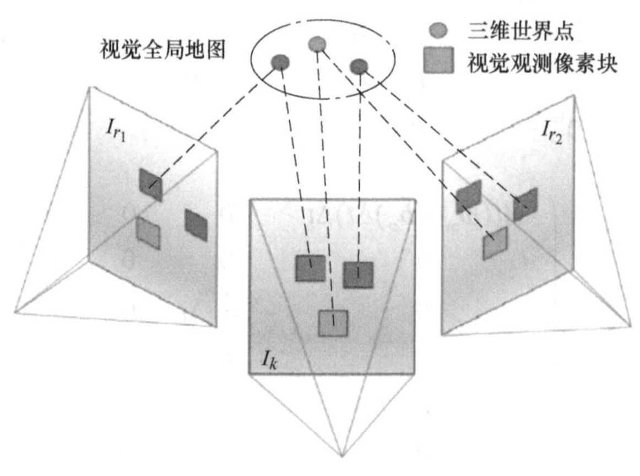

图 3-19 彩图

图 3-19　视觉测量

式中，$\boldsymbol{\pi}(\cdot)$ 为针孔投影模型。式（3-81）中的方程定义了状态 $\boldsymbol{x}_k$ 的另一个隐式测量模型，并在三个级别上进行了优化，其中在每个级别上，当前图像和参考路径是从前一个图像和参考路径图像中采样的一半。优化从最粗的层次开始，一个层次收敛后，再进行下一个层次的优化。为了考虑图像 $\boldsymbol{I}_k$ 中的测量噪声，该方程通过因子 Σ_c 进行加权。

5. 误差状态迭代卡尔曼滤波器更新

对先前得到的传播状态 $\hat{\boldsymbol{x}}_k$ 和协方差 $\hat{\boldsymbol{P}}_k$，有如下先验分布：

$$\boldsymbol{x}_k \boxminus \hat{\boldsymbol{x}}_k \sim \mathcal{N}(\boldsymbol{0},\hat{\boldsymbol{P}}_k) \tag{3-82}$$

结合式（3-82）中的先验分布、式（3-80）中的激光雷达测量和式（3-81）中的视觉测量，可以利用最小平方误差估计最优的$\boldsymbol{x}_k$，即

$$\min_{\boldsymbol{x}_k \in \mathcal{M}}\left(\left\| \boldsymbol{x}_k \boxminus \hat{\boldsymbol{x}} \right\|_{\hat{P}_k}^2 + \sum^{m_l} \boldsymbol{r}_l(\boldsymbol{x}_k, {}^L\boldsymbol{p}_j)_{\Sigma_l}^2 + \sum_{i=1}^{m_c} \boldsymbol{r}_c(\boldsymbol{x}_k, {}^G\boldsymbol{p}_i)_{\Sigma_c}^2 \right) \tag{3-83}$$

如果在t_k处接收到激光雷达扫描，则式（3-83）中仅将激光雷达残差$\boldsymbol{r}_l$与 IMU 传播融合。类似地，如果在t_k接收到图像，则式（3-83）仅将视觉光度误差$\boldsymbol{r}_c$与 IMU 传播融合。式（3-83）中的优化是非凸的，可以通过本书 2.4 节中介绍的非线性优化方法迭代求解。这种迭代优化事实上等同于迭代卡尔曼滤波器。

为了处理流形约束$\mathcal{M}$，在每次优化迭代中，通过广义加法$\boxplus$参数化当前状态估计的切线空间中的状态（即误差状态）。然后，用求解得到的误差状态来更新当前状态估计并继续下一次迭代，直到收敛。收敛状态估计（表示为$\bar{\boldsymbol{x}}_k$）和收敛时式（3-83）的 Hessian 矩阵（表示为$\bar{\boldsymbol{P}}_k$）用于前向传播传入的 IMU 测量值。收敛状态还用于将新的激光雷达扫描更新为全局地图和视觉全局地图。

全局地图由 LIO 子系统的点云地图（激光雷达全局地图）和带有视觉块的点地图（VIO 子系统的视觉全局地图）组成。

激光雷达全局地图与 FAST–LIO2 相同，它由过去的所有 3D 点组成，这些点组织成一个增量 kd 树结构（ikd–Tree）。ikd–Tree 提供积分查询、插入、删除接口。它还在内部以给定的分辨率对点云图进行下采样，反复检测其树结构，并通过重建相应的子树来动态平衡树结构。当接收到新的激光雷达扫描时，算法会轮询 ikd–Tree 中使用预测位姿转换的每个点以查找最近的点。扫描与 IMU 融合得到$\bar{\boldsymbol{x}}_k$后，用它将扫描点转换为全局帧，并以与 LIO 相同的速率将它们插入 ikd–Tree。

视觉全局地图是先前观察到的激光雷达点的集合。每个点都附有观察它的图像中的多个块。下面解释可视化全局地图的数据结构和更新。

（1）数据结构

为了快速找到当前视场内的视觉地图点，算法使用轴对齐体素来包含视觉全局地图中的点。体素大小相同，并通过哈希表组织以实现快速索引。保存体素中包含的点及其位置、从不同参考图像中提取的多个面片金字塔以及每个面片金字塔的相机姿态。

（2）视觉子图和异常值删除

即使体素的数量远少于视觉地图点的数量，确定它们中的哪些点在当前帧视场角内仍然非常耗时，特别是当地图点（体素）数量众多时。

为了解决这个问题，算法对最近激光雷达扫描的每个点的这些体素进行轮询。通过查询体素哈希表可以非常有效地完成此操作。如果相机视场角与激光雷达大致对齐，则落在相机视场角中的地图点很可能包含在这些体素中。因此可以通过这些体素中包含的点并随后进行视场角检查来获得视觉子图。

视觉子图可能包含在当前图像帧中被遮挡或具有不连续深度的地图点，这会严重降低 VIO 精度。为了解决这个问题，算法使用$\hat{\boldsymbol{x}}_k$中的预测位姿将视觉子图中的所有点投影到当前帧上，并在每个40×40像素的网格中保留最低深度点。此外，将最近激光雷达扫描中的点投影到当前帧，并通过检查它们的深度来检查它们是否遮挡了9×9像素邻居内投

影的任何地图点。被遮挡的地图点将被剔除，其余的将用于对齐当前图像。

（3）更新视觉全局地图

在对齐新图像帧后，将当前图像中的块附加到视场角内的地图点，以便地图点具有视角均匀分布的有效视觉块。具体来说，算法会在帧对齐后选择光度误差较大的地图点，如果该地图点距离上次添加视觉块已经超过 20 帧，或者当前帧中的地图点距离上次添加的参考帧中的像素位置超过 40 像素，则会为其添加新的视觉块。新的视觉块是从当前图像中提取的，大小为 8×8 像素。除了视觉金字塔之外，还会将帧的位姿附加到地图点。

除了向地图点添加视觉块之外，还需要向视觉全局地图添加新的地图点。算法将当前图像划分为 40×40 像素的网格，并将最近激光雷达扫描中的点投影到其上。每个网格中梯度最大的激光雷达投影点将被添加到视觉全局地图中，同时添加的还有提取的视觉块和图像位姿。为了避免将边缘上的激光雷达点添加到视觉地图中，算法跳过具有高局部曲率的边缘点。

3.4.3 基于优化的多传感器组合导航算法

本小节以激光雷达-IMU-GPS 等多传感器组合导航为例介绍基于优化的多传感器组合导航算法。LIO-SAM 算法是一个通过平滑和映射的紧耦合激光雷达惯性里程计框架，其系统架构如图 3-20 所示。该算法假设一个用于点云校正的非线性运动模型，使用原始 IMU 测量值估计激光雷达扫描期间的传感器运动（运动去畸变）。除了去畸变之外，估计的运动还可以作为激光雷达里程计优化的初值。然后使用获得的激光雷达里程计解决方案来估计因子图中 IMU 的偏差。

通过引入用于机器人轨迹估计的全局因子图，可以使用激光雷达和 IMU 测量有效地执行传感器融合，在机器人姿势之间结合位置识别，并在可用时引入绝对测量，例如 GPS 定位和罗盘航向。来自各种来源的因子的集合用于图的联合优化。

此外，算法将旧的激光雷达扫描边缘化以进行位姿优化，而不是像 LOAM 一类将扫描帧与全局地图匹配。使用局部范围代替全局范围的扫描匹配显著提高了系统的实时性能，关键帧的选择性引入以及将新关键帧注册到固定大小的先前“子关键帧”集的高效滑动窗口方法也显著提升了系统性能。

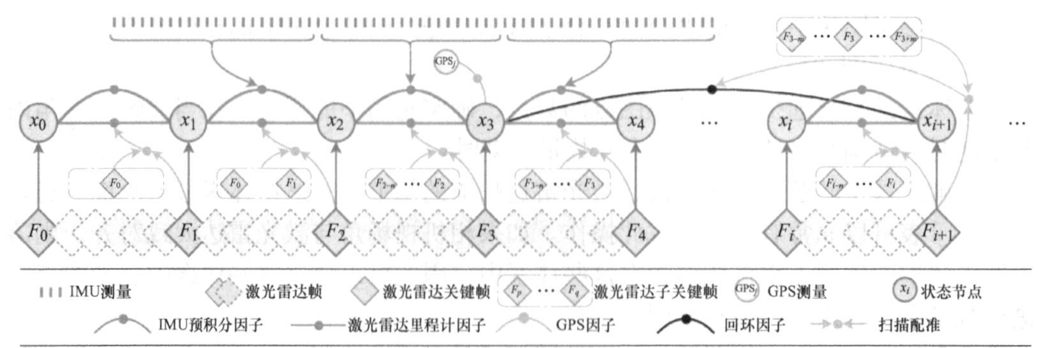

图 3-20　LIO-SAM 算法的系统架构

图 3-20 彩图

1. 系统概述

将世界坐标系表示为 $\boldsymbol{W}$，将机器人主体坐标系表示为 $\boldsymbol{B}$。为方便起见，假设 IMU 坐标系与机器人主体坐标系重合，忽略变量中表示坐标系的上下标。机器人状态 $\boldsymbol{x}$ 可以写成：

$$\boldsymbol{x}=(\boldsymbol{R}^{\mathrm{T}},\boldsymbol{p}^{\mathrm{T}},\boldsymbol{v}^{\mathrm{T}},\boldsymbol{b}^{\mathrm{T}})^{\mathrm{T}} \tag{3-84}$$

式中，$\boldsymbol{R}\in\mathrm{SO}(3)$ 为旋转矩阵；$\boldsymbol{p}\in\mathbb{R}^3$ 为位置向量；$\boldsymbol{v}$ 为速度；$\boldsymbol{b}$ 为 IMU 偏差。从 $\boldsymbol{B}$ 到 $\boldsymbol{W}$ 的变换 $\boldsymbol{T}\in\mathrm{SE}(3)$ 表示为 $\boldsymbol{T}=[\boldsymbol{R}|\ \boldsymbol{p}]$。

LIO-SAM 系统通过 3D 激光雷达、IMU 和可选的 GPS 传感器的观察来估计机器人的状态及其轨迹，该状态估计问题可以表述为 MAP 问题。LIO-SAM 算法使用因子图来模拟这个问题，因为与贝叶斯网络相比，它更适合执行推理。在高斯噪声模型的假设下，问题的 MAP 推理等同于解决非线性最小二乘问题。在不失一般性的情况下，所提出的系统还可以结合来自其他传感器的测量值，例如来自高度计的高度或来自罗盘的航向。

本小节将介绍四种类型的因子以及一种变量用于构建因子图。这个变量代表机器人在特定时刻的状态，并被赋予在图中的节点。这四种类型的因子是 IMU 预积分因子、激光雷达里程计因子、GNSS 因子和闭环因子。当机器人姿态的变化超过用户定义的阈值时，一个新的机器人状态节点 $\boldsymbol{x}$ 被添加到图中。在插入新节点时，因子图通过增量平滑和建图与贝叶斯树（iSAM2）进行优化。

2. IMU 预积分因子

IMU 的角速度和加速度测量被定义为

$$\begin{aligned}\hat{\boldsymbol{\omega}}_t&=\boldsymbol{\omega}_t+\boldsymbol{b}_t^{\omega}+\boldsymbol{n}_t^{\omega}\\ \hat{\boldsymbol{a}}_t&=\boldsymbol{R}_t^{BW}(\boldsymbol{a}_t-\boldsymbol{g})+\boldsymbol{b}_t^{a}+\boldsymbol{n}_t^{a}\end{aligned} \tag{3-85}$$

式中，$\hat{\boldsymbol{\omega}}_t$ 和 $\hat{\boldsymbol{a}}_t$ 为 $\boldsymbol{B}$ 在时间 t 的原始 IMU 测量值，$\hat{\boldsymbol{\omega}}_t$ 和 $\hat{\boldsymbol{a}}_t$ 受到零偏 $\boldsymbol{b}_t$ 和白噪声 $\boldsymbol{n}_t$ 的影响；$\boldsymbol{R}_t^{BW}$ 为从 $\boldsymbol{W}$ 到 $\boldsymbol{B}$ 的旋转矩阵；$\boldsymbol{g}$ 为 $\boldsymbol{W}$ 中的恒定重力向量。使用 IMU 的测量值来积分估计运动。车体在时间 $t+\Delta t$ 的速度、位置和旋转的计算如下：

$$\begin{aligned}\boldsymbol{v}_{t+\Delta t}&=\boldsymbol{v}_t+\boldsymbol{g}\Delta t+\boldsymbol{R}_t(\hat{\boldsymbol{a}}_t-\boldsymbol{b}_t^{a}-\boldsymbol{n}_t^{a})\Delta t\\ \boldsymbol{p}_{t+\Delta t}&=\boldsymbol{p}_t+\boldsymbol{v}_t\Delta t+\frac{1}{2}\boldsymbol{g}\Delta t^2+\frac{1}{2}\boldsymbol{R}_t(\hat{\boldsymbol{a}}_t-\boldsymbol{b}_t^{a}-\boldsymbol{n}_t^{a})\Delta t^2\\ \boldsymbol{R}_{t+\Delta t}&=\boldsymbol{R}_t\exp((\hat{\boldsymbol{\omega}}_t-\boldsymbol{b}_t^{\omega}-\boldsymbol{n}_t^{\omega})\Delta t)\end{aligned} \tag{3-86}$$

应用 IMU 预积分方法来获得两个时间步之间的相对车体运动。可以使用以下公式计算时间 i 和 j 之间的预积分测量值 $\Delta\boldsymbol{v}_{ij}$、$\Delta\boldsymbol{p}_{ij}$、$\Delta\boldsymbol{R}_{ij}$：

$$\begin{aligned}\Delta\boldsymbol{v}_{ij}&=\boldsymbol{R}_i^{\mathrm{T}}(\boldsymbol{v}_j-\boldsymbol{v}_i-\boldsymbol{g}\Delta t_{ij})\\ \Delta\boldsymbol{p}_{ij}&=\boldsymbol{R}_i^{\mathrm{T}}\left(\boldsymbol{p}_j-\boldsymbol{p}_i-\boldsymbol{v}_i\Delta t_{ij}-\frac{1}{2}\boldsymbol{g}\Delta t_{ij}^2\right)\\ \Delta\boldsymbol{R}_{ij}&=\boldsymbol{R}_i^{\mathrm{T}}\boldsymbol{R}_j\end{aligned} \tag{3-87}$$

3. 激光雷达里程计因子

当新的激光雷达一帧到来时，首先进行特征提取。按照 3.3.3 小节定义的曲率计算方式，通过评估局部区域上点的曲率值来提取边缘和平面特征。具有较大曲率值的点被归类为边缘特征。类似地，平面特征按小曲率值分类。将第 i 时间激光雷达扫描提取的边缘和平面特征分别记为 $\boldsymbol{F}_i^e$ 和 $\boldsymbol{F}_i^p$。在时间 i 提取的所有特征构成激光雷达帧 $\boldsymbol{F}_i$，其中 $\boldsymbol{F}_i=\{\boldsymbol{F}_i^e,\boldsymbol{F}_i^p\}$，激光雷达帧 $\boldsymbol{F}_i$ 在 $\boldsymbol{B}$ 系下表示。

使用每个激光雷达帧进行计算并同时向图中添加因子的方式难以实时计算，因此采用视觉 SLAM 领域广泛使用的关键帧选择的概念，当与先前状态 $\boldsymbol{x}_i$ 相比，机器人姿态的变化超过用户定义的阈值时，选择激光雷达帧 $\boldsymbol{F}_{i+1}$ 作为关键帧。新保存的关键帧 $\boldsymbol{F}_{i+1}$ 与因子图中的新机器人状态节点 $\boldsymbol{x}_{i+1}$ 相关联，同时两个关键帧之间的激光雷达帧被丢弃。通过这种方式添加关键帧，不仅可以在地图密度和内存消耗之间取得平衡，还有助于保持相对稀疏的因子图，适用于实时非线性优化。LIO-SAM 中，添加新关键帧的位置和旋转变化阈值选择为 1m 和 10°。

假设向因子图中添加一个新的状态节点 $\boldsymbol{x}_{i+1}$。与此状态关联的激光雷达关键帧是 $\boldsymbol{F}_{i+1}$，激光雷达里程计因子的生成描述如下：

（1）体素地图的子关键帧

采用滑动窗口方法来创建包含固定数量的最近激光雷达扫描帧。随后提取 n 个最近的子关键帧用于估计，使用与其关联的变换 $\{\boldsymbol{T}_{i-n},\cdots,\boldsymbol{T}_i\}$，将子关键帧集 $\{\boldsymbol{F}_{i-n},\cdots,\boldsymbol{F}_i\}$ 变换为帧 $\boldsymbol{W}$。变换后的子关键帧被合并到一个体素图 $\boldsymbol{M}_i$ 中。$\boldsymbol{M}_i$ 由两个子体素图组成，分别表示为 $\boldsymbol{M}_i^e$ 边缘特征体素图和 $\boldsymbol{M}_i^p$ 平面特征体素图。

（2）扫描匹配

通过扫描匹配将新获得的激光雷达帧 $\boldsymbol{F}_{i+1}$（即 $\{\boldsymbol{F}_{i+1}^e,\boldsymbol{F}_{i+1}^p\}$）与 $\boldsymbol{M}_i$ 匹配。此处可以使用各类匹配方法，LIO-SAM 首先将 $\{\boldsymbol{F}_{i+1}^e,\boldsymbol{F}_{i+1}^p\}$ 从 $\boldsymbol{B}$ 变换到 $\boldsymbol{W}$ 并获得 $\{{}'\boldsymbol{F}_{i+1}^e,{}'\boldsymbol{F}_{i+1}^p\}$。该初始变换是通过使用来自 IMU 的运动预测 $\tilde{\boldsymbol{T}}_{i+1}$ 获得的。对于 ${}'\boldsymbol{F}_{i+1}^e$ 或 ${}'\boldsymbol{F}_{i+1}^p$ 中的每个特征，寻找它在 $\boldsymbol{M}_i^e$ 或 $\boldsymbol{M}_i^p$ 中的边缘或平面对应关系。

（3）相对变换

特征与其边缘或平面块对应之间距离的计算如下：

$$\begin{aligned}\boldsymbol{d}_{e_k}&=\frac{\left|(\boldsymbol{p}_{i+1,k}^e-\boldsymbol{p}_{i,u}^e)\times(\boldsymbol{p}_{i+1,k}^e-\boldsymbol{p}_{i,v}^e)\right|}{\left|\boldsymbol{p}_{i,u}^e-\boldsymbol{p}_{i,v}^e\right|}\\ \boldsymbol{d}_{p_k}&=\frac{\left|(\boldsymbol{p}_{i,u}^p-\boldsymbol{p}_{i,v}^p)\times(\boldsymbol{p}_{i,u}^p-\boldsymbol{p}_{i,w}^p)\right|}{\left|(\boldsymbol{p}_{i,u}^p-\boldsymbol{p}_{i,v}^p)\times(\boldsymbol{p}_{i,u}^p-\boldsymbol{p}_{i,w}^p)\right|}\end{aligned} \tag{3-88}$$

式中，k、u、v 和 w 为其对应集合中的特征索引；${}'\boldsymbol{F}_{i+1}^e$ 中的边缘特征 $\boldsymbol{p}_{i+1,k}^e$、$\boldsymbol{p}_{i,u}^e$ 和 $\boldsymbol{p}_{i,v}^e$ 为在 $\boldsymbol{M}_i^e$ 中形成相应边缘线的点；${}'\boldsymbol{F}_{i+1}^e$ 中的平面特征 $\boldsymbol{p}_{i+1,k}^p$、$\boldsymbol{p}_{i,u}^p$、$\boldsymbol{p}_{i,v}^p$ 和 $\boldsymbol{p}_{i,w}^p$ 形成 $\boldsymbol{M}_i^p$ 中相应的平面块。然后使用本书 2.4 节中介绍的非线性优化方法，通过迭代求解最优变换：

$$\min_{\boldsymbol{T}_{i+1}}\left\{\sum_{\boldsymbol{p}_{i+1,k}^e\in{}'\boldsymbol{F}_{i+1}^e}\boldsymbol{d}_{e_k}+\sum_{\boldsymbol{p}_{i+1,k}^p\in{}'\boldsymbol{F}_{i+1}^p}\boldsymbol{d}_{p_k}\right\} \tag{3-89}$$

最后可以得到 $\boldsymbol{x}_i$ 和 $\boldsymbol{x}_{i+1}$ 之间的相对变换 $\Delta\boldsymbol{T}_{i,i+1}=\boldsymbol{T}_i^{\mathrm{T}}\boldsymbol{T}_{i+1}$。

4. GNSS 因子

虽然可以通过仅利用 IMU 预积分和激光雷达里程计的因子获得可靠的状态估计和映

射，但机器人在长时间的导航任务中仍然会出现漂移。为了解决这个问题，可以引入提供绝对测量以消除漂移的传感器。此类传感器包括高度计、罗盘和 GNSS。当接收到 GNSS 测量值时，将它们转换为局部笛卡儿坐标系。在向因子图添加新节点后，将新的 GNSS 因子与该节点相关联。如果 GNSS 信号未与激光雷达帧硬件同步，LIO-SAM 将根据激光雷达帧的时间戳在 GNSS 测量值之间进行线性插值。当 GNSS 信号可用时，没有必要不断添加 GNSS 因子，因为激光雷达惯性里程计的漂移增长非常缓慢。LIO-SAM 仅在估计的位置协方差大于接收到的 GNSS 位置协方差时才添加 GNSS 因子。

5. 闭环因子

由于使用了因子图，因此闭环校正也可以高效地集成到系统中。LIO-SAM 使用了一种朴素但有效的基于欧氏距离的闭环检测方法。也可以使用一些其他方法来检测闭环，如生成点云描述符并将其用于位置识别。

当一个新的状态 $\boldsymbol{x}_{i+1}$ 被添加到因子图时，首先搜索图并在欧氏空间中找到接近 $\boldsymbol{x}_{i+1}$ 的先验状态。例如，$\boldsymbol{x}_3$ 是返回的候选者之一。然后尝试使用扫描匹配将 $\boldsymbol{F}_{i+1}$ 与子关键帧 $\{\boldsymbol{F}_{3-m},\cdots,\boldsymbol{F}_3,\cdots,\boldsymbol{F}_{3+m}\}$ 匹配。$\boldsymbol{F}_{i+1}$ 和过去的子关键帧在扫描匹配之前首先转换到 $\boldsymbol{W}$ 系，获得相对变换 $\Delta\boldsymbol{T}_{3,i+1}$ 并将其作为闭环因子添加到图中。事实上，当 GNSS 是唯一可用的绝对传感器时，GNSS 的高度测量非常不准确，添加闭环因子对于校正机器人的高度漂移很有效。

本章小结

本章围绕基于模型的机器人自主导航方法，首先介绍了惯性导航的基本原理、速度位置姿态相关的微分方程、初始对准以及捷联惯性导航解算等；其次介绍了视觉建图与定位的相关知识，包括光流法与特征法、光束法平差、闭环检测等；然后介绍了激光建图与定位的相关知识，包括激光点云数据的获取与处理、点云匹配、位姿优化等；最后，针对复杂场景多传感器组合导航，介绍了多传感器时空同步以及基于滤波和优化的多传感器组合导航算法。本章所介绍的算法可用于满足机器人在未知场景或者电磁干扰场景中的导航需求。

思考题与习题

3-1　简述惯性导航的原理和特点。

3-2　惯性传感器是指哪些传感器？

3-3　请简述加速度计测量的比力与加速度之间的区别。

3-4　简述激光建图与定位中为什么要使用特征提取，而不是直接使用原始三维点云。

参考文献

[1]　胡小平 . 自主导航技术 [M]. 2 版 . 北京：国防工业出版社，2024.

[2]　严恭敏，翁浚 . 捷联惯导算法与组合导航原理 [M]. 西安：西北工业大学出版社，2019.

[3] MILLER R B.A new strapdown attitude algorithms[J]. Journal of Guidance Contorl and Dynamics, 1983, 6 (4): 287-291.

[4] RICHARD H, ANDREW Z. Multiple view geometry in computer vision[M]. 2nd ed. London: Cambridge University Press, 2004.

[5] SAAT S, RASHI D W N N, TUMARI M, et al. Hectorslam 2D mapping for simultaneous localization and mapping [J]. Journal of Physics: Conference Series, 2020, 1529 (4): 1742-6588.

[6] ZHANG J, SINGH S. LOAM: Lidar odometry and mapping in real-time[C]//Robotics: Science and Systems. Berkeley: RSS, 2014: 1-9.

[7] SHAN T X, ENGLOT B. Lego-loam: Lightweight and ground-optimized lidar odometry and mapping on variable terrain[C]//2018 IEEE/RSJ International Conference on Intelligent Robots and Systems. Madrid: IEEE, 2018: 4758-4765.

[8] 朱德海 . 点云库 PCL 学习教程 [M]. 北京：北京航空航天大学出版社，2012.

[9] MEAGHER D. Geometric modeling using octree encoding [J]. Computer Graphics and Image Processing, 1982, 19 (1): 85.

[10] CHEN Y, MEDIONI G. Object modelling by registration of multiple range images [J]. Image and Vision Computing, 1992, 10 (3): 145-155.

第 4 章　基于模型的机器人非自主导航方法

导读

本章主要介绍依靠外部辅助设施进行定位的非自主导航方法，所使用的参数估计原理均依赖几何模型，主要包括卫星导航技术、无线网络定位技术、蓝牙定位技术、射频识别定位技术、二维码定位技术、磁场定位技术等，此类定位技术常用于满足工业机器人、物流机器人等在固定场景中的导航需求。

本章知识点

- 卫星导航技术
- 无线网络定位技术
- 蓝牙定位技术
- 射频识别定位技术
- 二维码定位技术
- 磁场定位技术

4.1　卫星导航技术

卫星导航技术是一种利用全球导航卫星系统（Global Navigation Satellite System，GNSS）对海、陆、空、天用户进行全天候高精度导航定位与授时的技术。目前，世界上主要有美国的全球定位系统（Global Positioning System，GPS）、俄罗斯的格洛纳斯导航卫星系统（Global Navigation Satellite System，GLONASS）、欧洲的伽利略卫星导航系统（Galileo Satellite Navigation System）和我国的北斗导航卫星系统（Beidou Navigation Satellite System，BDS）。对于室外移动机器人而言，卫星导航具有低成本、小体积、低功耗等优势，是一种广泛使用的导航定位方式。

4.1.1　卫星导航的基本原理

1. 三球交汇定位原理

卫星导航定位的实质是三球交汇定位原理，如图 4-1 所示。用户接收机同时接收来自至少三颗卫星的信号，并测量出用户接收机至这些卫星的距离。通过这些距离信息，结合卫星的位置（这些位置通过导航电文播发给用户），可以在三维空间中以卫星为球心、卫星和用户之间的距离为半径画出球面。卫星 1 和卫星 2 确定的两个球面相交，则用户位置在一个空间圆上。再与卫星 3 确定的球面相交，则用户位置为空间圆与第 3 个球面所确定的两个交点，此两点相对于卫星平面来说互为镜像，用户可根据自身所处位置的相关先验信息，排除虚假位置，从而确定其真实位置。

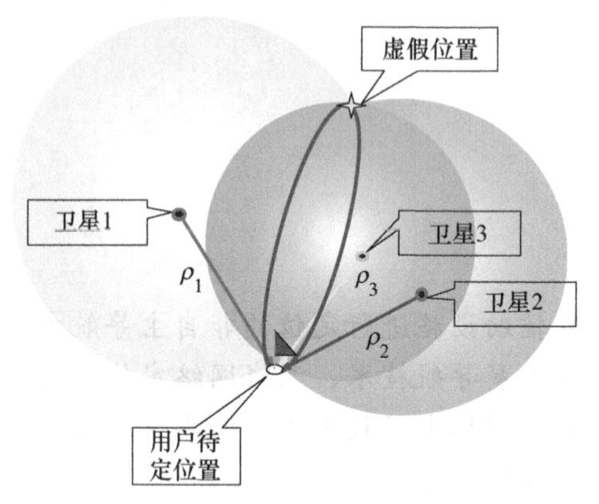

图 4-1　三球交汇定位原理示意图

目前，国际上四大卫星导航系统均采用三球交汇原理，具体工作流程包括：

1）确定卫星的位置：通过地面监测站（坐标已知）时刻监测卫星，测出监测站至卫星之间的距离，然后由监测站的已知坐标求出卫星的位置信息，编写卫星星历并将其发送至卫星，此时卫星的位置信息为已知参数。

2）测量用户至卫星的距离：用户同一时刻观测到至少三颗卫星，通过三颗卫星发射测距信号和导航电文分别求得用户至卫星的距离，导航电文还包含卫星的位置信息。

3）用户位置的确定：以卫星为球心、用户至卫星的距离为半径画出球面，三个球面相交于两点，根据相关先验信息排除一个不合理点，得到用户的实际位置。

卫星定位算法可归结为对以下方程组的求解：

$$\begin{cases}\rho_1^2=(x_1-x)^2+(y_1-y)^2+(z_1-z)^2\\ \rho_2^2=(x_2-x)^2+(y_2-y)^2+(z_2-z)^2\\ \rho_3^2=(x_3-x)^2+(y_3-y)^2+(z_3-z)^2\end{cases} \tag{4-1}$$

式中，(x_i,y_i,z_i) 为观测时刻的卫星位置信息，$i=1,2,3$，通过步骤 1）获得；ρ_1,ρ_2,ρ_3 分别为用户至三颗卫星的距离，通过步骤 2）获得；上述方程组的求解，即为步骤 3)。

2. 伪距定位原理

由于 GNSS 采用的是单程测距，卫星时钟与接收机时钟之间难以保证同步，存在时钟误差，导致用户观测得到的距离并不是用户与卫星之间的真实距离，而是含有误差的距离，又称为伪距。由于卫星时钟精度很高，一般情况下可以忽略各个卫星之间的时钟误差，将用户与不同卫星之间的时钟误差看为同一个未知量，式（4-1）中就包含了四个未知参数，因此，需要同时对第四颗卫星进行距离测量，才可解算出用户的定位信息。

如果用户接收机测量出卫星发射电波至接收机接收到电波的时间差为 τ，则有

$$\tau = t_{\mathrm{r}} - t_{\mathrm{s}} \tag{4-2}$$

式中，t_{s} 为卫星电波发射时刻；t_{r} 为接收到卫星电波时刻。由于卫星时钟、接收机时钟与 GNSS 的时间系统存在钟差，设其分别为 Δt_{s} 与 Δt_{r}，则时间差 τ 可写为

$$\tau = (t'_{\mathrm{r}} - \Delta t_{\mathrm{r}}) - (t'_{\mathrm{s}} - \Delta t_{\mathrm{s}}) = (t'_{\mathrm{r}} - t'_{\mathrm{s}}) - \Delta t_{\mathrm{r}} + \Delta t_{\mathrm{s}} = \tau' - \Delta t_{\mathrm{r}} + \Delta t_{\mathrm{s}} \tag{4-3}$$

式（4-3）两端乘以光速 c，可得到距离 ρ，即

$$\rho = c\tau = c\tau' - c\Delta t_{\mathrm{r}} + c\Delta t_{\mathrm{s}} = \rho' - c\Delta t_{\mathrm{r}} + c\Delta t_{\mathrm{s}} \tag{4-4}$$

将式（4-4）改写为

$$\rho' = \rho + c\Delta t_{\mathrm{r}} - c\Delta t_{\mathrm{s}} \tag{4-5}$$

式中，ρ' 为实际伪距观测值，因为其中包含了接收机钟差引起的误差，而不是接收机至卫星的几何距离 ρ，故称其为伪距观测值。几何距离 ρ 也可表示为

$$\rho = \sqrt{(x-x_j)^2 + (y-y_j)^2 + (z-z_j)^2} \tag{4-6}$$

式中，(x_j, y_j, z_j) 为第 j 颗卫星在地球协议坐标系（例如 WGS–84 坐标系）中的直角坐标，均可通过导航电文获得；(x, y, z) 为接收机在同一坐标系中的位置坐标。

将式（4-6）代入式（4-4）就可得到伪距测量定位的基本方程，即

$$\rho'_j = \sqrt{(x-x_j)^2 + (y-y_j)^2 + (z-z_j)^2} + c\Delta t_{\mathrm{r}} - c\Delta t_{\mathrm{s}j} \tag{4-7}$$

式中，第 j 颗卫星的位置坐标 (x_j, y_j, z_j) 及钟差 $\Delta t_{\mathrm{s}j}$，均可由导航电文求得，故式（4-7）共有四个未知数，分别为接收机的位置 (x, y, z) 和钟差 Δt_{r}，因此至少需要对四颗卫星进行同步观测，获得四颗以上卫星的伪距观测值 $\rho'_j (j = 1, 2, \cdots)$，即可求得用户位置和钟差四个未知数。

4.1.2　定位误差分析

1. 卫星分布的几何精度因子

在测距精度一定的条件下，要提高定位精度，必须从可见星中选择至少四颗几何构型最优的卫星进行导航定位。用卫星与接收机间的几何构型表征卫星定位精度的物理量，被称为精度衰减因子（Diluiton of Precision，DOP）。卫星与接收机间的几何构型对位置误差和时钟误差的综合影响，被称为几何精度因子（Geometric Diluiton of Precision，GDOP）。

一般来说，通过最大矢端四面体体积法，可以达到四颗导航卫星的最佳几何配置，此过程也称为最佳选星。如图 4-2 所示，假设用户 U 到卫星 S 的单位向量分别为 $\boldsymbol{e}_1$、$\boldsymbol{e}_2$、$\boldsymbol{e}_3$、$\boldsymbol{e}_4$，则这些向量末端 A、B、C、D 都在以用户为中心、以 1 为半径的球面上。当四面体 $ABCD$ 体积最大时，可以达到最优的几何关系。此时，精度因子 GDOP 最小。

目前，卫星接收机的软硬件性能大大提高，通道数也大大增多，因此可以利用所有可见导航卫星的信息来求取用户导航信息。卫星越多，GDOP 越小；卫星越少，GDOP 越

大。在实际选星中，选择的卫星仰角不能过低，因为仰角低时大气传播误差增大，使伪距观测精度明显降低，为保证伪距观测精度，通常规定卫星的最低仰角为5°或10°。

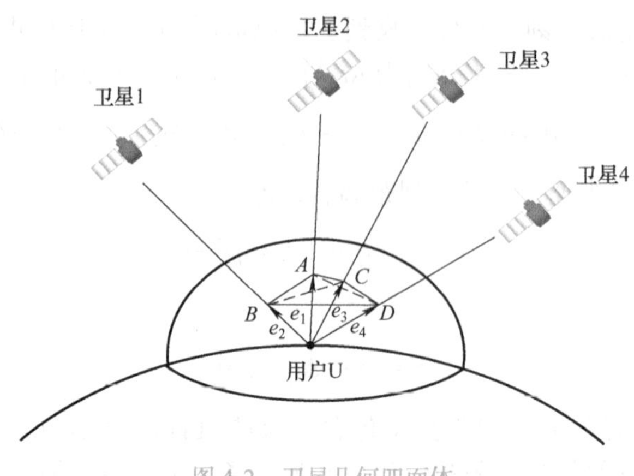

图 4-2　卫星几何四面体

2. 系统误差分析

GNSS的系统误差来源于以下三个方面：

1）空间卫星位置误差：主要是卫星星历误差、卫星时钟误差和卫星硬件延迟误差等。

2）接收机误差：主要有测量误差、计算误差、接收机钟差和接收机硬件延迟误差等。

3）外界条件误差：主要是与卫星信号传播有关的误差，如多路径效应误差、电离层传播延迟误差和对流层传播延迟误差等。

下面分别讨论这几项主要误差。

（1）卫星星历误差

星历所给出的卫星位置与实际位置之差称为卫星星历误差。由于各监测站对卫星进行跟踪测量时产生的测量误差，以及影响卫星运动的多种摄动力的复杂影响，使得在预报星历中不可避免地存在着误差，进而形成测距误差。

（2）卫星时钟误差

卫星时钟误差包括由钟差、频偏、频漂等产生的误差，也包含时钟的随机误差。GNSS通过测量卫星信号传播时间来测距，因此卫星时钟误差将直接变成测距误差。

（3）接收机钟差

接收机钟差是指接收机的钟面时与GNSS时的偏差，其误差取决于钟漂大小。钟漂表示接收机钟差的漂移率，其大小取决于所采用的时钟的质量。对于定位型接收机，钟漂相对而言较稳定，接收机钟差的大小一般为毫秒级。由于钟差与接收机的性能有关，并且同一接收机观测的全部卫星具有相同的钟差参数，所以在解算位置参数时可以一并估计出此项误差。另外，通过对观测量进行差分处理也可以消除此项误差的影响。

（4）接收机测量误差

接收机测量误差与接收机元件、跟踪环路带宽、载体动态情况、信噪比等有关。对

C/A 码伪距，此项误差为 1 ～ 3m；对于 P 码接收机，此项误差为 10 ～ 30cm；对于相位观测值，此项误差为 3 ～ 5mm。

（5）多路径效应误差

多路径效应是指由于天线周围其他表面反射的卫星信号叠加进接收信号中而引起的误差影响。此项误差和用户的周围环境（如地形、地物及其发射特性）有关。静态定位时此项误差呈现系统性，但难以用模型模拟。动态情况下，由于载体的运动，使此项误差较多地表现为随机性误差。可利用地面电磁波吸收板、调整天线的位置等手段来减弱此项误差的影响。

（6）电离层传播延迟误差

电离层是指地面上空 50 ～ 100km 之间的大气层。信号在传播过程中，由于受电离层折射的影响，产生附加的信号传播延迟，从而使所测的信号传播时间产生误差，也就使观测量附加了误差。电离层引起的误差主要与沿卫星至接收机视线主向上的电子密度有关，其影响大小取决于信号频率、观测方向的仰角、观测时的电离层情况等因素。为了减小电离层误差的影响，通常有两种方法，一是接收机采用双频观测得到卫星信号；二是利用导航电文中的误差数学模型来补偿电离层误差的影响。

（7）对流层传播延迟误差

当电磁波信号通过对流层时，由于其传播速度不同于真空中的光速，因此会产生延迟，其大小取决于对流层本身及卫星高度角。对流层误差由干分量和湿分量两部分组成。一般是利用数学模型，根据气压温度、湿度等气象数据的地面观测值来估计对流层误差并加以改正。常用的模型有 Hopfield 模型、Saaslamoinon 模型等。这些模型可以有效地减小干分量部分的影响，干分量约占总误差的 80%，而湿分量难以精确估计，需用到气象数据的垂直变化梯度参数。在静态定位时，可以利用水蒸气梯度仪等办法来解决这一问题，但在动态情况下难以实施。

4.1.3　卫星导航技术拓展

1. 差分定位技术

GNSS 伪距测量误差具有时间、空间的相关性，由星历预报误差以及卫星时钟、电离层、对流层误差的残差导致的相关测距误差，其随时间和用户位置而缓慢变化。这样，已知位置上的参考站（Reference Station）或称基准站，可以用来比较伪距观测量，从而判断出相关测距误差，提高导航解算精度，这就是差分定位技术（Differential GNSS，DGNSS）的基本思想，如图 4-3 所示。

差分改正数据是从单个参考站发送给其作用范围内的移动用户（有时称为漫游者）。用户距离参考站越近，则导航结果越精确。当传送位置修正量时，需要所有用户和参考站使用相同的卫星，这样才能消除影响每颗卫星的相关误差。在实际环境中，由于卫星信号不时地会被建筑物、地形甚至是用户载体本身所遮挡，因此，当传送距离修正量时，则允许用户选择由参考站跟踪的任意卫星组合。

为了得到经差分修正的伪距观测量 $\tilde{\rho}_{DCj}$，可将差分修正量 $\Delta\rho_{DCj}$ 直接取代卫星时钟、电离层、对流层修正项，补偿伪距观测值 $\tilde{\rho}_j$：

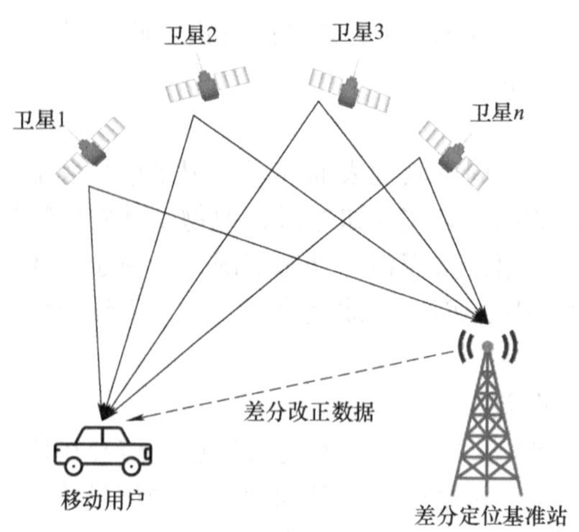

图 4-3 差分定位示意图

$$\tilde{\rho}_{DCj} = \tilde{\rho}_j + \Delta\rho_{DCj} \tag{4-8}$$

修正量包括电离层改正、对流层改正、卫星钟差改正等，仅采用修正项的一部分也是有效的，不过关键之处在于参考站和用户需要遵循相同的约定。

2. 实时动态定位技术

实时动态定位（RTK）是利用 GNSS 载波相位差分技术，实时动态地实现载体的精确相对定位。RTK 技术可以在厘米量级上确定空间任意两点之间的距离且没有累积误差，在使用单频接收机的情况下，作用距离可以达到 10km，如果使用双频接收机，作用距离可达到 1000km。整周模糊度求解和周跳检测与修复是利用载波相位测量进行各种高精度相对定位的两个关键问题。

（1）整周模糊度求解

整周模糊度求解一直是利用载波相位测量进行各种高精度相对定位的核心与关键问题。只有整周模糊度求解正确，才能得到厘米级甚至更高精度的基线矢量，才能称得上精确相对定位。根据使用方法的不同，可以将模糊度求解技术分成四类：

1）第一类为需要专门操作的模糊度求解，是实时动态定位技术发展早期的成果，它要求专门操作来获得模糊度，通常称这些操作为模糊度初始化过程。最常用的方法是初始化时已经知道基线的矢量值，即所谓的静态初始化，它利用短时间观测值便可准确地解算出整周未知数。理论上，只要简化模型中非模型化的双差残余项与噪声项的误差和不超过半周，简单地比较相位观测值和基线坐标代入观测方程得到的计算值便可获得正确的模糊度。Remondi 第一个描述了载波相位观测值在动态环境中的运用，他提出一种交换天线的专门操作方法。Hwang 分析了另一种在初始化阶段求解整周模糊度的思想，并对确定初始模糊度后的实时位置和模糊度解给出了详细的滤波方法。其他的专门操作方法，如两次设站法，为了改变卫星几何图形，要求接收机天线至少在待定点分两次设站。该方法不要求运动接收机在移动过程中保持对卫星的跟踪，适合于信号易阻挡地区的 GNSS 定位。

2）第二类为在观测域里搜索的模糊度求解，它直接利用伪距观测值来确定载波相位观测值的模糊值，只要平滑伪距与载波相位观测值的差别就可以获得模糊度的实值估计。1982 年，Hatch 将其运用于非差分环境，1986 年运用于差分导航。当能测量两个频率的伪距和相位观测值时，可以形成不同的线性组合，以加强这种技术的运用。一个极为重要的组合是超宽巷技术，宽巷相位观测值的波长较长，简化观测方程残差项对求解模糊度的影响相对较小。许多研究表明，每个历元的双差宽巷模糊度不超过三周，故可认为短时间内的平均解就是要确定的模糊度。一旦宽巷模糊度正确求解，就容易求解其他波长较短的相位观测值的模糊度。

3）第三类为在位置域里搜索的模糊度求解，最典型的代表是 Counselman 和 Gourevitch 于 1981 年提出的模糊度函数，从那时开始它逐渐运用于静态定位、伪动态定位和动态定位之中。但是 Hatch 和 Euler 指出，模糊度函数有许多不足之处，这限制了模糊度函数的运用。模糊度函数方法不仅浪费了相位观测值中的大量信息，也被认为是所有模糊度求解技术中计算量最大的一个。

4）第四类为在模糊度空间中搜索的模糊度求解，这也是当前国际和国内重点研究的一种模糊度求解方法。典型的包括最小二乘搜索（Least Squares Search，LSS）方法、快速模糊度求解方法（Fast Ambiguity Resolution Approach，FARA）、快速模糊度搜索滤波（Fast Ambiguity Search Filter，FASF）和最小二乘模糊度降相关平差（Least Squares AMBiguity Decorrelation Adjustment，LAMBDA）。

总体来说，这四类方法中，第一类方法需要专门的操作，是载波相位差分技术的早期研究成果，目前已经很少使用；第二类方法需要双频数据，硬件成本较高，不利于系统的普及应用；第三类方法由于计算量较大，很难满足实时测量的要求，因此目前的研究主要集中于第四类方法。整周模糊度求解的一般流程主要包括模糊度估计、模糊度搜索、模糊度确认三个主要步骤。模糊度估计主要是得到模糊度的浮点解，为模糊度搜索提供初值和搜索范围；模糊度搜索是对不同模糊度组合进行试探，得到误差最小的一组作为正确解；模糊度确认是采用一定的数学方法，对得到的模糊度进行检验和判断。

（2）周跳检测与修复

周跳是由于 GNSS 接收机载波相位测量不连续而造成的后果。一般来说，可以将产生周跳的原因分为三类：第一类为卫星信号被各种障碍物遮挡，例如建筑物、树木、山脉等，从而形成周跳；第二类为由于恶劣的电离层状况、强烈的多路径干扰、载体的高速运动或者较低的卫星仰角，导致接收机接收到的卫星信号信噪比较低，从而形成周跳；第三类为由于接收机的软件原因导致不正确的信号处理，从而形成周跳。

周跳检测与修复算法主要有高次差检测与修复周跳法、多项式拟合法、星际差检测和修复法、电离层残差法、伪距与相位组合法和根据平差后的残差来检测与修复周跳法等。目前，针对载波相位静态定位或静态数据处理，已能完全检测与修复周跳，但是对于 RTK 而言，有时还很难完全检测与修复一些小周跳，需要硬件和软件的结合才能有效地检测与修复小周跳。应当指出，检测与修复周跳只是解决周跳的一种方法，从产生周跳的原因来看，根本途径是采取有效措施防止周跳的产生，所以必须从选择接收机型号、观测条件和观测环境等入手，以便获得高质量的观测结果，即使存在个别周跳，也容易检测与修复。

4.2 无线网络定位技术

4.2.1 无线网络定位技术简介

WiFi（Wireless Fidelity）是 IEEE 802.11 协议簇的统称，由无线以太网兼容性联盟（Wireless Ethernet Compatibility Alliance，WECA）提出。该技术可以实现近距离通信，为客户提供宽带互联网的接入。WiFi 组网技术离不开无线接入点（Acess Point，AP）和无线网卡。使用 WiFi 进行定位具有建造成本低、网络覆盖广、适用终端多等优点。目前 WiFi 定位大多采用接收信号强度（Received Signal Strength，RSS）测量值为参数，主要包括 Cell-ID 定位法、三边测距法和指纹定位法三大类方法。

1. Cell-ID 定位法

Cell-ID 定位法通过移动台扫描所在无线局域网（Wireless Local Area Network，WLAN）覆盖下的信道，并把捕获到的最强信号对应无线热点（即接入点）的位置上报给服务器，初步获取位置信息，实现粗略定位，工作原理与移动通信中基站对通信终端的定位原理基本相同。当机器人进入基站覆盖区域时，根据信号强度决策选择提供无线覆盖的基站，并上报基站识别码（ID）给服务器，基站所处的位置就是机器人所处的大概位置。在采用 Cell-ID 定位法时，机器人需要知道无线热点的位置及其介质访问控制（Medium Access Control，MAC）地址有关的信息。该方法的定位精度主要与无线热点的距离和设备接收到的 RSS 测量值有关。因此，为了提高定位精度，需要采用多信道 WLAN 扫描，通过多个无线热点组成网络，构建 Cell-ID 识别码库，同时对 RSS 数据进行加权降噪处理。

2. 三边测距法

利用无线信号路径损耗模型，通过对 RSS 的测量，根据损耗情况与无线热点间的位置关系进行映射。在 Cell-ID 定位法中，通信终端设备需要知道无线接入点的位置与 MAC 地址等先验知识。由于室内环境复杂，各种室内因素的影响不可避免，导致信道传输模型变得复杂，定位结果也不尽如人意。为了降低各种因素的影响，可以采用增强模型三边测距法以提高定位效果，该方法利用三角测量等方法推算出智能终端与无线局域网接入点的直接物理距离，进而估算出智能终端的位置。或者采用概率滤波等其他方法降噪，保留出现在覆盖区域概率高的事件数据，把出现在定位中的不合理数据进行滤波，以提高定位性能。

3. 指纹定位法

指纹定位法利用机器人的移动设备采集定位区域内已规划的参考位置所接收无线热点发射出的接收信号强度，建立起参考位置的物理坐标与对应物理位置的接收信号强度之间的映射关系，离线阶段构建定位指纹数据库，在线阶段利用特定的匹配算法实现用户具体位置与指纹库的匹配，从而确定目标的位置。空间唯一性和指纹稳定性是 RSS 指纹定位的两个基本假设，但是在复杂的实际场景中，RSS 信号具有不确定性。

指纹定位技术可以很好地降低信号传播误差，地图构建阶段可以视为校准阶段或训练阶段，采集的数据也称为校准数据或训练数据，对应采集信号特征的网格点也称为校准点或参考点。

在实时定位过程中，实时采集到的特征数据将与事先采集处理的数据库进行比对，找到最接近的数据，该数据对应指纹库中的位置，能够实现位置匹配，达到定位的目的。指纹定位法的两个阶段如图 4-4 所示，具体算法原理将在 4.2.3 小节中介绍。

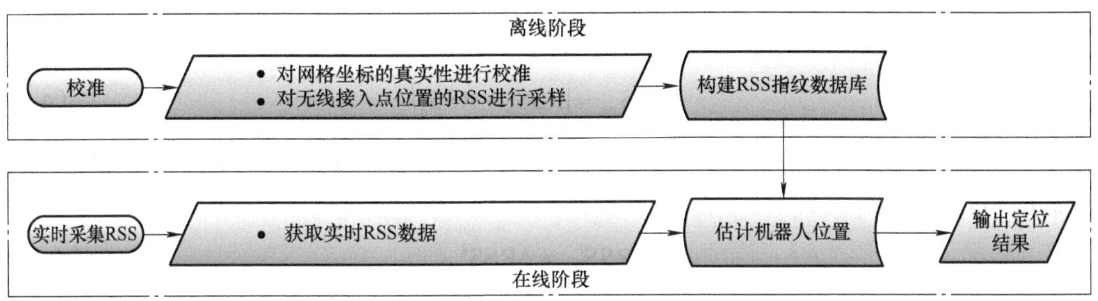

图 4-4　指纹定位法的两个阶段

4.2.2　RSS 信号采集与特性分析

RSS 作为 WiFi 定位常用的特征之一，信号的可靠性直接决定了定位的准确性。研究人员通过探究 RSS 信号的特点来改进 WiFi 定位系统的设计和性能。本小节着重对 RSS 信号的特性进行分析，主要包括 RSS 信号的波动性与歧义性分析、RSS 信号的近邻稳定性分析、RSS 信号的区域差异性分析。

1. RSS 信号的波动性与歧义性分析

在实际环境中，相同位置收集到的同一个无线热点的信号是不断变化的，主要原因有以下两点：① RSS 信号在传播过程中会因为多径效应以及环境对信号的吸收而存在误差干扰，在采集次数较为充足的情况下，同一个位置接收的同一个无线热点的 RSS 值会接近于高斯分布；②由于室内环境不同，无线热点的布置位置一般情况下是为了使其通信性能最大化而不是为了准确定位，所以无线热点的布置位置使得无线环境变得更加复杂。为了保证更好的通信效果和通信质量，许多无线热点会存在针对不同的通信状况自动调整信道增益的情况，这也导致了 RSS 信号的波动性，给定位过程带来了极大的不便。

在采集过程中，虽然两个定位点之间的真实物理距离相距比较远，但是接收到的对应无线热点的 WiFi 信号的 RSS 指纹值可能十分相似，这就是 RSS 信号的歧义性。RSS 信号的歧义性会给定位效果带来极大的不确定性，进而影响定位精度。在传统的指纹算法选取近邻的过程中，即使出现一些较小的误差点，通过加权平均也不会产生较高的定位误差，但是一旦选择的近邻点中空间歧义点的占比增加，定位误差将会有一个较大的提升。因此，在近邻点选择的过程中可以通过有效的规避空间歧义点的方法来更好地提升定位性能。

2. RSS 信号的近邻稳定性分析

RSS 信号作为指纹定位法的定位指纹，其可靠性成为定位算法是否精准的根本因素。

不论是离线阶段还是在线阶段，通过 RSS 收集设备接收到的 RSS 总是处于一个波动范围内，在实际定位过程中为了减小波动性对定位的影响，常常采用多次采集取平均的方法。

虽然 RSS 信号的波动性无法避免，但是大部分较近的参考点所对应的信号波动性是相对稳定的，如果把周围近邻点同时考虑进来，其可识别性将会大大提高。由于 RSS 信号的波动性，单个点接收到某个无线热点的值会产生变化，从而导致 RSS 作为指纹的可靠性降低，但是指纹不会只针对某个点产生变化，当接收点 RSS 变化时，周围点的 RSS 也会产生相应的变化，近邻点相对 RSS 变化的定义为

$$\Delta \mathrm{RSS}_{pq} = \left| \mathrm{RSS}_p - \mathrm{RSS}_q \right| \tag{4-9}$$

式中，RSS_p 为某参考点 p 的 RSS 值；RSS_q 为某个空间近邻点 q 的 RSS 值；$\Delta \mathrm{RSS}_{pq}$ 为两个点的相对差值。

$$\Delta \mathrm{RSS}_{pq}^1 \approx \Delta \mathrm{RSS}_{pq}^2 \tag{4-10}$$

式中，$\Delta \mathrm{RSS}_{pq}^1$ 为 t_1 时刻两个点的相对差值；$\Delta \mathrm{RSS}_{pq}^2$ 为 t_2 时刻两个点的相对差值，由于近邻点所处的环境类似，因此 RSS 的相对变化也比较稳定，近似相等。

3. RSS 信号的区域差异性分析

在实际定位场景中，场景的类型往往多种多样，有人员流动频率高的商场、教室和车站等公共场所，也有停车场、图书馆和会议室等相对稳定的场所，RSS 信号对于不同区域所表现出的信号特性也是具有差异性的，在不同的定位区域选择不同的指纹结构可以更好地提升定位精度。

在实际的定位环境中，RSS 随定位点距离发射无线热点的变化的理想数学模型可以被抽象为对数距离路径损失模型：

$$\mathrm{RSS}(d) = \mathrm{RSS}(d_0) - 10\eta \lg\left(\frac{d}{d_0}\right) + X_\sigma \tag{4-11}$$

式中，$\mathrm{RSS}(d_0)$ 表示接收者在距离无线热点为 d_0 处接收到的信号强度；η 为路径损耗参数（在定位过程中取值范围为 2 ～ 4）；X_σ 为服从正态分布的随机变量，反映信号在传播过程中的反射、散射以及屏蔽现象等对接收者接收信号所带来的影响。在理想情况下，RSS 遵循 WiFi 信号传播的特点，RSS 随着传播距离 d 的增加呈对数衰减，即 RSS 信号与 $\lg(d)$ 表现为负相关的趋势。

针对定位区域的不同，RSS 绝对值和相对值作为定位指纹具有不同的定位特性。对于相对平稳的区域，RSS 绝对值可以保留 RSS 信号的具体数值，在定位点和指纹库的对比过程中可以更加精准地计算，而 RSS 相对值在相对平稳的区域内的指纹的特异性可能相对比较差，相对值指纹容易混淆；对于相对非平稳的区域，RSS 绝对值的参考意义降低，在定位点和指纹库的对比过程中会因为歧义性和波动性带来较大的影响，而 RSS 相对值在相对非平稳的区域内的指纹的特异性较强，相对值指纹更容易展现这些特性，在定位点与指纹库对比的过程中可以更好地寻找近邻点，有助于提升最终定位精度。

4.2.3　无线网络指纹定位算法

指纹定位法是基于无线信号强度的，但相比于基于信号强度的三边测距法，指纹定位法具有更高的定位精度且计算方法简单，因而近年来室内无线定位方法研究主要集中在指纹定位算法。指纹定位算法可分成两个阶段：离线阶段与在线阶段，指纹定位算法的原理如图 4-5 所示。

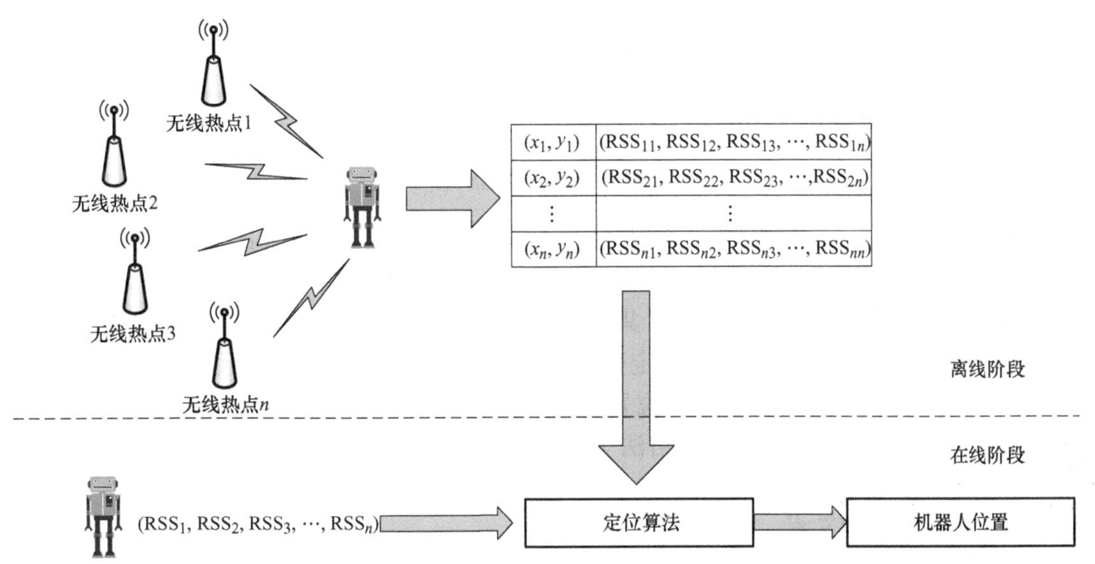

图 4-5　指纹定位算法的原理

离线阶段的主要工作是进行离线数据的采集，在构建信号强度图时，首先对定位场景中的空间进行划分，在定位区域中均匀或者随机选择若干参考点（Reference Point，RP），并且对每个参考点进行遍历完成数据的采集。对于每个参考点都要将接收到的所有的无线热点的 RSS 以及参考点的地理位置信息进行汇总，作为一条记录存储起来，完成指纹库的构建。此外，针对不同的定位算法，对于指纹库的设计要求也不尽相同，部分算法需要对指纹库数据进行预处理，处理得到的数学特征通常包括 RSS 均值、最大值、统计特征等，通过采集到的数学特征提取有关定位特征，构造新的定位特征与位置的映射关系形成新的指纹结构并重新构建所需的指纹库。或将指纹库的 RSS 向量样本与对应的参考点位置分组，通过学习算法进行训练，得到 RSS 与物理位置坐标的映射函数。

在线阶段，机器人通过设备实时测量 RSS 向量和 MAC 地址，将实时采集的 RSS 向量作为输入。然后通过模式匹配算法将实时 RSS 向量样本与指纹库中的位置指纹进行模式匹配，或者直接将样本输入已计算得到的定位映射函数，以求得定位结果。从机器学习算法的角度来看，位置指纹法是一种学习 RSS 数据与物理位置关系，最终进行位置估计的定位算法。WiFi 指纹定位的具体流程如下：

在 WiFi 指纹定位的过程中，定位区域首先要按照一定的规则进行网格的划分，进而确定一系列的参考点，用 $\boldsymbol{P}$ 来表示参考点位置的物理坐标，则有

$$\boldsymbol{P}=\{\boldsymbol{p}_j=(x_j,y_j)|j=1,\cdots,N\} \tag{4-12}$$

此外，利用机器人的无线终端设备来记录信号采集时间间隔 t_m ($m=1,\cdots,M$) 内在每一个参考点所有的 RSS 数值，表示为 $[\mathrm{RSS}_j^i(t_1),\cdots,\mathrm{RSS}_j^i(t_M)]$ 。i 代表所有能被扫描的设备序列中的一个无线热点，如果有 L 个热点，则 $i=1,\cdots,L$ 。在每一个参考点处采集 M 个样本。因此，在参考点 $\boldsymbol{p}_j$ 、 t_m 时刻，可以采集到 L 个热点的指纹数据，用向量表示为 $\mathbf{RSS}_j=(\mathrm{RSS}_j^1(t_m),\cdots,\mathrm{RSS}_j^L(t_m))^{\mathrm{T}}$ 。采集 N 个参考点可得到整个指纹数据，则

$$(\mathbf{RSS}_1,\cdots,\mathbf{RSS}_N)=\begin{pmatrix}\mathrm{RSS}_1^1(t_m) & \mathrm{RSS}_2^1(t_m) & \cdots & \mathrm{RSS}_N^1(t_m)\\ \mathrm{RSS}_1^2(t_m) & \mathrm{RSS}_2^2(t_m) & \cdots & \mathrm{RSS}_N^2(t_m)\\ \vdots & \vdots & & \vdots\\ \mathrm{RSS}_1^L(t_m) & \mathrm{RSS}_2^L(t_m) & \cdots & \mathrm{RSS}_N^L(t_m)\end{pmatrix} \tag{4-13}$$

为了减少奇异值的影响，往往会采取多次采集取平均值的方式作为最终的指纹数据。在线阶段，将在线测量的数据与指纹库中的数据进行比对，选择相似度较高的参考点并表示为近邻点集合 Ω。在线阶段用户采集的 RSS 数据表示为 $\mathbf{RSS}_{\mathrm{on}}=(\mathrm{RSS}_{\mathrm{on}}^1(t_m),\cdots,\mathrm{RSS}_{\mathrm{on}}^L(t_m))^{\mathrm{T}}$ 。定位算法根据相似度量准则，将在线数据与指纹库中的数据进行匹配，并完成最终用户位置的估计。常见的位置估计算法有基于概率的估计法、核函数法、K 近邻法、神经网络法等。

4.3 蓝牙定位技术

4.3.1 蓝牙定位技术简介

蓝牙短距离无线技术使两个设备在无需网络基础设施（例如无线路由器或接入点）的情况下能够直接连接。如今，蓝牙技术最常被世界各地的人们用来将无线耳机、键盘、鼠标和音箱等设备连接到计算机和移动设备。蓝牙技术的无线电工作频率范围为 2.402 ～ 2.480 GHz。蓝牙技术联盟（Bluetooth Special Interest Group，SIG）负责监督所有蓝牙协议的开发。图 4-6 显示了已经正式发布的蓝牙版本。低功耗蓝牙（Bluetooth Low Energy，BLE）不常用于交换大量数据，但可以提供支持实现更高的音频质量和更多样化的音频选项。蓝牙设备之间的连接过程称为配对，通常很简便。设备在首次使用时会自动或手动进入配对模式。配对涉及交换配对信息，包括安全密钥，以便设备能够保存这些信息并在未来轻松地重新连接。

蓝牙技术通过测量信号强度进行定位。这是一种短距离、低功耗的无线传输技术，只要在室内安装适当的蓝牙局域网接入点，把网络配置成基于多用户的基础网络连接模式即可。蓝牙室内定位技术最大的优点是设备体积小，易于集成在 PDA（个人数字助理）、PC（个人计算机）及手机等移动终端中，因此很适合用于室内机器人定位。理论上，对于持有集成了蓝牙功能移动终端设备的用户，只要设备的蓝牙功能开启，蓝牙室内定位系统就能够对其进行位置判断。采用该技术进行室内短距离定位，容易检测设备且信号传输不受视距的影响。随着蓝牙 4.0 标准规范的发布，蓝牙拥有超低功耗、100m 以上超长距离、

AES-128 加密等诸多特性。蓝牙 5.1 版本新增的寻向功能进一步提高了定位精确度，能达到厘米级别，以满足室内定位的更高要求。基于此，很多机构都在研究基于蓝牙技术的室内定位方法。

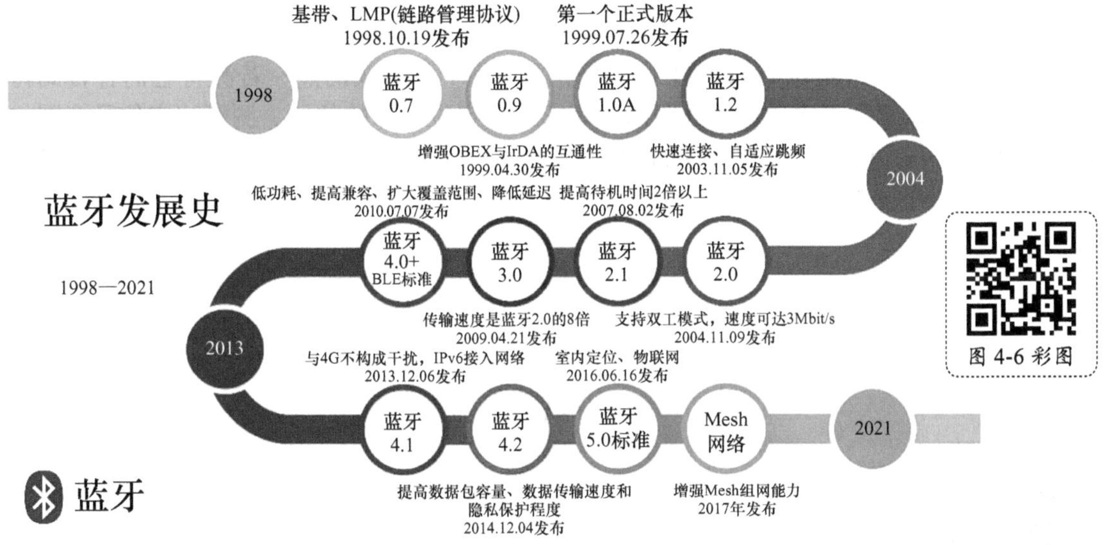

图 4-6　蓝牙发展史

4.3.2　蓝牙定位原理

基于蓝牙的室内定位技术多种多样，根据是否测距可分为基于测距的定位算法和基于非测距的定位算法。基于测距的定位算法需要通过距离或角度的测算实现定位，而基于非测距的定位算法主要利用信标节点与待定位目标之间的连通性或者指纹信息实现定位。其中指纹定位算法与 4.2.3 小节的无线网络指纹定位算法类似，本小节主要介绍基于测距的定位算法。

1. 基于信号到达时间测量的定位方法

基于信号到达时间（Time of Arrival，ToA）测量的定位方法是通过测量信号的传播时间来估算信标节点与未知节点间的距离，再利用多边定位法通过最小二乘或其他算法来确定未知节点位置的，如图 4-7 所示。

图 4-7　基于 ToA 测量的定位示意图

信标节点和移动机器人之间的距离为

$$d = (T_1 - T_0)c \tag{4-14}$$

式中，T_0 为信号从信标节点发出的时刻；T_1 为待定位的移动机器人接收到信号的时刻；

c为光速，真空中为3×10^8 m/s；d为信标节点和移动机器人之间的距离。信号的传播速度接近于光速，由式（4-14）可以看出，若测量的时间存在微小偏差将会导致巨大的测距误差，从而引起巨大的定位误差。因此，基于ToA测量的定位方法要求信标节点与移动机器人之间具有精准的时钟同步，然而精确的同步必然带来较高的硬件要求，系统成本也将随之上升。一般装配有特制硬件的设备使用基于ToA测量的定位方法才能得到较好的定位效果。

与卫星三球交汇定位类似，对于二维平面上三个不共线的点，若测得它们各自到待定位目标的距离，则可以通过联立距离方程求出待定位目标的位置，测距法定位示意图如图4-8所示。(x,y)为待定位移动机器人的坐标，信标节点A的坐标为(x_a,y_a)、B的坐标为(x_b,y_b)、C的坐标为(x_c,y_c)。

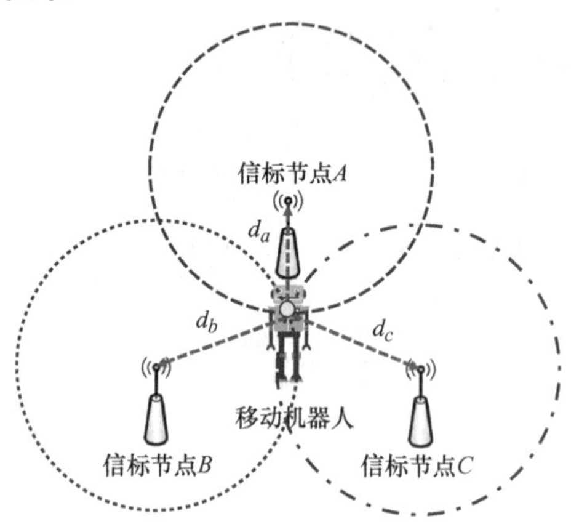

图4-8　测距法定位示意图

根据几何关系可建立如下公式：

$$\begin{cases}(x_a-x)^2+(y_a-y)^2=d_a^2\\(x_b-x)^2+(y_b-y)^2=d_b^2\\(x_c-x)^2+(y_c-y)^2=d_c^2\end{cases}\tag{4-15}$$

式中，d_a、d_b和d_c分别为测得的移动机器人到信标节点A、B和C的距离。求解式（4-15）即可获得机器人的位置(x,y)。

2. 基于信号到达时间差测量的定位方法

基于信号到达时间差（Time Difference of Arrival，TDoA）测量的定位方法是在室内定位中，通过已知位置的信标节点来接收未知节点的信号，并利用时间差来计算位置的。在信号传播数据已知的情况下，待定位目标通过测量信号到达两个信标节点的时间差，即可求出其到两个信标节点距离的差。以信标节点作为焦点绘制双曲线，根据其几何原理，可得出待定位目标位于两条双曲线的交点处，如图4-9所示。

根据双曲线的定义可得到方程组如下：

$$\begin{cases}\sqrt{(x_a-x)^2+(y_a-y)^2}-\sqrt{(x_b-x)^2+(y_b-y)^2}=d_{ab}\\\sqrt{(x_a-x)^2+(y_a-y)^2}-\sqrt{(x_c-x)^2+(y_c-y)^2}=d_{ac}\end{cases}\tag{4-16}$$

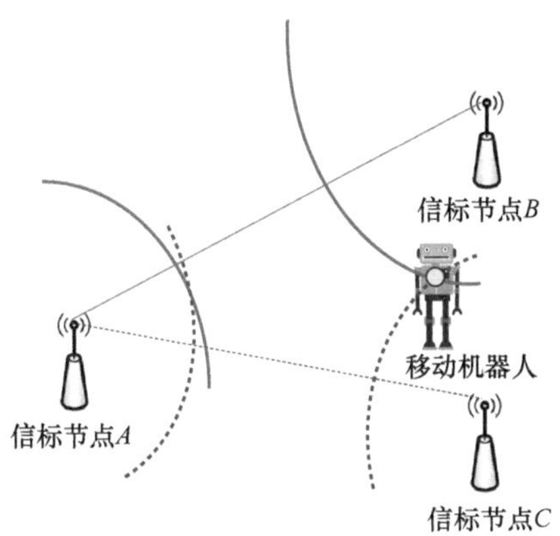

图 4-9　基于 TDoA 测量的双曲线定位示意图

式中，d_{ab} 为测得的移动机器人到信标节点 A 、B 之间的距离差；d_{ac} 为测得的移动机器人到信标节点 A 、C 之间的距离差。求解式（4-16）即可获得移动机器人的位置 (x,y) 。

4.3.3　蓝牙定位系统设计

1. 蓝牙设备部署模式

在设计实现基于低功耗蓝牙的室内定位系统时，对蓝牙热点的部署适当进行一些改进可在一定程度上提高定位的精度，减少环境影响。因此，针对蓝牙热点的部署给出以下建议：

1）在部署低功耗蓝牙热点时，尽量让用户可能出现的所有位置上都能够接收到三个或者三个以上的蓝牙热点信号。

2）蓝牙热点的部署尽量远离人为活动频繁的地方，或者使蓝牙热点与人为活动较为频繁的地方尽量隔有障碍物。

3）在进行蓝牙热点部署前，尽量测量好蓝牙热点的最佳定位距离，在部署时使得蓝牙热点的部署距离保持在最佳距离。由于选用的蓝牙热点的品牌不同，在最佳定位距离上会存在差距。因此，若采用不同品牌的蓝牙热点需要重新测量最佳定位距离。

蓝牙设备连接模式可以采用主设备模式、从设备模式、主从一体模式、广播者模式、观察者模式、iBeacon 模式、Mesh 组网模式等。其中，蓝牙 Mesh 组网技术于 2017 年经 SIG 批准，是一种兼容 4 和 5 系列蓝牙协议的独立网络技术。它通过低功耗蓝牙广播实现设备间的“多对多”通信，增强了蓝牙的通信距离和应用场景。Mesh 网络允许每个节点作为热点和路由器，提供高效可靠的通信，可连接多达 65536 个节点，其网络间可以互连，无需网关，易于组网和控制，可作为首选方案。

2. 蓝牙定位系统

蓝牙定位系统主要由定位基站、电子标签、交换机、定位引擎以及后台监控器构成，其系统结构如图 4-10 所示，在室内将定位基站按照一定的位置关系安装，组成室内定位网络，电子标签安装在移动机器人上并确保其正常工作，定位基站与交换机通过网线连接，交换机将定位基站采集到的电子标签的蓝牙数据通过无线传输到定位引擎上，定位引擎通过定位算法将采集到的电子标签的测量信息转化为坐标信息，最后将位置信息传输到后台监控器，通过监控器实时查看机器人的位置坐标。根据机器人搭载设备的能力，交换机和定位引擎也可能直接部署在机器人平台上。

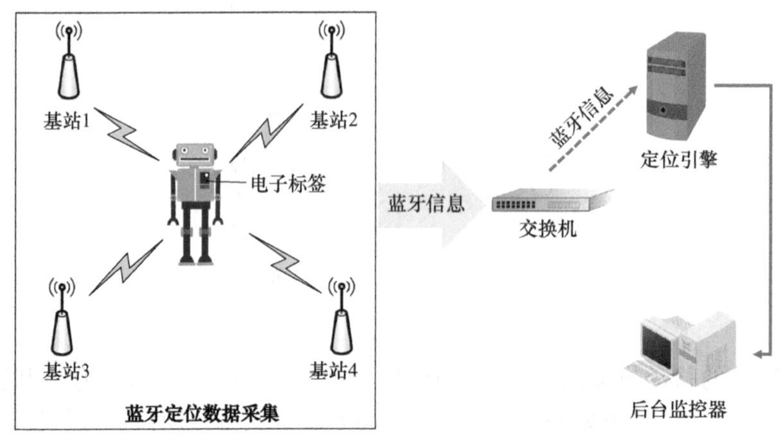

图 4-10　蓝牙定位系统结构

4.4　射频识别定位技术

4.4.1　射频识别定位技术简介

射频识别（Radio Frequency Identification，RFID）是一种利用射频信号自动识别目标信号对象并获取相关信息的技术，如图 4-11 所示，由电子标签、读写器、天线以及控制模块组成。RFID 的工作机理是通过读写器向电子标签发射电磁信号，电子标签受到电磁感应后发出反馈电磁信号，电磁信号再被读写器捕获、读取、识别，实现读写器和电子标签的双向通信过程。由于 RFID 技术在定位应用中能够实现厘米级的定位精度，同时具有高保密、可多次重复使用、有一定的穿透能力、可同时识别多个标签、操作快捷方便等特性，所以在很多室内定位技术选择中，RFID 定位技术有极大的优势。

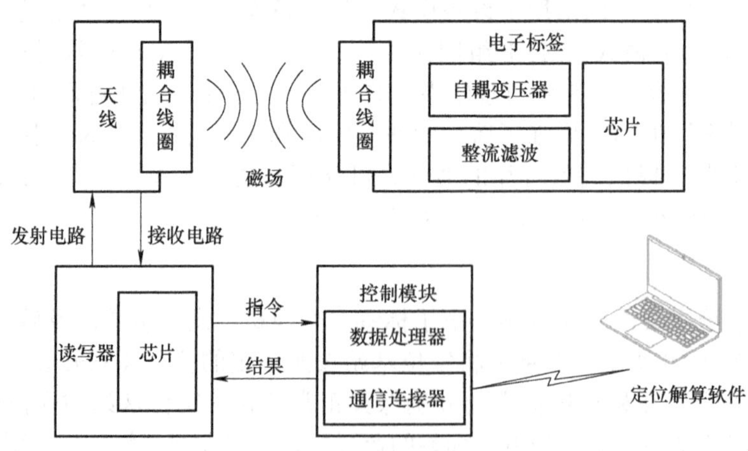

图 4-11　RFID 技术示意图

RFID 系统的工作频率主要有 125kHz、13.56MHz、433MHz、860 ～ 960MHz、2.45GHz、5.8GHz 等，允许的最大发射功率电平和频率分配因国家和地区的不同而有所不同，RFID 系统各频段的应用领域及特点见表 4-1。其中，125kHz 频段主要应用在动物识别和商品流通等领域；13.56MHz 频段一般应用在公共交通和门禁系统等领域，其识别距离较近，一般为几厘米（ISO/IEC14443 标准）到几十米（ISO/IEC15693 标准），采用特殊材料制作的天线最大识别距离为 1.5m 左右；433MHz 和 860 ～ 960MHz 频段的识别距离远，可从几米到几十米，主要应用在高速公路收费、集装箱识别和铁路车辆的识别、跟踪等业务中；2.45GHz 频段被动式系统（无源标签）一般可提供 1m 左右的识别距离，主动式系统（有源标签）也可以达到十几米的识别距离；5.8GHz 系统主要应用在交通领域，目前我国公路联网收费系统暂行标准也把此频段作为车辆识别的系统标准。

表 4-1　RFID 系统各频段的应用领域及特点

频率	低频	高频	超高频		微波
	125.124kHz	13.56MHz	433.92MHz	860 ～ 960MHz	2.45GHz、5.8GHz
识别距离	<60cm	～ 60cm	50 ～ 100m	～ 100m	～ 50m
一般特性	比较昂贵，几乎没有环境变化引起的性能下降	比低频便宜，适合短识别距离和需要多重识别的领域	长距离识别，实时跟踪，对湿度、冲击等环境敏感	先进的 IC 技术使低廉的生产成为可能，多重标签识别距离和性能突出，但易受环境影响	特性与 860 ～ 960MHz 频带类似，受环境的影响多
运行方式	无源型	无源型	有源型	无源型 / 有源型	无源型 / 有源型
识别速度	低速◄------►高速				
环境影响	稳定◄------►敏感				
标签大小	大型◄------►小型				

4.4.2　射频识别定位原理

早期的 RFID 定位，通常依据读到的标签来追踪标签携带者的所在区域。与许多经典的无线定位技术相似，基于 RFID 的室内定位理论上可以通过测量信号的强度、传播时间、相位等参数，来计算目标标签的位置。依据对测量参数处理方式的不同，也可以采用三边测距法和指纹定位法。

RFID 的电子标签种类繁多，但大致可以分为两类，即无源电子标签和有源电子标签。其中无源电子标签本身不具备能量储备能力，工作时需要用读写器辐射的 RF 功率进行激活；在局部室内定位中，基于无源电子标签的 RFID 低频定位系统有广泛的应用，主要是由于该定位系统成本低、定位精度高、容易在复杂的定位场景中快速布局，并能够消除超高频 RFID 信号所带来的随机电磁干扰。有源电子标签主要应用在超高频 RFID 定位系统中，具有良好的非视距远距离传输效果和超强的数据存储能力等，是一种同时具备信息采集和传输的无线通信相关设备。RFID 室内定位方法基本上有两大类：读写器定位和标签定位。

1. 读写器定位

读写器定位的基本原理是将读写器安装在待定位的移动目标物体上，在需要定位的室内环境空间中布局一定数量的电子标签，通过读写器向定位环境中的电子标签发射无线电信号，电子标签在获得读写器的电磁激励后响应，以无线电信号方式反馈信息，并被读写器采集获取，实现双向通信。根据无线电信号的传输时间、方位角或者接收信号强度等参数计算出读写器与电子标签的距离位置关系，实现室内场景中的定位需求。

读写器定位技术广泛应用在室内移动目标物体的定位和导航中。在定位携带读写器的机器人位置和方向时，可以预先在适当的位置进行电子标签布局，机器人上的读写器采集到电子标签位置信息后，利用加权平均得到机器人的位置。电子标签布局的数量也值得研究，在实验场景中布局的电子标签越多，定位的准确性通常越高，但必须考虑定位系统的成本和电子标签之间的干扰等问题。若不考虑增加电子标签的同时提高定位精度，可通过电子标签三角形布局方式来实现对携带读写器的机器人的定位，研究表明三角形布局比正方形布局在定位精度上有所提高。

2. 标签定位

标签定位与读写器定位方式在日常生活中都有很好的应用。由于标签造价低廉，定位系统成本低，在物流、图书馆书籍查询及检索和仓库物品跟踪管理等应用场景中都随处可见。标签定位主要是利用读写器对移动中的电子标签进行跟踪和位置确定，读写器可以保持在相对固定的位置，也可在一定的范围内进行移动，但是在对电子标签进行定位过程中，要求电子标签运动速度不能太快，避免读写器在采集电子标签信息过程中出现遗漏。

目前标签定位常采用的是 LANDMARC 技术。该技术是对标签进行已知位置的布局，并对标签进行地理信息的赋值，在定位过程中，读写器根据接收到的标签信号的强度情况来校准目标物体的位置。该技术可理解为在标签中输入地理信息，移动机器人到达标签工作范围后，其携带的读写器与标签进行通信，并解读出标签的地理位置信息，据此估计出自身所处的大概位置，类似于公交车站的路标报站系统，汽车到达站台时会采集到站台路标，并解读出该站台是什么站，在公交路线图中可以查询到公交站位置和站台标签位置。LANDMARC 把部分有源标签配置为参考标签，主要是由于这些标签可以提供测量距离方位内标签信号强度信息，该技术利用部分有源标签替代昂贵的读写器，能够降低定位成本。

4.5 二维码定位技术

4.5.1 二维码简介

条形码的发明与应用极大地方便了工业生产与人们的生活。条形码作为一个可以被计算机自动识别的图案，其中存储了生产者预先编码好的数据信息，而计算机只需要通过图像采集设备获取条形码图像，便可完成数据信息的解码与获取。由于一维条码所能存储的信息总量在某些情况下无法满足应用需求，因此在 20 世纪 40 年代诞生了二维码。二维码不同于一维条形码，其在二维方向上按一定规律分布黑白相间的图形用以记录信息。与此同时，二维码编码技术中纠错码的引入，使得二维码解码成功率大大增加，污损、缺损、模糊不清的二维码所编码的信息也能够通过解码技术恢复。

二维码采用黑白模块编码二值化信息，分为排列式和矩阵式两种。排列式在一维条码基础上发展而来，如 PDF417、Code49、Code16K 等，具有更好的保密性和存储能力。矩阵式则包括 Code One、Maxi Code、Quick Response（QR）码和 Data Matrix（DM）码等，以其独特的几何形状在多种应用场景中使用，常见的二维码示例如图 4-12 所示。

图 4-12　常见的二维码示例

目前使用广泛的二维码主要有 PDF417、DM 码和 QR 码。这几种码制各有其优缺点，如 PDF417 的纠错能力强，DM 码的信息存储容量大且独立于二维码本身尺寸，QR 码的识别速度快且对汉字存储高效。表 4-2 对这三种常用二维码的特点进行了对比分析。

表 4-2　典型二维码特点对比

二维码码制	PDF417	DM 码	QR 码
开发者	美国符号科技公司	美国国际资料公司	日本 Denso Wave 公司
分类	排列式	矩阵式	矩阵式
识读方向	± 10°	全方位	全方位
识别方法	条间宽度尺寸判别	黑色、白色模块判别	黑色、白色模块判别
识别速度	3 个 /s	2 ～ 3 个 /s	30 个 /s
汉字表示	16bit/ 个	16bit/ 个	13bit/ 个

从表 4-2 中可以看出，DM 码和 QR 码可全方位识读，在识别速度上，QR 码优势明显。识别速度快则有利于机器人的定位快速响应，因此，常用 QR 码作为机器人定位的二维码。QR 码到目前已有多达 40 个版本，其规模由 21 × 21 个方块到 177 × 177 个方块逐代递增，每个版本增加 4 × 4 个方块。随着方块规模上升，其信息容量不断增加。

QR 码的结构如图 4-13 所示。整个图形区域可分为功能图形区域和编码图形区域。功能图形区域包含位置探测图形、位置探测图形分隔符、定位图形和校正图形，功能图形不用于数据编码。以下为 QR 码结构中各部分的意义和作用：

1）位置探测图形：位于二维码图形区域三角点部位的独立方块，用于确定二维码的大小和位置。

2）定位图形：二维码图形区域中两条连续的黑白间隔的方块构成的直线，用于确定二维码角度，纠正扭曲。

3）校正图形：只有版本 2 及以上的 QR 码有校正标识，由三个黑白相间的小正方形嵌套组成，用于进一步校正坐标系，校正标识的数量取决于版本。

4）格式信息：记录使用的掩码和纠错等级。

5）版本信息：存储版本信息，仅在版本 7 以上存在。

6）数据和纠错码字：记录了数据信息和相应的纠错码。

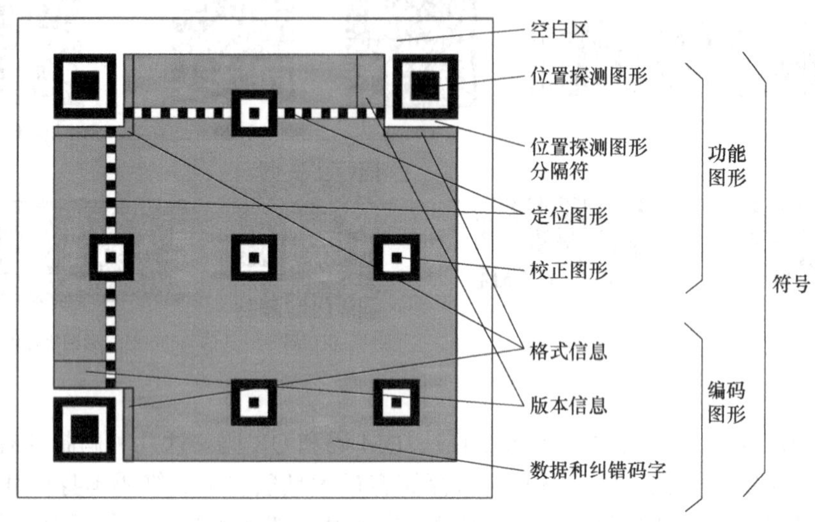

图 4-13　QR 码的结构

目前，有很多开源的 QR 码编码解码库，因此 QR 码的应用十分方便，其中较常用的有 ZBar 库、ZXing 库以及 libdecodeqr 库。

为了促进二维码在机器人导航领域的应用，密歇根大学 Edwin Olson 教授及其实验团队在 QR 码的基础上，进一步设计了 AprilTag 二维码，如图 4-14 所示。它们被设计用于编码更小的数据有效载荷（4 ～ 12 位之间），从而能够更可靠地从更远的距离进行检测。此外，它们专为高精度定位而设计——可以计算出相机相对于 AprilTag 的精确三维位姿。

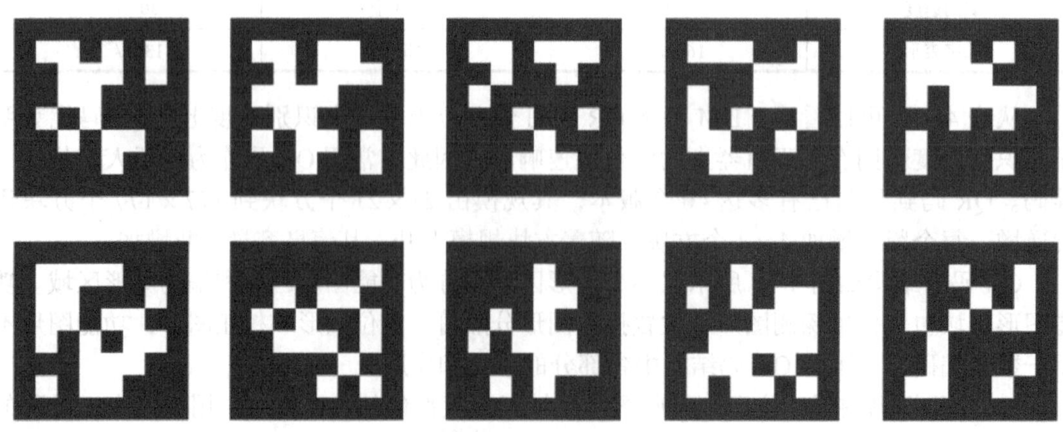

图 4-14　定位用的 AprilTag 二维码样例

4.5.2　二维码识别算法

二维码的少量磨损等问题可以依靠二维码的容错机制解决。但是除此之外的因噪声干扰、复杂背景、现场光照不均、严重磨损和划痕等问题都需要通过图像预处理和二维码图像提取来解决，二维码图像识别流程如图 4-15 所示。图像预处理主要包括以下三步：①图像灰度化，降低图像维度并且减少数据量以提高后期运算速度；②图像滤波，降低主要噪声对图像造成的不良影响；③图像二值化，减少照明不均匀对图像产生的影响的同时减少数据量以提高后期运算速度。二维码图像提取包括以下两步：①二维码定位，减少复杂背景的影响以加快后期运算；②二维码畸变校正，对产生畸变的二维码进行校正使其能够被识别。

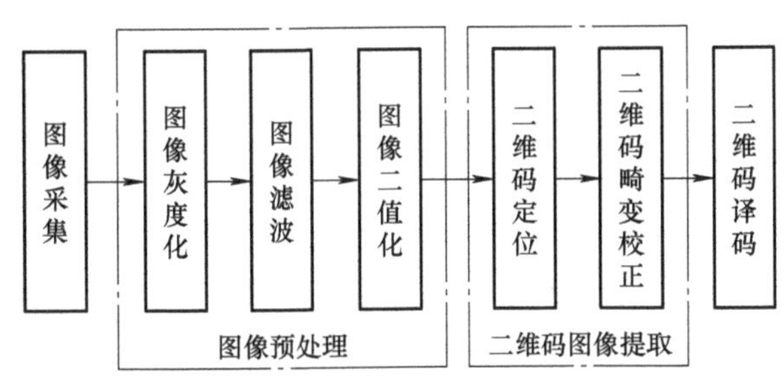

图 4-15　二维码图像识别流程

1. 图像预处理

（1）图像灰度化

在图像处理中，灰度化是一种减少图像信息量的方法，将彩色图像转换为仅包含灰度的图像，从而降低存储和处理需求。常见的灰度化方法包括：①均值法，计算像素颜色通道的平均值作为灰度值；②最大值法，选取像素颜色通道中的最大值作为灰度值；③加权平均值法，根据预设的权重计算像素颜色通道的加权平均值作为灰度值。

（2）图像滤波

在使用摄像头拍摄和图像数据传输过程中，由于各种原因可能导致二维码图像含有各种各样的噪声，使二维码无法被正确地识别。因此，需要对二维码图像进行滤波和去噪处理。二维码图像中的噪声主要是椒盐噪声，针对消除椒盐噪声的滤波方法有均值滤波及中值滤波。

（3）图像二值化

图像二值化是指将灰度化之后的图像的所有像素点划分成大于阈值的像素点集合和小于阈值的像素点集合两个部分，使变换后的图像所有像素点的值分别是 255 或者 0。图像二值化方法经常使用的有全局阈值、局部阈值和自适应阈值三种算法。

2. 二维码图像提取

二维码图像提取在二维码图像识别流程中也占有比较重要的地位，二维码图像提取是为了减少译码工作量，在加快时间的基础上还可以进一步提高准确率。为了降低干扰、提升速度，需要先定位二维码以提取含有二维码的较小区域并对二维码进行校正，将原二维码图像校正为正方形的二维码图像。定位二维码可以使用基于 Hough 变换的边缘检测，也可以根据二维码的整体纹理和轮廓等具体特征进行定位。

由于摄像头采集的二维码图像可能仅包含部分二维码且存在拍摄角度偏差，直接识别可能比较困难。因此，首先需要通过探测图形定位二维码，并将其扩展以准确捕捉整个二维码图像。为了提高识别率并减少畸变影响，采用空间变换进行几何畸变的校正。通过去除非连通区域并使用边缘检测确定二维码边缘，然后拟合直线以确定畸变控制点（即二维码的顶点），最后实现任意四边形到矩形的空间变换。

3. 二维码译码

二维码译码是将其图像转换为信息的过程，包括以下几个步骤：①识别图像中的黑白模块，转换成“1”和“0”组成的二维数组；②读取格式信息，进行错误纠正，并获取掩膜图案；③根据版本信息，读取符号字符，还原数据信息；④检测并纠错可能的错误；⑤分割数据码字为各个部分。最后根据二维码模式解码，获取最终数据字符。

4.5.3 二维码定位原理

利用二维码进行位置估计常见的方式有两种，第一种类似于无线网络定位中所采用的 Cell-ID 定位方式；第二种是基于视觉成像几何，根据图像中二维码 2D 像素坐标与数据库中二维码 3D 特征点坐标的对应关系，采用 PnP 算法估计机器人的位置和姿态。

基于 Cell-ID 的机器人二维码定位原理如图 4-16 所示。在离线阶段，预先在机器人工作空间或者行进路线上规则地铺设不同 ID 的二维码，并把其对应场地的坐标记录到数据库中。在线阶段，机器人通过底盘的摄像头采集场地上铺设的二维码图片，识别图像中二维码的 ID 号，根据 ID 号查找数据库中对应的位置坐标信息，即可获取机器人当前的位置。该方法成本低，定位精度取决于场地中二维码的铺设精度和密度，常用于室内行进路线比较固定的工业机器人或者仓储机器人等移动平台的导航定位。

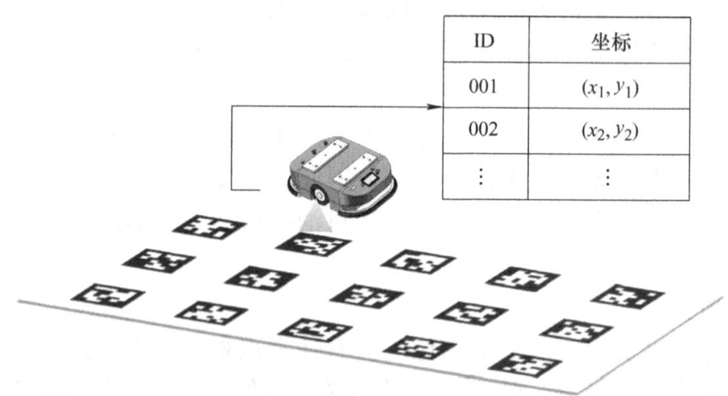

ID
坐标
001
(x_1, y_1)
002
(x_2, y_2)
⋮
⋮

图 4-16 基于 Cell-ID 的机器人二维码定位原理

基于 PnP 解算的机器人二维码定位原理如图 4-17 所示。在离线阶段，预先在机器人工作空间或者行进路线上铺设不同 ID 的二维码，并把每个二维码中主要特征点的空间坐标记录到数据库中。主要特征点的确定与所选取的二维码有关，机器人应用中常使用专门针对导航需求设计的 AprilTag 二维码，其边框的四个黑色角点即为主要特征点，因此数据库中每个 AprilTag 二维码需记录四个空间特征点。在线阶段，利用机器人所装备的相机采集场景中的二维码图片，识别其 ID，根据 ID 建立图像中二维码角点与空间中二维码角点的对应关系，然后利用 PnP 算法求解相机的位置和姿态，即可获得机器人的位置和姿态。相对于 Cell-ID 定位方式，该方法对二维码的铺设密度要求较低。此外，该算法还能够同时估计机器人的位置和姿态，这是无线网络定位、蓝牙定位或者射频识别定位等技术不具备的优点，因此广泛应用于室内无人机等空间运动的机器人导航定位系统中。具体的 PnP 解算算法与 3.2.3 小节中介绍的光束法平差类似，在此不再赘述，感兴趣的读者可以进一步阅读相关文献。

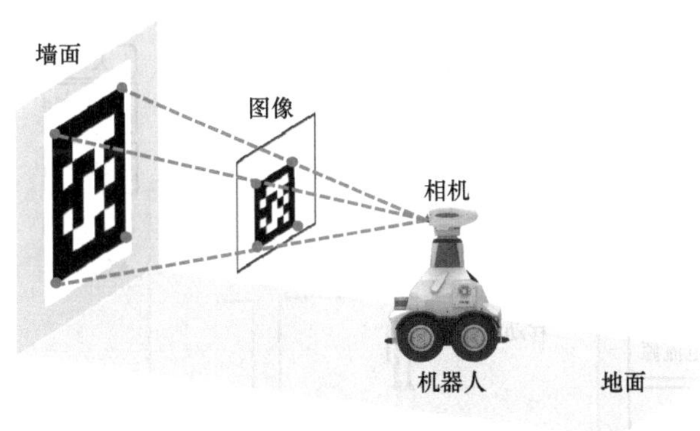

图 4-17　基于 PnP 解算的机器人二维码定位原理

4.6　磁场定位技术

4.6.1　磁场定位技术简介

磁定位系统（Magnetic Based Positioning System，MBPS）主要分为基于自然磁场与人工磁场的两类定位系统，其中基于自然磁场的定位方法主要是利用地球自然磁场进行导航与定位。利用自然磁场的导航定位方法的优点在于其自主性与隐蔽性较强，在军事应用领域具有较高的价值，适用于长航时空中和水下平台。但是这类方法依赖自然磁场的磁场差异，在一些磁场差异较小的区域，导航定位精度较差。而对于利用人工磁场实现导航定位的方法，由于人工构建的磁场特征已知且可控，因此具有较高的导航定位精度。同时，低频时变磁场具有较强的穿透性与抗干扰能力，在一些障碍物较多的特殊环境中，可利用构建磁信标作为潜在可用信息源。对于室内机器人导航定位，常采用基于人工磁场的磁信标导航方案。

通电线圈在空间中产生的激励磁场随距离增大而衰减，根据毕奥 - 萨伐尔定律，通电线圈可等效为磁偶极子，在磁源本身尺寸相对目标的距离满足一定要求时，忽略环境中电场影响，目标处的感应磁场可等效为准静态场。因此可通过测量目标处感应磁场强度实现空间测距、定位与导航。根据辐射场理论，以时变电流激励线圈方式构建的磁信标的导航定位精度为 0.05 ～ 0.3m 不等，其性能受系统组成、导航解算算法、应用环境以及传感器精度等因素综合影响。

在利用人工磁场的磁定位系统中，最简单的方案是利用多个单轴螺线管结构的磁信标，在目标位置测量感应磁场强度，模拟 GPS 的工作原理以实现对目标的导航定位，这种方案具有较高的定位精度，其系统如图 4-18 所示。但由于单轴螺线管结构的磁信标仅敏感单一方向，对于一些特殊的目标方位变化并不敏感，因此存在局限性。此外，磁场随传播距离增大而快速衰减，使得单个磁信标的有效覆盖范围并不大，因此需要布置大量的磁信标以满足磁信标导航系统的正常工作，使系统成本随工作范围的扩大而快速增加。

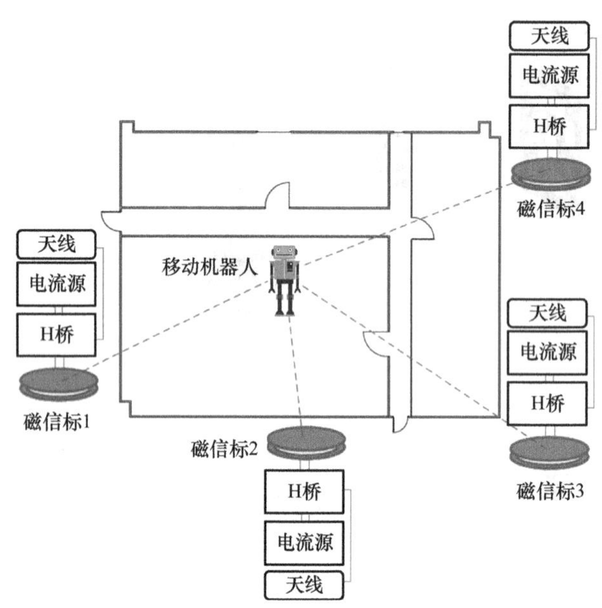

图 4-18　基于多个单轴螺线管结构的磁信标导航系统

4.6.2　低频磁信号的产生与提取

电磁信号的频段和频率会对传输距离产生影响，尤其对于水下、地下等干扰性强、环境稳定性差的介质条件，电磁信号的吸收和损耗较大，高频电磁信号几乎很难传播。在机器人磁场定位中，常采用低频磁信号。低频磁信号的产生和提取，对磁定位方法的效果和精度有重要影响。

电磁学的发展中具有里程碑意义的毕奥－萨伐尔定律，它的建立对于人类关于电磁现象的认识至关重要，同时也是研究磁信标定位理论的基础，这里首先介绍毕奥－萨伐尔定律，其表达式如下：

$$\boldsymbol{B}=\oint \mathrm{d}\boldsymbol{B}=\frac{\mu_0}{4\pi}\oint\frac{I\mathrm{d}\boldsymbol{l}}{r^3}\times\boldsymbol{r} \tag{4-17}$$

式中，$\boldsymbol{B}$ 为磁感应强度；μ_0 为磁导率；I 为电流；$\mathrm{d}\boldsymbol{l}$ 为导体元；$\boldsymbol{r}$ 为位移向量；r 为位移向量的模，即距离。可以将这条电磁学定律陈述为：磁感应强度与电流成正比，与距离的三次方成反比，其方向可以用右手螺旋定则判断。

此外，载流线圈以及磁性物体也可以用电流大小、回路面积以及垂直回路平面的矢量的乘积来表示。当已知一个空心载流线圈通入大小为I的电流，线圈的管径为A、匝数为N时，可以将载流线圈产生的磁矩M描述为

$$M = ANI \tag{4-18}$$

式（4-18）所对应的磁矩表达式反映了磁矩的特性以及影响磁矩大小的因素，这对于基于低频磁场下磁信标的模型建立具有重要的意义。类比磁偶极子域中场强的描述，磁场强度的表达式为

$$H = r^{-5}(3(Mr)\boldsymbol{r} - Mr^2) \tag{4-19}$$

由式（4-19）可以看出，磁场强度的大小与磁矩M成线性正相关，并与距离r的三次方成负相关。因此，对于一个包含频率f和相角ϕ的交流电激励线圈，磁场强度$H(t)$与距离r的时变关系为

$$H(t) = H_0 \cos(2\pi f t + \phi) \tag{4-20}$$

由于磁信标被应用于空间中的定位，因此接收信号容易受到自然界中的噪声信号影响，如地磁场中不具有固定频率的多种频段信号等，给接收设备带来干扰。对于大地、海水等特殊介质，当场源信标与接收器存在距离时，磁信标产生的信号可能会受到土壤组成的影响，在超过几百米时比较显著。土壤中的含水层具有高导电性，会造成磁场发生变形。此外，信号的水平磁矩受土壤组成影响比较小，垂直方向的磁矩受土壤组成影响比较大。

为了估计距离r处的H_0，乘以参考信号$2\cos(2\pi f + \phi)$，振幅H_0可以通过截止频率小于$4\pi f$的低通滤波器（LPF）来估计：

$$H_0 = \mathrm{LPF}\{2H_0 \cos(2\pi f t + \phi)\cos(2\pi f + \phi)\} \tag{4-21}$$

从式（4-21）可以看出，低通滤波器的带宽越窄，则选择性越好，能够抑制磁噪声和附近频率的外部干扰。在实践中，信号源被预先分配一个固定的信标频率，利用具有相位恢复模块的锁相放大器，将其调谐到特定的信标频率来估计振幅和相位，为磁信标的信号获取提供了必要的准备条件。

4.6.3　多磁信标定位算法

对于磁场定位，可采用单磁信标、双磁信标、多磁信标进行定位。通过单磁信标进行定位时，需要对磁信标的先验信息有一定的了解。由于多磁信标能够实现三维空间内的定位，且目标点相对磁信标的俯仰角在解算过程中不需要磁信标的先验信息，利用磁信标之间的几何关系限制可求解目标点的位置，因此本小节介绍基于多磁信标的定位算法。

设机器人P的坐标为(x, y, z)，则欲求取机器人位置，至少需要三个磁信标提供相对俯仰角φ_i的信息；当磁信标的数量随之增加时，可用信息增多，相应精度也会提高。低频多磁信标定位系统的定位示意图如图 4-19 所示。

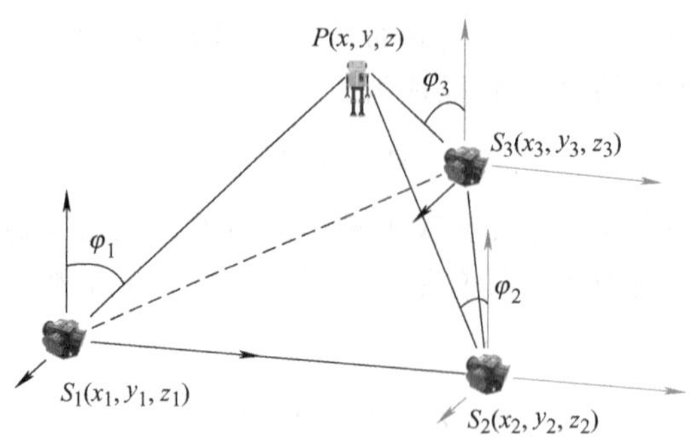

图 4-19　低频多磁信标定位系统的定位示意图

在机器人定位区域中布设 n 个磁信标（$n \geqslant 3$），位置分别为 $\{(x_i, y_i, z_i) \mid i = 1, \cdots, n\}$，发射磁场的频率各不相同，磁信标 S_i 的磁场频率设为 f_i。通过特征向量法，可以求取每一个磁信标与机器人之间的相对俯仰角 φ_i，再结合已知的磁信标位置信息，可以联立出非线性方程组，进而求取机器人的坐标。机器人与磁信标之间的位置关系如下：

$$
\begin{cases}
\dfrac{\sqrt{(x-x_1)^2+(y-y_1)^2}}{z-z_1} = \tan\varphi_1 \\
\dfrac{\sqrt{(x-x_2)^2+(y-y_2)^2}}{z-z_2} = \tan\varphi_2 \\
\vdots \\
\dfrac{\sqrt{(x-x_n)^2+(y-y_n)^2}}{z-z_n} = \tan\varphi_n
\end{cases}
\tag{4-22}
$$

求解式（4-22）即可得到目标位置的坐标。由于该式为非线性方程组，无法直接进行求解，需要通过迭代的方法对其进行求解，较常见的有本书 2.4.2 小节介绍的高斯 - 牛顿方法、列文伯格 - 马夸尔特方法等。

本章小结

本章围绕基于模型的机器人非自主导航方法，首先介绍了卫星导航技术的基本原理、定位误差分析以及拓展。然后从原理、系统组成等方面介绍了无线网络定位、蓝牙定位、射频识别定位、二维码定位以及磁场定位等技术。这些定位技术的共同点是需要预先构建标记点或特征数据库，因此此类定位技术常用于满足工业机器人、物流机器人等在固定场景中的导航需求。

思考题与习题

4-1　什么是非自主导航？

4-2　典型的非自主导航方法有哪些，各有什么优缺点？

参考文献

[1] 胡小平 . 导航技术基础 [M]. 2 版 . 北京：国防工业出版社，2021.
[2] 罗文兴 . 智能机器人定位技术 [M]. 北京：化学工业出版社，2022.
[3] 赵庆帅 . 面向复杂场景的 WiFi 定位技术研究 [D]. 青岛：中国石油大学（华东），2021.
[4] 袁家政，刘宏哲 . 定位技术理论与方法 [M]. 北京：电子工业出版社，2015.
[5] 田野 . 射频识别定位技术研究 [D]. 贵州：贵州大学，2008.
[6] NI L M，LIU Y H，LAU Y C，et al. LANDMARC：Indoor location sensing using active RFID[C]//IEEE International Conference on Pervasive Computing and Communications. Fort Worth：IEEE，2003：407–415.
[7] 刘爽 . 基于二维码识别的自动泊车机器人定位导航技术研究 [D]. 武汉：华中科技大学，2017.
[8] WANG J，OLSON E. AprilTag2：Efficient and robust fiducial detection[C]//IEEE/RSJ International Conference on Intelligent Robots and Systems. Daejeon：IEEE，2016：4193–4198.
[9] LEPETIT V，MORENO N F，FUA P. EPnP：An accurate O（n）solution to the PnP problem[J]. International Journal of Computer Vision，2008，81（2）：155–166.
[10] 郑元勋 . 基于磁信标与机会信号的导航定位理论与应用研究 [D]. 哈尔滨：哈尔滨工业大学，2020.
[11] 王冠 . 基于低频磁信标的自主导航定位技术研究 [D]. 哈尔滨：哈尔滨工业大学，2019.
[12] 周子健 . 基于低频磁场的多磁信标定位方法研究 [D]. 哈尔滨：哈尔滨工业大学，2022.

第 5 章　基于学习的机器人智能导航方法

导读

随着机器学习理论的不断进步，学习算法在数据挖掘、自然语言处理及计算机视觉等领域已展现卓越成效。近年来，这些方法在机器人导航任务，如环境理解、定位建图以及路径规划中也发挥了重要作用。新兴机器学习技术不仅助力构建智能导航系统，解决复杂的实时状态估计和路线规划等问题，同时也大力推动了导航技术的智能化创新。本章旨在介绍基于学习的机器人智能导航方法。5.1 节将阐述相关基础概念，包括学习算法在机器人导航中的应用及其重要性；5.2 节将深入探讨传统机器学习方法在智能导航中的应用；5.3 节将进一步聚焦深度学习在机器人智能导航领域的实践；5.4 节将讨论基于强化学习的智能导航方法。通过这些基于学习的智能导航方法，机器人能更加深入地理解环境，更加准确地估计当前状态，并做出更优的决策，从而最终实现更加智能、自适应的导航系统。

本章知识点

- 决策树导航策略
- 随机森林路径规划
- 支持向量机避障策略
- 基于深度学习的智能导航方法
- 基于强化学习的智能导航方法

5.1　基于学习的机器人智能导航基础

5.1.1　机器人学习算法概述

机器学习的概念起源于 1952 年，当时 IBM（国际商业机器公司）的科学家 Arthur Samuel 开发了一款具有自学能力的跳棋游戏程序。该程序能通过学习当前的跳棋位置来指导后续的跳棋动作，并在不断执行中优化后续步骤。Samuel 认为这证明了机器可以像人类一样“学习”，并在 1959 年的文章中首次将“机器学习”定义为“无需显式编程即可提升计算机能力的研究领域”。1957 年，基于神经感知科学背景，Frank Rosenblatt 提出了一个类似于现代机器学习的模型，并设计了第一个计算机神经网络感知器 Perceptron。随后，神经网络研究人员 Rumelhart、Hinton 和 Williams 在 1986 年提出了多层感知机（Multi-Layer Perceptron，MLP）与反向传播（Back Propagation，BP）训练相结合的理念。同年，Quinlan 提出了著名的 ID3 决策树算法。该方法是一个基于对象属性与对象值之间映射关系的预测模型，具有规则简单、参考清晰的特点，能够较好地与现实生活中的应用情况相适应，从而较容易地进行部署。随后 Breiman 提出随机森林算法，其通过随机构建一个包含多个决策树的决策森林，降低单个决策树对训练噪声的敏感性，从而提高决策算法整体的鲁棒性。机器学习研究者 Cortes 和 Vapnik 则提出了支持向量机（Support Vector Machine，SVM）理论，这是机器学习领域中又一重大突破。上述模型结构可以看成带有单隐层或无隐层节点，这些模型为传统机器学习的理论分析和实际应用做出了突出贡献。

21 世纪初，随着机器学习领域研究的深入，其研究方向逐渐向深度学习（Deep Learning）发展。2006 年，机器学习领域的泰斗 Hinton 在顶尖科学刊物 *Science* 上发表的文章，首次提出了利用受限玻尔兹曼机（Restricted Boltzmann Machine，RBM）编码的神经网络深度学习算法。该算法使得神经网络的能力在很大程度上得到提高。由此，深度学习开始逐渐成为学术界和工业界的关注热点。随着深度学习研究的深入，大量深度学习模型方法被提出。其中 Yann LeCun 等研究者对 CNN（卷积神经网络）模型进行不断改进，并在图像识别领域应用获得了巨大成功；Hinton 改进原始自动编码器的结构并提出 DAE（去噪自编码器）模型。目前 DAE 已广泛应用于特征提取、降维降噪等诸多领域。长短期记忆（Long Short-Term Memory，LSTM）网络模型研究的日趋成熟，使得深度学习网络可以拥有时空推理能力。最新的注意力机制 Transformer 更是通过神经网络自动学习输入的注意力权重分布，能够在并行化训练序列信息的同时拥有全局信息，已被成功应用于语音识别、计算机视觉、环境感知、翻译以及经济预测等领域。

与依赖人类标注或自监督学习的深度学习不同，强化学习这一概念由 Minsky 在 1954 年首次提出，其训练数据集主要源自与环境的交互。强化学习基于明确的奖惩机制，并运用试错法进行训练，其中决策的学习实体被称为智能体。智能体的核心目标是学习在特定环境中行动，以实现累积奖励的最大化。这一方法被视为解决序列决策问题和构建智能决策系统的关键。现代计算机系统需应对多种复杂的决策任务，例如交通信号控制、工厂生产调度、医疗治疗规划、投资组合配置、网络通信路由设计以及网络游戏通关等。这些任务具有共同特点：它们需要一系列决策而非单一决策来完成，结果受到随机环境因素的影响，且其最终目标是通过特定指标（如交通流量、患者健康状况、商业利润或游戏胜利）来衡量的。这些指标的实现受到多个相互关联的决策及其随机结果的共同影响。这些复杂任务的最优决策策略通常是不明确的，甚至对于领域内的专家来说也难以确定。强化学习为此类问题提供了有效的解决方案。通过强化学习，智能体能够自主学习有效的策略，并准确地判断哪些决策能够带来积极的结果。1989 年，Watkins 提出的 Q-Learning 进一步拓展了强化学习的应用和完备了强化学习。Q-Learning 使得在缺乏立即回报函数（仍然需要知道最终回报或者目标状态）和状态转换函数的知识下依然可以求出最优动作策略，换句话说，Q-Learning 使得强化学习不再依赖于问题模型。

随着计算能力的提升，深度学习迅速发展，进而推动了深度强化学习的进步。2013

年，DeepMind 通过神经网络在 Atari 游戏中实现了超越人类玩家的表现，赢得了广泛关注。其成功的关键在于利用策略梯度和深度神经网络近似值函数和策略，有效规避了传统表格存储方法的空间占用大、查询效率低等问题，为强化学习指明了新的发展方向。同时，通过采用 Actor-Critic 学习方式，实现了值函数和策略的分离学习，使得策略在达到最优时能够引导值函数的更新。自此，深度强化学习已成为解决此类问题的重要工具，其应用实现了人工智能技术的重大飞跃。

5.1.2 基于学习的机器人智能导航原理

传统的导航算法主要分为基于地图的导航算法和无地图导航算法，如图 5-1 所示。无地图导航算法常采用反应式技术，该技术利用从图像分割、光流或帧间特征跟踪中提取的视觉信息。这类方法不依赖环境的整体描述，而是通过实时感知环境来实现系统导航、物体识别或地标跟踪。相对而言，基于地图的导航算法则需要完整的环境地图知识，然后根据度量地图或拓扑地图来规划最优路径并执行导航。在此类方法中，移动机器人的自主导航被细分为定位、地图构建和路径规划等子任务。定位是指精确确定机器人在环境中的当前位置，地图构建则是将周围环境的局部观测整合成一个统一的环境模型，而路径规划则是确定地图中的最优路径以实现环境中的有效导航。

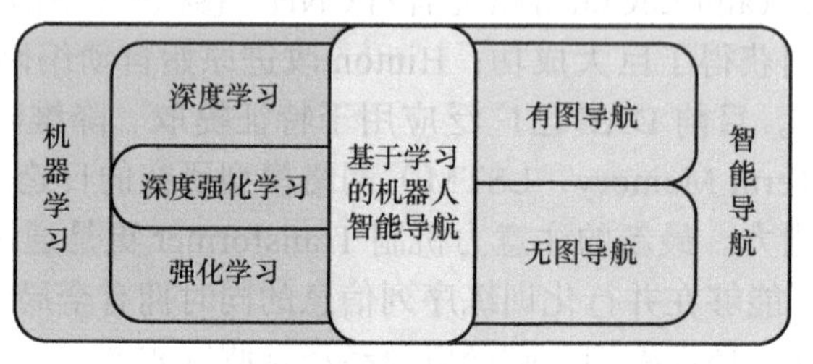

图 5-1 彩图

图 5-1 机器学习方法和智能导航的关系

基于传统机器学习的智能导航方法通过利用决策树、随机森林和 SVM 等算法，在路径规划和避障方面取得了显著的成果。这些方法不仅提高了导航系统的准确性和效率，还为解决复杂环境中的导航问题提供了有效的工具。决策树算法通过树状模型来表示可能的决策路径，每个节点代表一个属性判断，每条路径代表一种可能的决策结果。在导航系统中，决策树可以用于实现快速的行为决策，根据环境信息和目标点来选择最优的行动路径。这种方法直观且易于实现，特别适用于处理复杂的导航任务。随机森林则是一种集成学习方法，它通过构建多个决策树并结合它们的输出来提高预测的准确率。在路径规划中，随机森林可以用于评估不同路径的安全性，并根据多个影响因素（如道路等级、可视域、坡度和道路起伏）来确定最优路径。这种方法能够减少单个决策树可能产生的偏差，提高导航系统的鲁棒性。SVM 则是一种用于分类和回归分析的监督学习方法。在避障策略中，SVM 可以通过找到一个超平面来分割障碍物和自由空间，从而指导机器人避开障碍物。SVM 的优点在于其能够处理高维数据，并且在处理非线性问题时具有灵活性，这使得它在复杂环境中进行避障时具有显著的优势。

随着深度学习的发展，其在智能导航领域的应用已经取得了显著进展，为导航系统的灵活性和准确性带来了极大的提升。该技术通过学习大量数据来自动识别环境特征，实现动态的路径规划和决策。深度学习主要应用于环境语义感知、机器人状态估计以及同步定位与建图（SLAM）等方面。在环境语义感知方面，深度学习能够处理 3D 点云数据和视觉数据，实现精准的环境感知和理解。对于 3D 点云数据，深度学习可以进行物体分类、目标检测和分割等任务，提高导航过程中机器人对周边环境的理解能力。在视觉语义感知方面，深度学习通过卷积神经网络（CNN）实现图像语义分割，为导航提供丰富的细节语义信息和局部特征。深度学习还在机器人状态估计方面发挥重要作用。通过结合惯性数据和视觉数据，深度学习能够实现更精准的状态估计，提高导航的准确性。此外，深度学习还被应用于 SLAM 技术中，通过结合传感器数据采集、前端里程计、后端优化等模块，实现自主定位和导航。深度学习在激光 SLAM 和视觉 SLAM 中都有广泛应用，通过引入深度学习技术，SLAM 系统可以获得更高的精度和更强的环境适应性。

随着强化学习技术的不断进步，其在智能导航领域的应用日益广泛。基于强化学习的智能导航方法指导机器人或人工智能体（Agent）在无需先验地图的条件下，通过自身主动地探索和记忆来构建对环境、目标和任务的理解，实现完全自主的导航，如图 5-2 所示。此类方法将复杂的导航任务转化为一系列决策序列问题，展现出比传统几何导航方法更高的自主性和智能性。强化学习导航算法主要分为三大类：基于值函数的强化学习导航、基于策略梯度的强化学习导航以及基于深度强化学习的导航。在基于值函数的强化学习导航方法中，机器人通过与环境的交互，以状态值函数或状态 – 动作值函数为依据来学习最优策略，其中 Q-learning 和 SARSA 算法是此类方法的代表。而基于策略梯度的强化学习导航方法则使用神经网络来拟合策略函数，通过直接更新网络参数生成最佳策略，其中 PPO 和 DPG 算法分别代表了随机性和确定性策略梯度的主流方法。在基于深度强化学习的导航方面，DQN 算法结合了深度神经网络来处理更大的状态 – 动作空间，但仍局限于离散动作空间。DDPG 算法则将其扩展到连续动作空间，实现了更广泛的应用。此外，为了应对高维度状态和特殊地形的挑战，分层深度强化学习方法被提出，通过将复杂导航问题分解为简单的子问题来求解全局导航策略，进一步提升了导航的智能性和自主性。

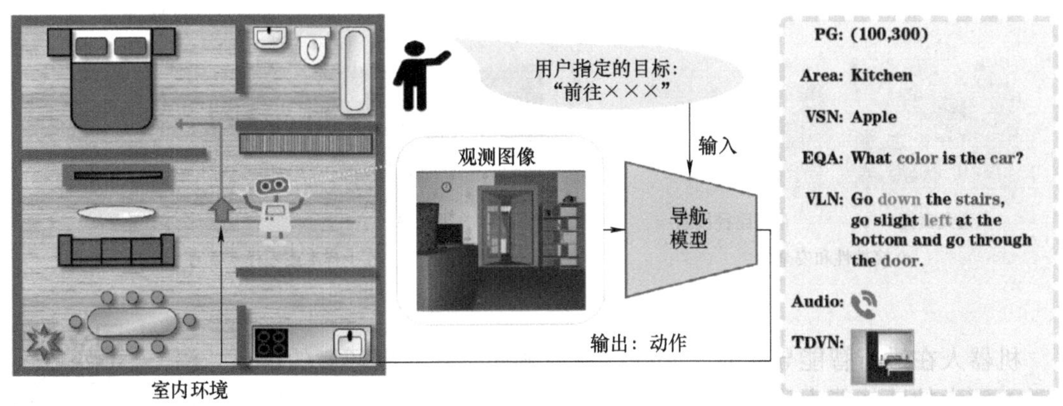

图 5-2 三维室内场景中的智能导航示例

5.1.3 学习算法在机器人导航中的问题和挑战

图 5-2 彩图

目前基于学习的机器人智能导航仍在不断发展中，还面临着一系列问题和挑战，如图 5-3 所示。在基于学习的机器人智能导航中，样本效率问题是一个不可忽视的核心难题。例如强化学习算法，其依赖于智能体与环境的不断交互来学习并优化行为策略。然而，经典的强化学习算法，如 Q-learning，在实际应用中常常需要海量的训练样本来逼近最优解，这在很多场景下是不切实际的。因此，如何提高样本的利用效率就显得尤为重要。为了解决这个问题，研究者们提出了各种方法，如经验回放、目标网络等，旨在通过更有效地利用已有样本来加速学习过程。少样本或零样本学习也是一个极具挑战性的任务。在实际应用中，机器人经常遇到缺乏经验或完全没有经验的目标。在这种情况下，如何利用高级别的语义特征或空间关系的先验知识来推理可能的目标位置就显得尤为重要。为了实现少样本或零样本学习，研究者们提出了迁移学习、元学习等。这些方法旨在通过利用已有的知识和经验来加速新任务的学习过程。然而，这些方法在实际应用中仍然面临诸多挑战，是未来研究的重要方向。

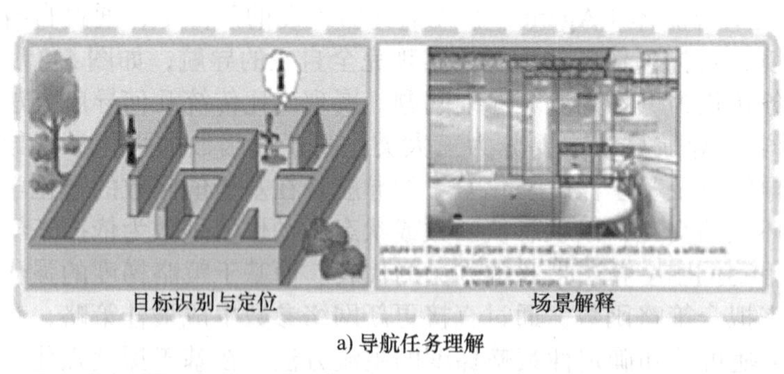

a) 导航任务理解

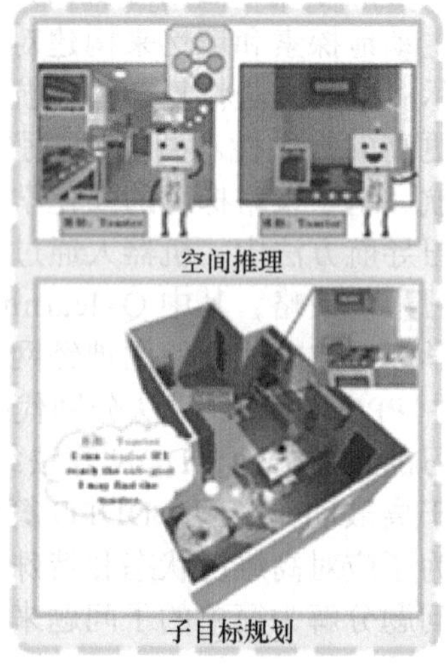

e) 泛化能力

b) 探索策略

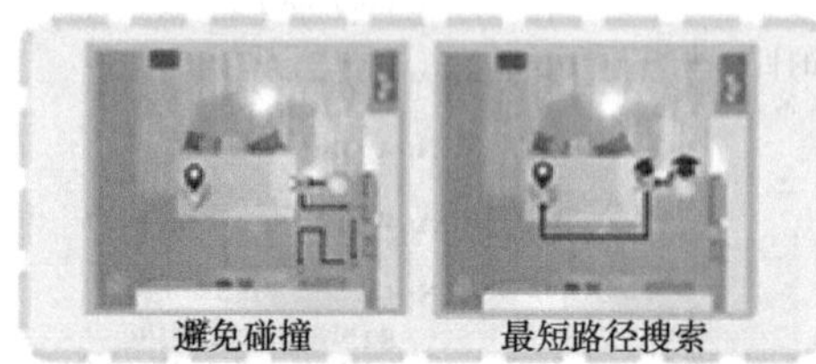

d) 高效性和安全性

c) 少样本或零样本学习

图 5-3　基于学习的机器人智能导航的问题与挑战

图 5-3 彩图

机器人在进行智能导航时，必须准确理解和感知周围环境的信息。深度学习强大的感知能力为机器人导航提供了强大的支持。然而，随着环境复杂性的增加，机器人需要从观测图像中精确识别和定位目标，同时理解图像中的物体类别、关系以及距离等深层次信息。为了实现这一目标，研究者们不断探索更先进的神经网络结构和算法，以提高机器人的感知和理解能力。此外，还需要考虑如何将这些感知信息与机器人的决策系统有效地结合起来，以实现更加智能和高效的导航。

在机器人智能导航中，有效的探索策略是至关重要的。当目标不在机器人的视野范围内时，机器人需要学会如何合理地探索环境以找到目标。这就要求机器人能够利用已有的空间关系知识进行智能推理和子任务规划，从而制定出合理的探索策略。为了实现这一目标，研究者们提出了各种探索策略，如基于好奇心的探索、基于模型的探索等。这些策略旨在通过平衡探索和利用的关系，使机器人在有限的时间内找到目标并完成任务。然而，如何设计更加有效的探索策略仍然是当前研究的一个重要方向。

在追求机器人导航的高效性时，安全性也是一个不可忽视的方面。机器人在寻找目标的过程中，需要制定合理的、安全的动作以避免与障碍物碰撞并搜索最短路径。为了实现这一目标，研究者们提出了各种路径规划和避障算法。这些算法旨在通过优化机器人的运动轨迹来提高导航的高效性和安全性。然而，在实际应用中，如何平衡高效性和安全性仍然是一个具有挑战性的问题。例如，在某些情况下，为了追求更高的效率，机器人可能需要冒险通过狭窄或复杂的环境，这可能会增加碰撞的风险。因此，如何设计更加智能和安全的导航算法是当前研究的一个重要方向。

泛化能力也是实现高效导航的关键因素之一。在实际环境中，目标可能具有不同的颜色、形状和大小等属性，而场景也可能具有不同的布局和背景等特征。因此，要求机器人能够适应这些视觉差别以实现高效的导航是非常重要的。为了提高机器人的泛化能力，研究者们提出了各种方法，如数据增强、领域自适应等。这些方法旨在通过增加训练数据的多样性和提高模型的鲁棒性来提升机器人的泛化能力。然而，在实际应用中仍然面临诸多挑战，如如何设计更加有效的数据增强策略、如何选择合适的领域自适应方法等，这些都是未来研究的重要方向。同时还需要考虑如何将这些方法与其他技术相结合以进一步提高机器人的导航性能。

5.2　基于传统机器学习的智能导航方法

5.2.1　决策树导航策略

决策树（Decision Tree，DT）算法是一种常用于数据分类与回归分析的方法。该算法从众多没有秩序、缺乏规律的事例中推理出一种分类规则并通过决策树的形式表现出来。自顶向下的递归思路是决策树分类算法通常采用的一种办法。通过树节点间进行属性值比较，根据判断结果自当前节点向下展开深入的判断，直至对全部叶节点判断完毕，此时树所呈现的结果便是分类结果。决策树中的节点表示一个属性，测试结果则输出在叶节点的分支中，不同条件对应的结果在下一层的节点中进一步验证。因此，从决策树的根到叶节点的每条路径便对应了一种选择办法，越靠近根部的节点的属性权重值越高。从整体上看，算法得到的整棵决策树揭示了一组表达式规则，通过该规则人们可以有效地分辨属性权重差异。

1. 决策树分类算法的整体流程

决策树分类算法由决策树的生成和修剪两个步骤组成。生成算法通过输入一组带有类别标记的样本参数来构造一棵二叉或多叉的决策树。对于二叉树，节点通常代表一种逻辑判断，每条则对应一种判断结果。对于多叉树，节点代表训练集的属性，边则是该属性的取值，属性值的数量决定了决策树边的数量，树的叶节点是类别标记。决策树构造过程采用的方法是自上而下的递归方法，具体步骤如下：

1）输入：样本训练集 samples；候选属性集 attribute_list。其中，samples 中的属性值为离散状态。

2）输出：由给定样本产生的一棵决策树。

① 创建节点 N。

② 如果 samples 均属于同一个类 C，那么返回 N 作为叶节点，并标记类 C，程序结束。

③ 如果集合 attribute_list 值为空，标记为 samples 中最普通的类，同时返回 N 作为叶节点，程序结束。

④ 选择 attribute_list 中信息增益值最高的属性 h_attribute。

⑤ 标记节点 N 为 h_attribute。

⑥ 对于 h_attribute 中的每一个已知值 Si，由节点 N 生长出一个条件为 h_attribute=Si 的分枝。

⑦ 设 Si 是 samples 中满足条件“h_attribute=Si”的样本的集合，倘若 Si 为空，则添加一个叶节点，并将其标记为 samples 中最普通的类，否则加上一个 Generate_decision_tree（Si，attribute_list，h_attribute）返回的节点。

决策树生成过程中最为关键的难题在于如何选择好的逻辑判断或属性，但选择合适的属性构造决策树属于 NP 困难问题，因此只能采用启发式策略来进行属性选择。属性选择依赖于对各种样本子集的不纯度度量方法，包括信息增益、信息增益比、证据权重、最小描述长度等。

2. 基于决策树的导航系统设计

由于机器人运动环境复杂，因此很难建立精确的地图模型来引导机器人的导航。现有工作针对未知环境的导航问题，设计了两级决策系统。第一级以距离传感器的探测数据作为模糊算法的输入，输出机器人运动线速度和角速度的强度因子；第二级以局部环境下的虚拟路径子目标点和目标点、障碍物分布信息作为输入，由行为决策树输出相应行为。

第一级决策：机器人运动强度模糊决策。当机器人处于导航运动时，其运动策略应随周围环境状态的改变而改变，例如当靠近障碍物时，机器人的运动速度减缓；当远离障碍物时，机器人则全速运动。图 5-4 所示为机器人运动强度模糊决策的过程，由距离传感器和机器人的当前位姿作为输入，对机器人探测到的最近障碍物信息进行模糊化，再根据推理规则输出其强度因子。

具体的最近障碍物模糊隶属函数由具体机器人的机械结构及工作环境决定。将障碍物距离输入变量 d 的论域划分为 {VN, N, LF, F}。其中，VN 表示“非常近”，N 表示“近”，LF 表示“有点远”，F 表示“远”，由里往外依次定义：推离层、危险层、警惕层和安全层。

第二级决策：行为决策系统。行为决策系统根据人类寻路经验建立合适的推理规则来选择行为，引导机器人到达目标。使用决策树很容易实现快速的行为决策 AI 系统。本质上，决策树就是对一系列问题所提供的数据进行评估，并给出一个建议模型，来解释这些数据，以此做出准确的预测。决策树的架构能够承受大量的输入信息，并且可将训练过的问题集转换为树的节点，利用这些节点得出最终答案。如图 5-5 所示，利用决策树进行设计的行为决策系统相当简单，易于在计算机上实现，相比包容式的行为决策结构，更加灵活和易于扩展。图 5-5 中的“原地旋转寻找目标行为”是转向目标行为的变体，此时机器人线速度 $v=0$，因此用点画线表示。

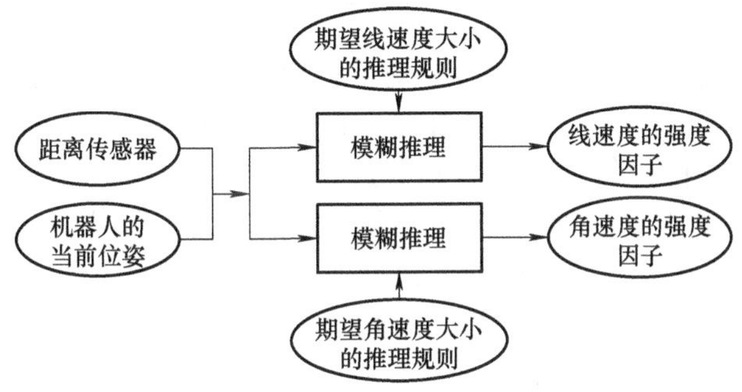

图 5-4　机器人运动强度模糊决策的过程

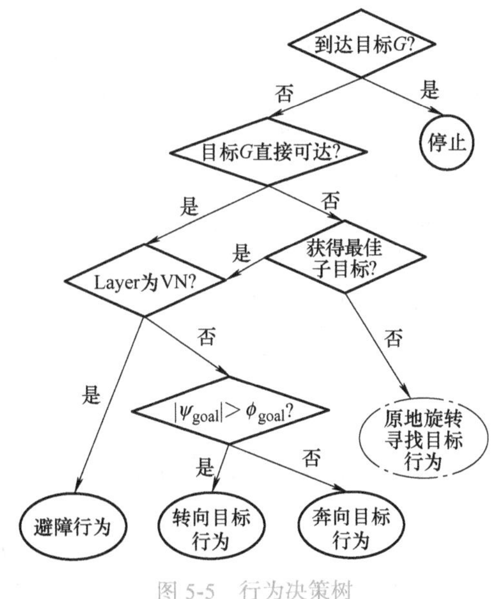

图 5-5　行为决策树

5.2.2　随机森林路径规划

随机森林（Random Forest，RF）是一种灵活的机器学习算法，其核心思想是集成学习（Ensemble Learning）。集成学习的方法主要有两种，即 Boosting 和 Bagging。随机森林算法是一种典型的 Bagging 方法，它是一种自助式的聚合模型，通过从一组训练样本中随机选择，使每棵决策树的训练集相互独立，从而构建决策树。集成学习考虑多个评估器的建模结果，综合结果是由汇总之后得到的，相比单个模型的回归或分类有更好的表现。

降低随机森林方差的有效方法是在每棵树的构建过程中随机选择一部分样本和特征。每棵树的分类依据都不同，通过引入数据和特征的随机性，使得随机森林中的每棵树都具有独特的贡献。通过 K 轮的训练，将每棵树的分类结果进行投票，得到一个分类模型序列 $\{h_1(X), h_2(X),\cdots, h_k(X)\}$，选择得票最多的分类结果作为整个随机森林的分类结果，最终的分类决策如下：

$$H(x)=\mathrm{argmax}\sum_{i=1}^{k}I(h_i(x)=Y) \tag{5-1}$$

式中，h_i 为单棵决策树的模型；Y 为目标变量；$H(x)$ 表示多数投票的机制，确定最后的分类。随机森林的具体工作流程如下：首先，它为每棵树制作一个训练集来创建基础决策树。在建树过程中，在树的每个节点分割上选择一个随机的特征子集。根据预定的标准、基尼系数或均方差对这些选定的特征进行评估，然后考虑最佳特征。由于算法中运用了随机化技术，因此创建一个多样化的树群。最后通过投票的方式将所有的树结合起来。随机森林在不增加偏差的情况下减少了方差，因此它的概率误差小于单一的决策树。

机器人在实际的路径规划应用中，需要考虑多方面的影响，例如安全性、可通过性、能耗、速度等。下面将以安全性为例，详细说明一种基于随机森林的路径规划方法。

1. 随机森林确定道路速度

影响机器人运动的安全因子主要有可视域、道路等级、坡度和道路起伏度等，结合道路长度和影响运动的安全因子构建运动安全性权重。受不同环境地形的共同作用，很难直接构建影响因子与安全运动速度之间的函数关系。故选取典型路段，利用经验人为确定合理的运动速度，并获取样本相应的环境因子数据，采用随机森林分类获得其他路段的安全运动速度。将道路等级、可视域、坡度和道路起伏度作为训练样本的自变量，将速度作为训练样本的因变量，使用随机森林法对样本进行分类训练，具体步骤如下：

1）针对原始训练数据集，随机有放回地选择 30% 样本数据作为训练集，重复操作 N 次，共选择 M 个用于随机森林分类的决策树。

2）将提取的样本数据放回原始训练数据集中，并在此基础上重新随机选取样本数据作为下一层决策树。

3）重复步骤 2)，形成足够多的决策树并组合成随机森林模型，理论上决策树越多，效果越好。

4）将预测数据集输入模型，并统计每组预测数据的多层决策树结果，得到安全性权重赋值结果。对于未采样路段，其数据根据随机森林模型的预测结果确定。

在此基础上还可以进行模糊推理，使用多个具有相似性典型路段样本的联合权重，作为未采样路段的权重，可避免随机森林法只将权重简单分为某一类样本的情况。

2. 最短路径阻抗设置

阻抗函数的设置以减小机器人运行速度、增加阻抗作为提升运动安全性的原则，即在多影响因子的作用下，道路安全性越差，则运动速度下降越多，道路阻抗越大，以减少在路径优化过程中安全性低路段的通过率。用安全运动速度作为安全性权重，调节道路长度权重，从而实现以安全性权重影响阻抗、以阻抗影响路径规划的目的，最终获得复杂地形下安全运动的最佳路径。

5.2.3　支持向量机避障策略

支持向量机（Support Vector Machine，SVM）是一种经典的机器学习算法，其主要思想是通过将数据映射到高维空间来找到一个超平面，该平面的作用是分割不同类别的数据，以使得不同类别之间的边界最大化。实现该分类器的关键在于找到大量的边界约束条件，随着维度的增加，分类器的复杂性也会增加。获得良好的泛化性能是 SVM 的主要目的。在二分类问题中，SVM 可以通过构建一个超平面将数据分为两类。这个超平面被称为分离超平面，在最大化边界距离的同时将属于不同类别的数据分割开来。SVM 的优点在于可以处理高维数据，并且可以灵活地选择核函数来处理非线性问题。

1. SVM 算法的整体流程

假设有样本训练集 X 为

$$X=\{(\boldsymbol{x}_i,y_i)|\boldsymbol{x}_i\in R^N,y_i\in\{-1,+1\},i=1,2,3,\cdots,n\} \tag{5-2}$$

式中，$\boldsymbol{x}_i$ 为 N 维欧式空间中的向量；y_i 表示 $\boldsymbol{x}_i$ 的类别标识。

假设样本训练集 X 只包含两个类别，根据统计学习理论可知必存在一个分类超平面 H，使得样本训练集 X 中的两类样本完全分开。

设分类超平面 H 方程为

$$\boldsymbol{w}\cdot\boldsymbol{x}+b=0 \tag{5-3}$$

式中，$\cdot$ 表示向量内积；$\boldsymbol{w}$ 为分类超平面 H 的法向量。则存在分类超平面 H_1 和 H_2 分别为

$$\begin{cases}H_1:\boldsymbol{w}\cdot\boldsymbol{x}_i+b=+1,\ y_i=+1\\ H_2:\boldsymbol{w}\cdot\boldsymbol{x}_i+b=-1,\ y_i=-1\end{cases} \tag{5-4}$$

分类超平面 H_1 和 H_2 之间的距离称为分类间隔（Margin），则有 $\text{Margin}=2/w$，其中 w 为向量 $\boldsymbol{w}$ 的范数，当 Margin 最大时，分类超平面 H 称为最优分类超平面。以最简单的二维特征空间为例，如图 5-6 所示，横纵坐标分别代表该特征空间两个独立的特征维度，训练样本在该特征空间以二维向量的形式表示。

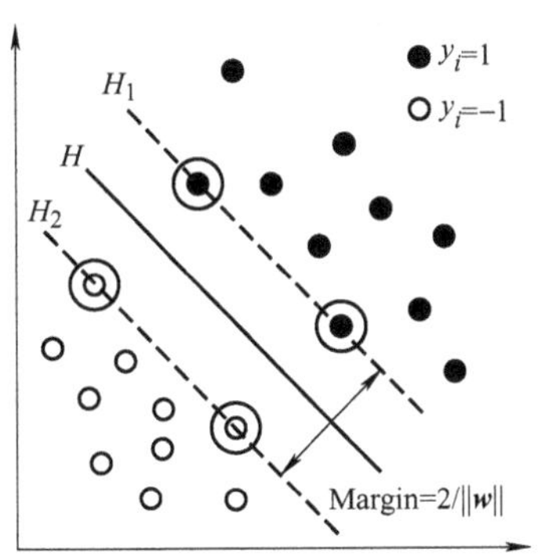

图 5-6　SVM 的原理

显然，$\forall\boldsymbol{x}_i\in X$，有

$$\begin{cases}\boldsymbol{w}\cdot\boldsymbol{x}_i+b\geqslant+1, y_i=+1\\ \boldsymbol{w}\cdot\boldsymbol{x}_i+b\leqslant-1, y_i=-1\end{cases} \tag{5-5}$$

则有

$$y_i(\boldsymbol{w}\cdot\boldsymbol{x}_i+b)-1\geqslant 0, i=1,2,3,\cdots,n \tag{5-6}$$

则获取最优分类超平面 H 问题等价于

$$\begin{cases}\min\left(\dfrac{1}{2}\boldsymbol{w}^2\right)\\ \text{s.t.}y_i(\boldsymbol{w}\cdot\boldsymbol{x}_i+b)-1\geqslant 0, i=1,2,3,\cdots,n\end{cases} \tag{5-7}$$

构造 Lagrange 函数为

$$L(\boldsymbol{w},b,a)=\frac{1}{2}\boldsymbol{w}^2-\sum_{i=1}^{n}a_i(y_i(\boldsymbol{w}\cdot\boldsymbol{x}_i+b)-1) \tag{5-8}$$

式中，$a_i\geqslant 0$，$i=1,2,3,\cdots,n$，a_i 为 Lagrange 因子。

Lagrange 函数 $L(\boldsymbol{w},b,a)$ 分别对 $\boldsymbol{w}$ 和 b 求偏微分，得

$$\begin{cases}\dfrac{\partial L(\boldsymbol{w},b,a)}{\partial \boldsymbol{w}}=\boldsymbol{w}-\sum\limits_{i=1}^{n}a_iy_i\boldsymbol{x}_i=0\\ \dfrac{\partial L(\boldsymbol{w},b,a)}{\partial b}=-\sum\limits_{i=1}^{n}a_iy_i=0\end{cases} \tag{5-9}$$

由 KKT 条件，最优解应当满足：

$$a_i(y_i(\boldsymbol{w}\cdot\boldsymbol{x}_i+b)-1)=0, i=1,2,3,\cdots,n \tag{5-10}$$

由式（5-8）和式（5-9）可得到式（5-7）的等价对偶形式为

$$\begin{cases}\min\limits_{a}\dfrac{1}{2}\sum\limits_{i=1}^{n}\sum\limits_{j=1}^{n}a_ia_jy_iy_j(\boldsymbol{x}_i\cdot\boldsymbol{x}_j)\\ \text{s.t.}\sum\limits_{i=1}^{n}a_iy_i=0\end{cases} \tag{5-11}$$

实际上，只有很少一部分 a_i 不为零，当 a_i 不等于 0 时，所对应的样本向量 $\boldsymbol{x}_i$ 被称为支持向量（Support Vector，SV），在图 5-6 中那些在分类超平面 H_1 和 H_2 上的点就是支持向量。因此由式（5-9）和式（5-10）可得到最优权值向量 $\boldsymbol{w}^*$ 和最优偏移值 b^*，有

$$\begin{cases}\boldsymbol{w}^*=\sum\limits_{a_i^*>0}a_i^*y_i\boldsymbol{x}_i\\ b^*=y_j-\sum\limits_{a_i^*>0}y_ia_i^*(\boldsymbol{x}_i\cdot\boldsymbol{x}_j), \forall j\in\{j\mid \boldsymbol{a}_j^*>0\}\end{cases} \tag{5-12}$$

得到最优分类函数 $f(x)$ 为

$$f(x)=\text{sgn}(\boldsymbol{w}^*\cdot\boldsymbol{x}+b^*), \boldsymbol{x}\in R^N \tag{5-13}$$

2. 结合 SVM 算法的机器人避障策略

移动机器人避障就是根据通过对移动机器人传感器对环境中障碍物进行测试所获得测试数据的处理结果，判断移动机器人下一步的行进方向。以六个前进方向的移动机器人为例，如图 5-7 所示。

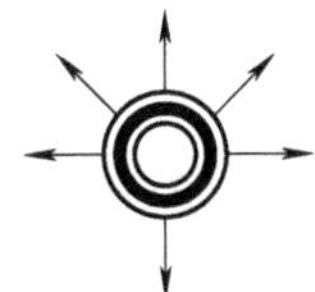

图 5-7　移动机器人可选前进方向

SVM 算法分类器是通过对已知样本训练集进行训练获得的，首先在完全已知的环境中，将通过移动机器人的传感器获取的测试数据作为训练数据。

SVM 分类构造的步骤如下：

1）首先根据获取的测试数据建立训练集 $D = \{(\boldsymbol{x}_1, y_1), (\boldsymbol{x}_2, y_2), \cdots, (\boldsymbol{x}_m, y_m)\}$。

2）选取径向基函数（Radial Basis Function，RBF）：

$$K(\boldsymbol{x}_i, \boldsymbol{x}_j) = \exp(-r\,\|\boldsymbol{x}_i - \boldsymbol{x}_j\|^2),\ r>0$$

3）根据获取的 RBF 和参数求得最优解 $\boldsymbol{w}^*$ 和 b^*。

4）把 RBF、最优解 $\boldsymbol{w}^*$ 和 b^* 代入，获得最优分类函数 $f(\boldsymbol{x})$，从而完成 SVM 分类器的构造。 127

SVM 算法设计移动机器人避障的步骤如下：

1）从六种类别中分别选取两个不同类别构成一种 SVM 子分类，这样共有 15 种 SVM 子分类，然后针对 15 种 SVM 子分类通过对已知样本训练的训练集分别构造 15 个 SVM 分类器，获得 15 个最优分类函数 f_{ij}（i，j=1，2，…，6，且 $i \neq j$，f_{ij} 表示第 i 类和第 j 类两种类别的 SVM 分类器）。

2）通过移动机器人的传感器获取待处理数据 $\boldsymbol{x}$。

3）计算 $f_{ij}(\boldsymbol{x})$，当 $f_{ij}(\boldsymbol{x}) = +1$ 时表示 $\boldsymbol{x}$ 属于第 i 类，当 $f_{ij}(\boldsymbol{x}) = -1$ 时表示 $\boldsymbol{x}$ 属于第 j 类。

4）统计“得票”数，针对 15 个最优分类函数的计算结果进行“投票”统计，设 $V_i(i = 1, 2, \cdots, 6)$ 为记录第 i 个类别的票数，当 $f_{ij}(\boldsymbol{x}) = 1$ 时 V_i 加 1，当 $f_{ij}(\boldsymbol{x}) = -1$ 时 V_j 加 1。

5）根据最终“得票”的统计，则 $\boldsymbol{x}$ 属于“得票”数最多的那一类，移动机器人根据这一结果选择下一步的动作。

5.3　基于深度学习的智能导航方法

深度学习已经成为推动各行各业创新的关键技术之一。特别是在智能导航领域，深度学习技术的应用为解决复杂的导航问题提供了新的视角和方法。传统的导航系统依赖于预设的路线和规则，而基于深度学习的智能导航方法能够通过学习大量的数据，自动识别环境特征，实现动态的路径规划和决策，显著提高了导航系统的灵活性和准确性。随着移动计算技术和人工智能的迅速进步，智能导航系统不仅仅被应用于传统的地图导航和定位服务，还被广泛应用于自动驾驶、无人机、机器人导航等领域，极大地拓宽了其应用范围。本节主要介绍深度学习在环境语义感知、机器人状态估计以及同步定位与建图中的应用。

5.3.1 基于深度学习的环境语义感知

1. 基于深度学习的 3D 点云语义感知

随着 3D 技术与传感器（如激光雷达、RGB–D 相机）的发展，基于 3D 数据（点云）的深度学习同样备受关注，并且已经得到了广泛的应用，如激光三维重建、计算机视觉与自动驾驶等。

3D 点云是 3D 数据中最常见的一种，也是近年来的研究热点之一。3D 点云主要是由 3D 激光雷达或 RGB–D 相机扫描获得的 3D 数据，是在同一空间参考系下表达目标空间分布和目标表面特性的海量 3D 点集合。3D 点云的表示形式主要有四种，即点云、网格、体素和 RGB 深度图，如图 5-8 所示，其表示形式简单，且在 3D 空间中保留了原始的几何信息，不需要进行任何离散化处理，有利于充分挖掘数据中的深层信息，提高导航过程中机器人对周边环境的理解能力。

a) 点云

b) 网格

c) 体素

d) RGB深度图

图 5-8 彩图

图 5-8 3D 点云的表示形式示意图

近年来，3D 点云的深度学习成为 3D 点云研究领域的热点。3D 点云的深度学习面临三个主要挑战：一是非结构化的排列，即点云是一系列不均匀的采样点，这就使得点云中各点之间的相关性很难被深度神经网络进行特征提取；二是点云的无序化排列，即点云的排列方式无特定的顺序，在几何上，点的顺序不影响它在底层矩阵结构中的表示方式，这就使得点云特征提取的算法都必须不受输入点云排列次序的影响；三是点云数量的不确定性，即点云数量的大小因不同的传感器而不同。研究者提出了众多方法来应对这些挑战，并且可以根据任务形式大致划分为 3D 点云形状分类、3D 点云目标检测、3D 点云分割，如图 5-9 所示。

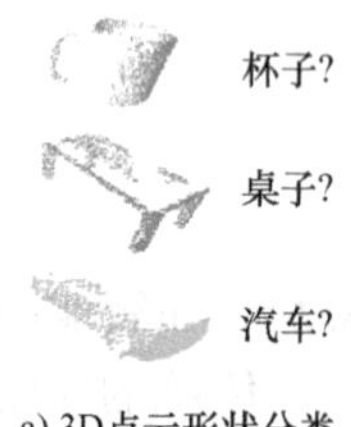

a) 3D点云形状分类

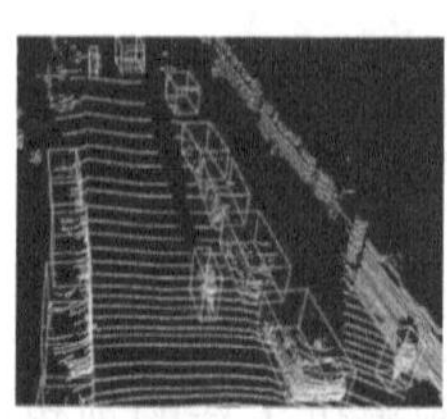
b) 3D点云目标检测

c) 3D点云分割

图 5-9 彩图

图 5-9 不同任务示意图

3D 点云形状分类的主要任务是提取一个具有高度判别能力的形状描述子，也可称为全局形状嵌入（Global Shape Embedding），通常为一个高维特征向量，然后将其输入至全连接层以实现 3D 形状分类。3D 点云目标检测的主要任务是基于输入的场景点云，在所有被检测物体的周围构建一个有方向的 3D 包围盒，以实现对目标的准确定位。3D 点云分割的主要任务是了解全局几何结构以及每个点的细粒度细节，将点云中的每个点分配到相应的类别。根据分割粒度的不同，点云分割方法可以分为语义分割、实例分割和部件分割。

3D 点云分割是自动驾驶导航规划、工业自动控制抓取等高级人工智能任务的基础任务，也是目前 3D 计算机视觉、深度学习中的研究热点，下面主要针对 3D 点云分割任务选择了部分经典模型进行详细介绍。

（1）PointNet

目前，人们已经借助深度学习技术成功地解决了各种 2D 视觉问题。然而，使用深度神经网络处理 3D 点云仍面临着一些独特挑战，因此，将深度学习应用于 3D 点云领域仍有很大的发展空间。点云是一种非结构化数据，具有无序性、旋转性等特性，在直接利用点云特征进行分类分割的方法出现之前，使用深度学习方法处理点云数据时，往往先将其投影到 2D 栅格中获取鸟瞰图、前视图等，然后将这些不同视角的数据相结合，以实现对点云数据的认知。又或是将点云数据体素化后作为深度网络模型的输入，以方便进行卷积操作，但这会导致数据变得异常庞大，同时该方法的精度依赖于 3D 空间的分割细粒度，3D 卷积运算的复杂度也较高。PointNet 是点云深度学习的开篇之作，它构建了一个深层次网络，直接对无序非结构化的点云数据进行分类分割处理，其网络结构如图 5-10 所示。

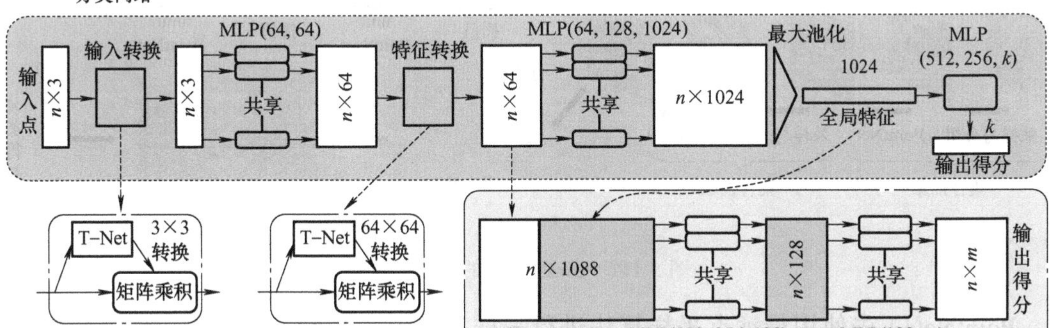

图 5-10　PointNet 的网络结构

针对点云的非结构化特性，PointNet 使用 MLP 处理。MLP 的作用是提取特征，并进行升维。输入的点可以看成一个 $n\times3$ 的矩阵（这里仅考虑三维坐标）。采用大小为 3×1 的卷积核进行卷积处理。这样处理输出就变成 $n\times1$ 维。卷积核的个数为 64 个，所以输出变成 $n\times64$ 维。然后使用大小为 1×1 的卷积核进行卷积处理，卷积核的个数为 64 个，输出就变成 $n\times64$ 维。需要注意的是，1×1 的卷积，是对输入数据 64 个通道进行卷积求和，作为输

图 5-10 彩图

出值。卷积核的个数为64，所以输出的通道为64。经过多次MLP，一直到1024维。

针对点云的无序性，PointNet使用最大池化处理。升维操作后，进行最大池化操作，经过最大池化处理后，得到全局特征，维数为1×1024维。对1024维的向量，经过多次MLP处理，降到k维，对应的分类是得分向量。分割需要对原始的点进行处理，而经过最大池化处理之后，得到一个全局特征向量，没有与每个点进行对应。将卷积得到的结果$n\times64$和$n\times1024$拼接起来，得到$n\times1088$维矩阵。这样得到的结果既保留了每个点的信息，又将全局的信息融入进来。然后经过多次MLP，得到$n\times m$维结果。

针对几何变换的问题，PointNet应用了轻量级网络T-Net学习一个仿射变换，将点云调整到最有利于网络进行分类和分割的角度。在PointNet中一共进行了两次转换，第一次转换是对输入空间中的点云进行调整，即将点云旋转到一个利于分类和分割的角度；第二次转换是将点云提取出的64维特征进行对齐，是在特征层面的转换。

（2）PointNet++

PointNet有效改善了原始点云旋转不变性差的问题，广泛应用于分类、部件分割和语义分割等任务，但存在过分关注全局特征而忽略局部特征的问题，没有考虑点与点之间的结构信息，也没有充分考虑到点云密度不均匀所造成的不利影响等问题，难以适应复杂场景。PointNet++就上述问题提出了改进，主要解决了两个问题：如何对点云进行局部划分；如何对点云进行局部特征提取，其网络结构如图5-11所示。

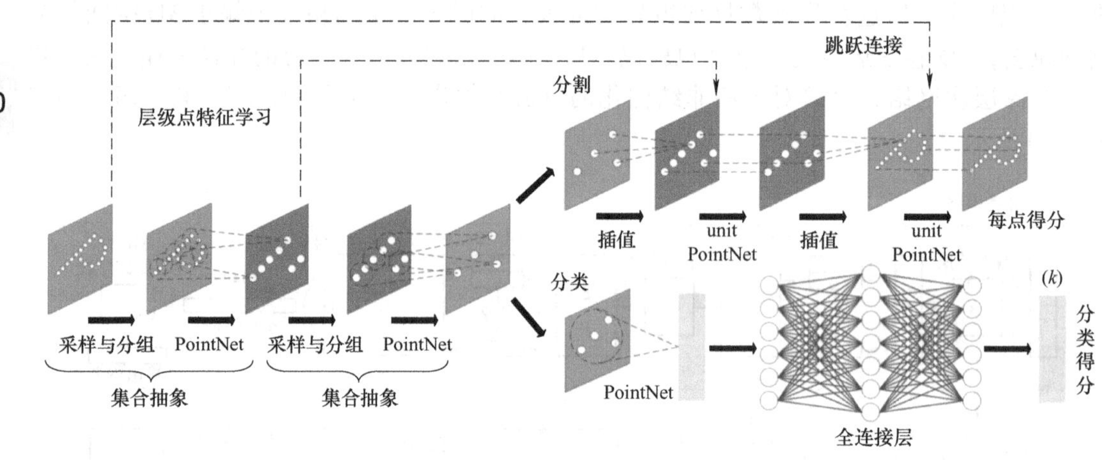

图5-11　PointNet++的网络结构

PointNet++先使用最远点采样算法进行采样，得到一些局部中心点，然后通过局部中心点进行分组，使用PointNet提取组内点的特征，即提取了点云的局部特征。最远点采样算法的流程如下：

图5-11彩图

1）随机选择一个点作为初始点作为已选择采样点。

2）计算未选择采样点集中每个点与已选择采样点集之间的距离distance，将距离最大的那个点加入已选择采样点集。

3）更新distance，一直循环迭代下去，直至获得目标数量的采样点。

2. 基于深度学习的视觉语义感知

语义分割任务是很多计算机视觉任务的前提与基础，在虚拟现实、无人驾驶等领域具有重要的应用价值。深度学习技术的快速发展，尤其是卷积神经网络（Convolutional Neural Network，CNN）的出现，使得图像语义分割取得了长足的进步。基于深度学习的语义分割方法大多是全监督学习模型。全监督学习模型的语义分割方法即采用人工提前标注过的像素作为训练样本，语义分割的步骤如下：①人工标注数据，即给图像的每个像素预先设定一个语义标签；②运用已标注的数据训练神经网络；③语义分割。人工标注的像素可以提供大量的细节语义信息和局部特征，以便高效精准地训练网络。下面针对语义分割任务选择了部分经典模型进行详细介绍。

（1）FCN

FCN 是最早提出的全卷积网络（Fully Convolutional Network），它以全监督学习的方式分割图像，输入图像的大小不受限制，能够实现端到端的像素级预测任务，其网络结构如图 5-12 所示。

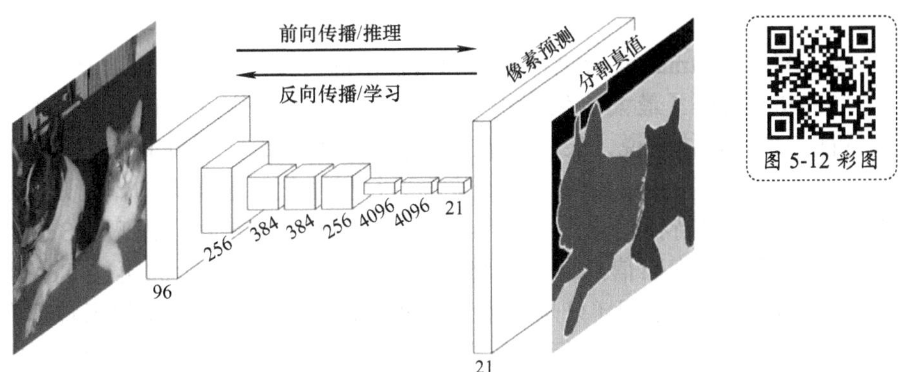

图 5-12　FCN 的网络结构

FCN 将 VGG-16（Visual Geometry Group 16-Layer Network）算法的全连接层替换为卷积层。其工作流程为：

1）图像输入卷积神经网络之后，进行一系列的卷积和池化操作提取特征图。

2）通过反卷积层对特征图进行上采样处理。

3）进行像素分类并把粗粒度的分割结果转换成细粒度分割结果。

FCN 成功地将图像分类网络拓展为语义分割网络，可以在较抽象的特征中标记像素的类别，为图像语义分割领域做出了卓越贡献。FCN 是后续图像语义分割领域中众多优秀模型的基础框架，但 FCN 也存在语义分割结果不够精细、无法实时分割、没有有效地考虑全局上下文信息、对细节信息不够敏感等缺点。

（2）SegNet

SegNet 是基于编码器 – 解码器的网络结构，编码器的 backbone 采用 VGG-16（去除 FC 层）。其网络结构如图 5-13 所示。

SegNet 的工作流程如下：

1）在编码过程中，通过卷积提取特征，SegNet 使用 padding=same 的卷积，即执行卷积操作后保持图像原始尺寸。

2）在解码过程中，同样使用 padding=same 的卷积对缩小后的特征图进行上采样，不过卷积的作用是为了丰富上采样的图像信息，使得在编码器的池化过程中丢失的信息可以通过学习解码器得到。

3）对上采样后的图像进行卷积处理，来完善图像中物体的几何形状，将编码器中获得的特征还原到原图像的具体的像素点上。

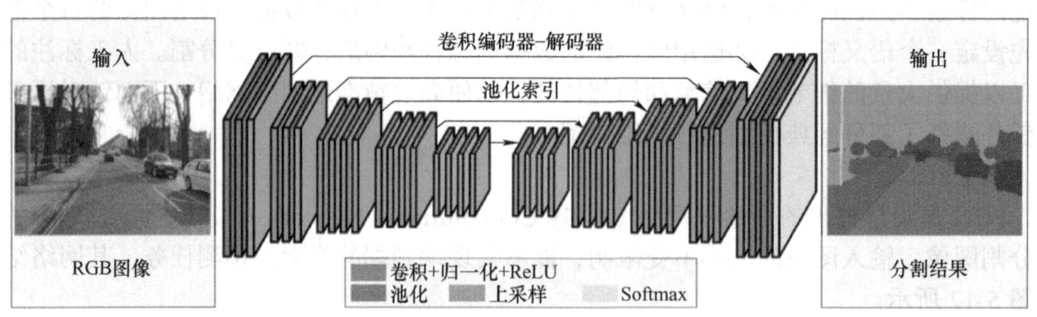

图 5-13　SegNet 的网络结构

4）利用 Softmax 多分类器对解码器输出的特征图进行逐像素分类。

SegNet 提出了最大池化索引，通过记录池化的位置，在上采样时恢复特征信息。具体来说，SegNet 在进行池化操作时，记录池化所取值的位置，在上采样时直接用当时记录的位置进行反池化，这样做的作用是能够更好地保留边界特征信息。如图 5-14 所示，对比 FCN 可以发现，SegNet 在上采样时使用索引信息，直接将数据放回对应位置，后面再接 Conv 训练学习。这个上采样不需要训练学习（只是占用了一些存储空间）。而 FCN 利用转置卷积（Transposed Convolution）对特征图进行上采样，这一过程需要学习，同时将编码阶段对应的特征图做通道降维，使得通道维度和上采样相同，这样就能做像素相加，得到最终的解码输出。SegNet 通过池化索引来进行上采样，不仅保留了更多的细节信息，改善了目标物体边界的分割结果，而且相比于反卷积一类的上采样方法减少了参数，降低了计算量。此外，SegNet 提出的池化索引只需要简单修改即可放入其他编码器－解码器架构的模型中，具有不错的适用性。

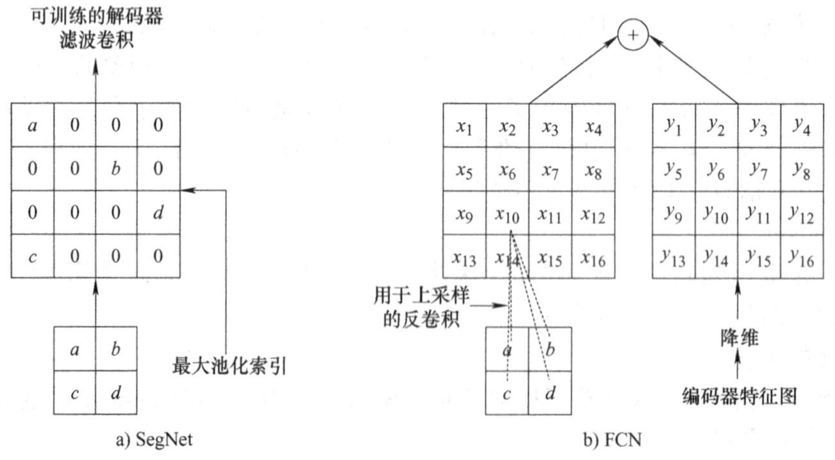

图 5-14　SegNet 和 FCN 的上采样方法对比

5.3.2　基于深度学习的机器人状态估计

近年来，随着深度学习的发展，很多研究者开始把深度学习的方法应用在导航领域上，并取得了一定的成效。对于纯惯性导航，深度学习方法得到的结果既可以用来辅助传统的惯性导航系统，也可以直接作为里程计估计系统的位姿；对于纯视觉导航，现阶段基于学习的单目视觉里程计方法可以分为监督学习和无监督学习（自监督学习）两大类，其区别在于前者需要工程师提供真值作为监督信息来训练模型，后者则可以通过几何约束等关系自行生成监督信息以实现自我训练。深度学习还能用于将惯性数据、视觉数据进行融合，以实现机器人的状态估计。

惯性组合导航中主要有两种问题可以借助深度学习解决，一种是噪声矩阵的自适应估计，另一种是惯性传感器测量模型的精确构建。通过非端到端学习可以极大地提高惯性组合导航的准确性和鲁棒性。AI–IMU 是将非端到端学习方法应用在惯性组合导航上的典型代表，该方法将速度约束作为不变扩展卡尔曼滤波的观测量，使用 CNN 估计过程中的噪声，从而提高定位精度。

AI–IMU 主要分为以下四个部分：

1）噪声适配器。噪声适配器是一个神经网络模型，该模型由两个卷积层、一个 32×2 的全连接层构成。每个卷积层上有 32 个一维卷积核，每个卷积核的长度为 5。并且在第二个卷积层上还采用了空洞卷积，其膨胀系数为 3。

2）惯导解算。利用加速度计、陀螺仪数据对位置、速度、姿态等状态信息进行时间递归更新。

3）速度约束。速度约束的基本假设是：汽车在运动的过程中不发生水平位移和垂直位移，那么速度在汽车坐标系下的水平分量、垂直分量均为零。

4）不变扩展卡尔曼滤波器（IEKF）。对运动系统建立系统误差状态微分方程，并基于速度约束建立观测方程，计算量测误差并完成量测更新，对惯导解算的结果进行修正。

测试效果如图 5-15 所示，AI–IMU 仅基于惯性传感器数据就能几乎达到 IMLS、ORB–SLAM2 基于雷达信息、视觉信息运行的精度，即通过神经网络自适应估计速度约束过程中的量测噪声矩阵，可以让 IEKF 有效抑制惯性系统的发散，明显提高惯性导航的精度。这也意味着，在导航过程中，深度学习的方法能够更充分地挖掘 IMU 惯性传感器数据中的信息，无论是对系统间的耦合，还是对系统本身的稳定，都有深远的意义。

VINet 是基于深度学习，以端到端的神经网络融合惯性、视觉数据用于导航的典型方法。该模型接收连续的图像序列、IMU 数据，并通过数据融合进行估计对应的位移、姿态四元数。该方法输出一个长为 7 的向量，该向量为对应的线速度、角速度，之后它与时间、上一时刻的状态一起计算便可以得到对应的位移、姿态四元数（表示机器人从序列开始时姿态的变化）：

$$\text{VIO}:\{(\boldsymbol{R}^{W\times H},\boldsymbol{R}^{6})_{1:N}\}\rightarrow\{\{\boldsymbol{R}^{7}\}_{1:N}\} \tag{5-14}$$

式中，W、H 分别表示输入图像的宽度、高度；$1{:}N$ 表示 IMU 数据序列的时间戳。

VINet 主要包括三个部分，其网络结构如图 5-16 所示。

1）卷积层：VINet 中的卷积层用于处理 RGB 图像，它接收两个连续的图像作为输入来预测对应的光流。

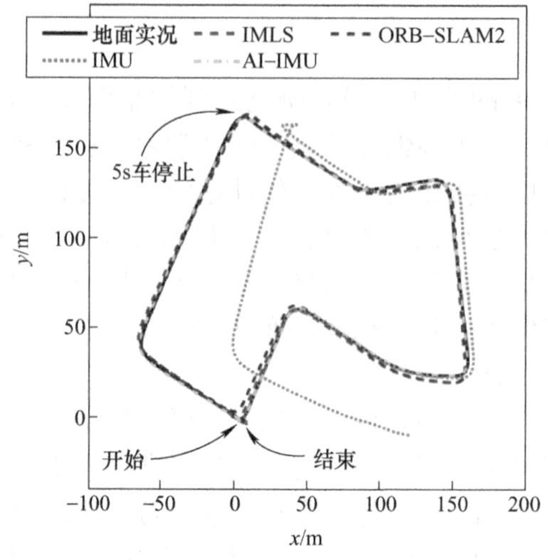

图 5-15　AI-IMU 及其他方法在 KITTI 数据集的测试效果对比

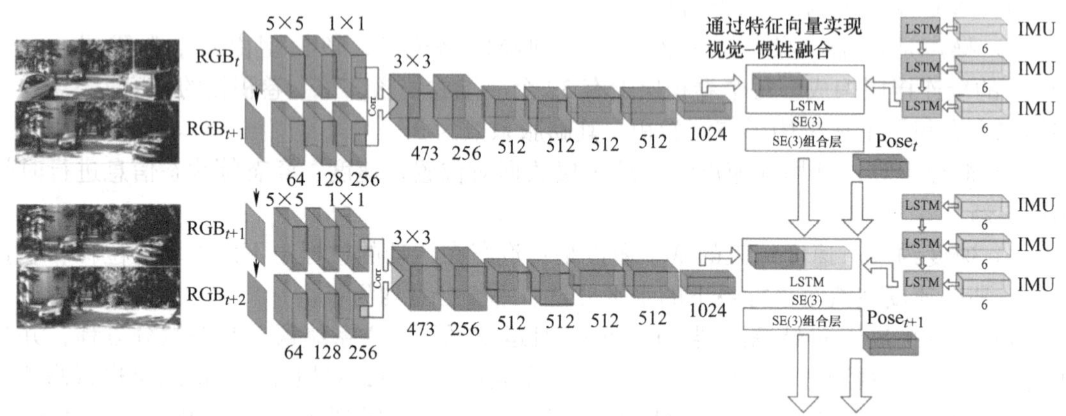

图 5-16　VINet 的网络结构

图 5-16 彩图

2）IMU-LSTM：使用 LSTM 处理输入的惯性数据，能够有效挖掘时间序列数据中的特征，并且解决 IMU 采样频率快于视觉数据频率的问题。

3）Core-LSTM：使用 LSTM 融合从视觉数据和惯性数据中提取的特征，提取的特征将用于获取运动系统的位姿。

VINet 的运行流程主要分为视觉数据处理、惯性数据处理、数据融合三个步骤。在训练 VINet 时，需要构建两个损失函数，分别为

$$\mathcal{L}_{se(3)} = \alpha \sum \| \boldsymbol{\omega} - \hat{\boldsymbol{\omega}} \| + \beta \| \boldsymbol{\upsilon} - \hat{\boldsymbol{\upsilon}} \| \tag{5-15}$$

$$\mathcal{L}_{SE(3)} = \alpha \sum \| \boldsymbol{q} - \hat{\boldsymbol{q}} \| + \beta \| \boldsymbol{T} - \hat{\boldsymbol{T}} \| \tag{5-16}$$

式中，α、β为权重系数；$\boldsymbol{\omega}$、$\boldsymbol{\upsilon}$为神经网络估计出的角速度、线速度；$\boldsymbol{q}$、$\boldsymbol{T}$为 VIO 估计出的四元数、位移；$\hat{\boldsymbol{\omega}}$、$\hat{\boldsymbol{\upsilon}}$、$\hat{\boldsymbol{q}}$、$\hat{\boldsymbol{T}}$分别为对应估计量的标签真值。

可以看出，$\mathcal{L}_{se(3)}$是直接对神经网络估计的角速度、线速度做监督，$\mathcal{L}_{SE(3)}$则是通过将神经网络的输出转化为四元数、位移来构造损失函数，间接训练神经网络。将 VINet 在

EuRoc MAC 数据集上训练测试，并与 OKVIS 进行比较，使用不同校准误差的数据进行评估，其效果如图 5-17 所示。从图中可以看出，即便 VINet 使用未增强数据进行训练，它也能较好地工作；当使用增强的数据对 VINet 进行训练时，它能够有效缓解校准误差变大带来的影响，VINet 能够减少时间同步误差带来的影响，这也是传统方法所缺少的。

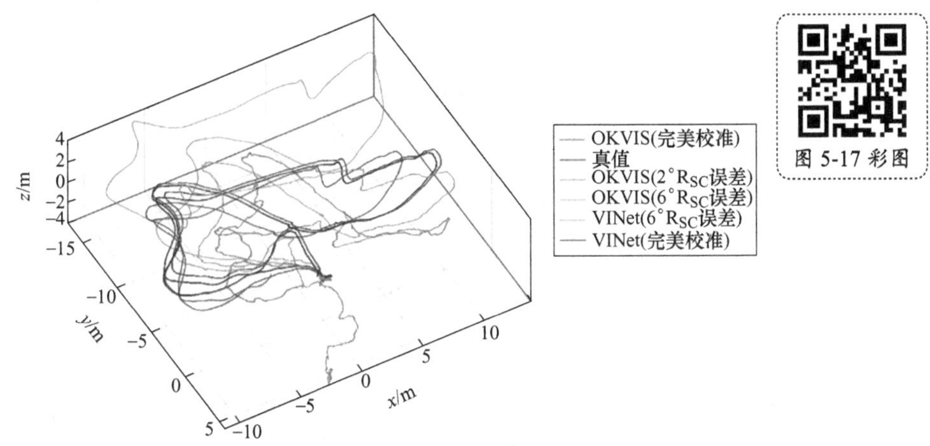

图 5-17　不同校准误差下的 OKVIS、VINet 效果对比

深度学习方法在一定程度上解决了传统导航方法遇到的难题，但目前来看它还是一个新兴的研究方向，并不能够完全取代传统的方法，原因在于其需要大量的数据用于训练、学习，且神经网络的拟合能力有限，一些步骤仍要靠传统方法进行计算，如导航中的机械编排过程。而深度学习方法最大的优势在于，能够估计无法直接获取或者不易计算的信息或参数，并且能够增强导航系统的鲁棒性，实现多源传感器异构数据的深度融合。因此，将深度学习与传统导航方法相结合，使其发挥各自的优势形成互补，将是未来机器人状态估计的主要研究方向之一。

5.3.3　基于深度学习的同步定位与建图

同步定位与建图（Simultaneous Localization and Mapping，SLAM）技术可以描述为智能机器人在未知环境中，通过本体携带的传感器采集数据，然后进行位姿估计和定位，并构建增量式地图，从而实现自主定位和导航。SLAM 系统框架（见图 5-18）大致分为五个部分：传感器、前端里程计、后端优化、闭环检测和地图构建。激光雷达或相机及其他辅助传感器采集数据，交由前端里程计处理分析，快速估算出相邻数据帧之间的位姿变换，此时计算出的位姿含有累计误差，不够准确；后端优化负责全局轨迹优化，得出精确位姿，构建全局一致性地图。在此过程中，闭环检测一直在执行，它用于识别经过的场景，实现闭环，消除累计误差。

根据使用的传感器类别不同，当前主流的 SLAM 系统主要分为激光 SLAM、视觉 SLAM 以及各类传感器辅助激光 / 视觉的多传感器融合 SLAM 技术。视觉 SLAM 以相机为基础传感器，因其获取信息丰富、轻量、低成本的特点而受到研究者的青睐。视觉 SLAM 系统需要处理大量图像数据，且由于相机对光线较为敏感和无法直接测距的缺点，导致视觉 SLAM 在光照条件不理想的情况下无法正常工作、精确度不高且系统的实时性难以保证。以激光雷达为主要传感器的激光 SLAM，可以很好地解决上述问题。激光雷达可以直接测量距离，对环境的感知更加准确，可以获取物体的空间位置和形状信息，构建高精度地图进行精确定位，对长时间运行的 SLAM 系统也更加可靠和稳定。

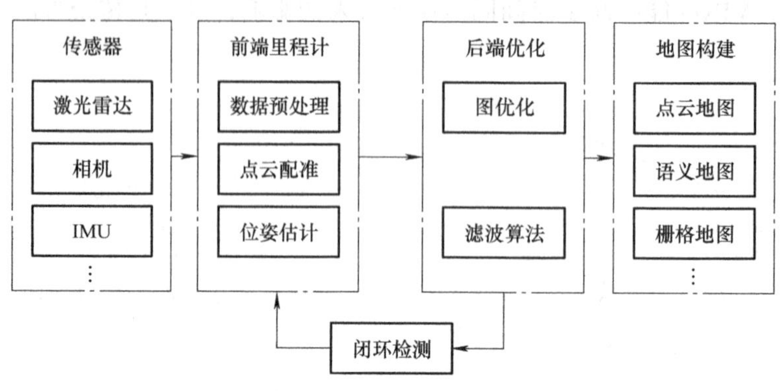

图 5-18　SLAM 系统框架

随着深度学习技术的兴起，计算机视觉的许多传统领域都取得了突破性进展，例如目标的检测、识别和分类等领域。近年来，研究人员开始在视觉 SLAM 算法中引入深度学习技术，使得深度学习 SLAM 系统得到了迅速发展，并且比传统算法展现出更高的精度和更强的环境适应性。

1. 基于深度学习的激光 SLAM

深度学习与激光雷达 SLAM 结合主要应用于几个特定模块，如点云的特征提取和配准、闭环检测、构建语义地图。在点云处理部分主要分为两种方式：①基于学习的特征提取，如 FCGF、SpinNet；②基于深度学习网络的端到端的点云配准方法，如 REGTR。准确的闭环检测一直是激光雷达 SLAM 有待解决的问题，利用深度学习构建合理的网络模型，通过大量的学习可以使算法提取点云中的关键特征信息，提高闭环准确率。

OverlapNet 是为激光雷达 SLAM 设计的闭环检测算法，它无需两帧点云数据的相对位姿，而是利用图像重叠率的方式来检测闭环。由于直接对比两个点云之间的距离不够精确，会受漂移的影响，因此提出用重叠率来代替距离检测闭环。

使用激光雷达扫描的球面投影作为输入数据，将点云 P 投影到所谓的顶点贴图 $V:\mathbb{R}^2 \to \mathbb{R}^3$，其中每个像素映射到最近的 3D 点。每个点 $\boldsymbol{p}_i=(x,y,z)$ 通过函数 $\mathbb{R}^2 \to \mathbb{R}^3$ 转换到球坐标系，最后得到图像坐标 (u,v)，转换公式为

$$\begin{pmatrix} u \\ v \end{pmatrix} = \begin{pmatrix} \dfrac{1}{2}[1-\arctan(y,x)\pi^{-1}]\omega \\ [1-(\arcsin(zr^{-1})f_{\text{up}})f^{-1}]h \end{pmatrix} \tag{5-17}$$

式中，$r=\|\boldsymbol{p}\|^2$ 为范围；$f=f_{\text{up}}+f_{\text{down}}$ 为激光雷达的垂直视场；ω、h 为所得顶点映射 V 的宽度和高度。

对于一对激光雷达扫描 P_1 和 P_2，生成相应的顶点映射 V_1 和 V_2。时间步长为 t，且处于以激光雷达为中心的坐标帧表示为 C_t，坐标帧 C_t 中的每个像素通过姿态 $\boldsymbol{T}_{WC_t} \in \mathbb{R}^{4\times4}$ 与世界帧 W 关联。给定姿态 $\boldsymbol{T}_{WC_1}$ 和 $\boldsymbol{T}_{WC_2}$，可以将扫描点 P_1 重投影到另一个顶点映射 V_2 的坐标

系中，并生成重投影的顶点映射 V_1'：

$$V_1' = \prod(T_{WC_1}^{-1} T_{WC_2} P_1) \tag{5-18}$$

然后计算 V_1 和 V_2 中所有对应像素的绝对差，仅考虑与两幅距离图像中有效距离读数对应的像素。重叠被计算为相对于所有有效输入的特定距离内的所有差异的百分比，即，两个激光雷达扫描 $O_{C_1C_2}$ 的重叠定义如下：

$$O_{C_1C_2} = \frac{\sum_{(u,v)} \mathbb{I}\{|V_1'(u,v) - V_2'(u,v)| < \varepsilon\}}{\min(\text{valid}(V_1'), \text{valid}(V_2'))} \tag{5-19}$$

式中，如果 a 为 1，则 $\mathbb{I}\{a\}=1$，否则 $\mathbb{I}\{a\}=0$；valid(V) 为 V 中的有效像素数，因为并非所有像素在投影后都具有有效的 LiDAR 测量值。

OverlapNet 算法的网络结构如图 5-19 所示，算法使用深度图、强度图、法向量图和语义图作为模型输入，输出图像重叠率和偏航角的预测。

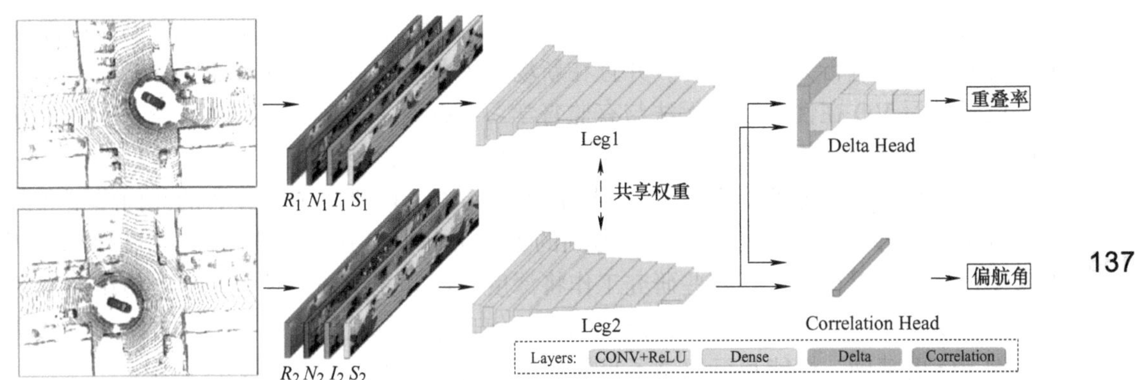

图 5-19　OverlapNet 算法的网络结构

图 5-19 彩图

2. 基于深度学习的视觉 SLAM

最近几年，深度学习在计算机视觉领域得到了飞速发展，相比传统的视觉 SLAM，深度学习的方法有以下几大优势。第一，深度学习方法训练的模型泛化性好，能够适用各种复杂的场景，比如纹理缺乏场景、动态场景、相机高速运动场景等，这些都是传统视觉 SLAM 的难点。第二，深度学习方法可以从过去的经验中学习，并将其用于新的场景。比如用新视图合成技术作为自监督，可以从未标记的视频中恢复自身运动和深度信息。第三，深度学习方法能充分利用不断增长的传感器数据和计算性能，在大型数据集上进行训练来迭代优化。关于深度学习和视觉 SLAM 的结合点，主要分为以下几个方面：

（1）语义信息与 SLAM 的结合

语义信息和 SLAM 是互相补充、相辅相成的关系。一方面，语义信息中涉及的物体识别和分割需要大量的训练数据集，而 SLAM 可以估计相机的空间位置，以及物体在不同图像中的位置和对应关系，二者结合可以辅助构建大规模数据集，降低数据集标注难度。

另一方面，语义信息提供的同一物体在不同角度、不同时刻下的数据关联可以为SLAM系统提供大量的约束信息，从而提高SLAM的精度和稳定性。Zeng等人同时进行物体检测和位姿估计，同时考虑物体之间的上下文关系和物体位姿的时间一致性，使得机器人可以在物体级层面进行更准确的语义建图。

（2）深度学习与视觉里程计

传统的视觉里程计（Visual Odometry，VO）通过人工定义的特征来估计相机的运动，深度学习方法能够从图像中提取高级的特征，实现里程计的功能。

根据实现方法分为如下几种：

1）有监督学习VO：该方法需要大规模的数据集用于训练，并提供真实的相机位姿作为标签。它有一个很大的优点，就是可以解决传统单目相机SLAM方法中无法获取绝对尺度的问题。这是因为深度神经网络可以隐式地从大量的带标记图像中学习并预测绝对尺度。比如DeepVO是一个典型的端到端VO框架，其对驾驶车辆位姿的估计优于传统的代表性单目VO方法。

2）无监督学习VO：制作带标签的大规模数据集的工作量比较大，所以如果能够用未标记的数据集进行无监督学习，并且在新场景下具有较好的泛化性将会非常有意义。不过无监督学习VO在性能上仍无法与有监督学习VO竞争。典型的无监督学习VO由预测深度图的深度神经网络和生成图像之间运动变化的位姿网络组成。

3）混合VO：前面两种均是端到端的VO，混合VO则集成了经典的几何模型和深度学习方法。一种直接的思路是，将学习到的深度估计值合并到传统的视觉里程计算法中，以恢复位姿的绝对尺度。还有些研究工作将深度学习和光流预测整合到一个传统的视觉里程计测量模型中，获得了更好的性能。结合几何理论和深度学习的优点，混合VO通常比端到端VO更精确，性能甚至超过了目前最优秀的传统单目VO或VIO系统。

（3）深度学习视觉惯性里程计

深度学习方法的视觉惯性里程计（Visual Inertial Odometry，VIO）无须人工干预或校准，可以直接从视觉和IMU数据中学习6自由度位姿。不过，它的性能不如传统的VIO系统，但由于深度神经网络在特征提取和运动建模方面的强大能力，它通常对测量噪声、错误的时间同步等实际问题更具有鲁棒性。代表性的研究工作是VINet，它是第一个将VIO定义为顺序学习问题的工作，并提出了一个端到端深度神经网络框架以实现VIO。它使用卷积神经网络的视觉编码器从两个连续的RGB图像中提取视觉特征，同时使用了长短期记忆（LSTM）网络从IM（惯性测量）数据序列中提取惯导特征，然后将两种特征连接在一起，作为LSTM模块的输入，预测相机的相对位姿。

（4）闭环检测

闭环检测是为了判断机器人是否经过同一地点，一旦检测成功，即可进行全局优化，从而消除累计轨迹误差和地图误差。闭环检测本质上属于图像识别问题。传统视觉SLAM中的环测和位置识别通常是基于视觉特征点的词袋模型来实现的，但是由于词袋使用的特征比较低级，对于复杂的现实场景（如光照、天气、视角和移动物体的变化）的泛化性并不好。而深度学习可以通过深度神经网络训练大量的数据集，从而学习图像不同层次的特征，图像识别率可以达到很高的水平，而且泛化性能也比较好。和传统闭环检测算法相比，基于深度学习的方法表达图像信息更充分，对光照、季节等环境变化有更强的鲁棒性。

Merrill 等人提出了一种无监督深度神经网络结构闭环检测方法。在训练网络时，对输入数据施加随机噪声，比如用随机投影变换扭曲图像，以模仿机器人运动自然造成的视角变化。该方法还利用几何信息和光照不变性提供的方向梯度直方图，迫使编码器重构其描述符。因此，训练模型可以从原始图像中提取出对外观极端变化具有鲁棒性的特征，并且不需要标记训练数据或在特定环境下训练。实验表明该深度闭环模型在有效性和效率方面始终优于最先进的方法。

（5）深度学习方法建图

深度学习方法可以通过深度估计、语义分割等帮助传统 SLAM 实现三维重建。稀疏视觉 SLAM 系统可以准确、可靠地估计相机轨迹和路标位置。虽然这些稀疏地图对定位很有用，但它们不能像稠密地图那样用于更高级别的避障或场景理解等任务。Matsuki 等人将 ORB-SLAM3 产生的相机位姿、关键帧和稀疏地图点作为输入，并为每个关键帧预测稠密深度图。建图模块以松耦合方式和 SLAM 系统并行运行，最终通过 TSDF（Truncated Signed Distance Field）融合得到全局一致的稠密三维重建。

（6）深度学习特征提取和匹配

传统的特征提取主要通过人工设计的特征点实现，特征匹配依赖一些几何约束，虽然在一些场景下取得了不错的效果，但是由于人工方法主要依赖经验，并且涉及大量的参数，在一些具有挑战性的场景下的泛化性能并不好。最近几年出现了一些深度学习的特征提取和匹配方法用于解决该问题。SuperPoint 提出了一个用于特征点检测和描述子的自监督框架。它使用单应自适应技术在 MS-COCO 通用图像数据集上训练，与传统特征点和初始预适应的深度模型相比，该模型总可以检测到更丰富的特征点。

5.4　基于强化学习的智能导航方法

随着强化学习方法的蓬勃发展，基于强化学习的智能导航方法在近几年受到广泛关注，该技术是指机器人或人工智能体（Agent）在强化学习模型的指导下，通过对环境空间结构的探索、目标空间关系的构建、自身与环境关系的认知，来实现的一种启发式、探索式和交互式的导航策略。

智能导航的主体往往是机器人或人工智能体，交互主体是导航环境（Environment）。机器人在执行一个动作（Action）后，得到自身状态和环境状态的转移，以此为依据选择执行下一个动作，这种交互式导航方式，最终可以将一个复杂的导航任务转化为一个决策序列（Decision Sequence）问题。与传统几何导航相比，基于强化学习的智能导航方法能够在没有先验地图的条件下，通过机器人自身主动地探索和记忆来构建对环境、目标和任务的理解，实现完全自主的导航，这对现代智能机器人的发展意义非凡。

本节的主要内容包括基于值函数的强化学习导航、基于策略梯度的强化学习导航以及基于深度强化学习方法的导航。

5.4.1 基于值函数的强化学习导航

1. 强化学习的基本定义

强化学习受到动物心理学中动物学习的启发，旨在让智能体在自我探索的经验中学习到最优决策策略。在强化学习中，主要决策者（机器人或者智能体）通过跟环境的交互，获得奖励作为轨迹探索的反馈信号。这里简单介绍在智能导航场景下强化学习的基础设定，为了帮助理解，将导航智能体与环境的交互简化在一系列的离散时间步 $t=0,1,2,\cdots,n$ 上，并给出如下设定。

1）设定一：状态（State），描述机器人在每一个时间步上和环境交互的全部信息，包括机器人的位置、姿态、环境的物理信息等。在时间步 t 上的状态记为 s_t，所有可能的 s_t 构成机器人的状态空间（State Space），记为 $\boldsymbol{S}$。

2）设定二：动作（Action），机器人在每个时间步 t 上完成的具体活动，记为 a_t，机器人在决策过程中的候选动作构成了机器人的动作空间（Action Space），记为 $\boldsymbol{A}$，在离散时间步的设定下，$\boldsymbol{A}$ 也被称为离散动作空间。

3）设定三：奖励（Reward），描述机器人在每个时间步上通过执行动作 a_t 从导航环境获得的反馈，记为 r_t，是影响机器人在未来时间步上策略选择的重要因素。

4）设定四：策略（Policy），描述以时间步 t 和机器人的状态 s_t 为输入、在动作空间 $\boldsymbol{A}$ 上的概率分布，实现状态空间 $\boldsymbol{S}$ 到动作空间 $\boldsymbol{A}$ 的映射，记为 π。

5）设定五：回报（Return），描述在时间步 t 后得到的所有奖励的累计折扣之和，记为 G_t：

$$G_t=\gamma r_1+\gamma^2 r_2+\gamma^3 r_3+\cdots+\gamma^t r_t \tag{5-20}$$

式中，$t\geqslant 1$；γ 是折扣率，$0\leqslant\gamma\leqslant 1$，决定了未来奖励的重要程度。

基于以上这些设定，机器人可以执行一个简单的决策序列：机器人从初始状态下获得 s_0，根据 s_0 和策略 π 选择初始动作 $a_0\sim\pi(s_0)$ 执行，这一步被称为动作采样（Action Sampling），机器人在动作指令下会从原本的初始状态 s_0，经过一个时间步，状态转移到 $t=1$ 上的 s_1，并且获得执行该动作的奖励 R_0，此时机器人处在 s_1 状态，重复以上步骤直到状态转移为终止状态（Terminal State）后结束。最终导航的轨迹可以被描述成智能体和环境交互形成的“状态 – 动作 – 奖励”序列，记为 τ：

$$\tau=s_0,a_0,r_1,s_1,a_1,\cdots,s_{T-1},a_{T-1},r_T,s_T \tag{5-21}$$

这一决策过程可以通过马尔可夫决策过程来进行建模，通常由一个五元组 $(\boldsymbol{S},\boldsymbol{A},P,R,\gamma)$ 构成，其中包括机器人的状态空间 $\boldsymbol{S}$、动作空间 $\boldsymbol{A}$，决策模型的状态转移函数 P，决策模型的奖励函数 R 和它相关联的回报折扣率 γ。状态转移函数 P 是一个 $\boldsymbol{S}\times\boldsymbol{A}\rightarrow\boldsymbol{S}$ 的映射，记为 $s_{t+1}\sim P(s|s_t,a_t)$，表示机器人在状态 s_t 下采取动作 a_t 后状态转移到 s_{t+1} 的概率；奖励函数 R 构成一个 $\boldsymbol{S}\times\boldsymbol{A}\rightarrow\mathbb{R}$ 的映射，表示机器人在状态 s_t 下采取动作 a_t 后获得的奖励 r_{t+1}，记为 $r_{t+1}=R(r_t)$。

根据奖励假说（Reward Hypothesis），任意的任务目标都可以用“使获得的奖励之和的期望值最大化”来描述，例如在导航任务中，需要驱动机器人自主到达目标地点，可以在机器人执行动作靠近目标地点时反馈给导航机器人一个正奖励，远离目标地点则反馈一个负奖励，同时为了优化机器人的导航时间，可以为机器人未来的奖励设置折扣率，这样基于强化学习方法导航的优化目标便可以被简单建模为最大化以下累计奖励：

$$\max G_T = \max \sum_{t=1}^{T} \gamma^t r_t \tag{5-22}$$

而优化对象就是机器人的导航策略，这一步被称为策略提取（Policy Extraction），即判断对每一个时间步 t 下的状态 s_t 采取何种动作使得累计回报最大。在机器人学习最优决策的过程中，为了评估机器人当前状态的好坏，引入了状态值函数（State Value Function），记为 $V(s)$：

$$V(s) = E_\pi\left[\sum_t \gamma^t r_t \mid s\right] \tag{5-23}$$

状态值函数 $V(s)$ 描述了机器人在任一状态下，按照策略 π 选择动作能够获得回报的期望值。而机器人当前状态的好坏，还与当前状态下基于策略选择的动作有关，考虑机器人未来状态对当前状态评价的影响，提出了状态 - 动作值函数（State-Action Value Function），记为 $Q(s,a)$：

$$Q(s,a) = E_\pi\left[\sum_t \gamma^t r_t \mid s,a\right] \tag{5-24}$$

状态 - 动作值函数 $Q(s,a)$ 则描述了机器人在任一状态下，开始并已经选择了任意动作 $a \in \boldsymbol{A}$，在这之后按照策略 π 选择动作能够获得的回报期望值。

在定义了基本的导航机器人与环境交互内容、优化目标以及策略提取和价值函数的基础上，下面将根据本章的分类来介绍不同强化学习经典方法在机器人导航中的内容。

2. 基于值函数的强化学习导航

在前面的介绍中，不难发现，要想使机器人拥有自主导航的能力，关键在于机器人是否能在与环境的交互中学习到最优策略，而策略的学习是与环境内在的状态转移函数和奖励函数密切相关的。如果状态转移函数和奖励函数已知，就可以利用动态规划（Dynamic Planning）来求解最优策略，这种方法也被称为基于模型的强化学习（Model-based Reinforcement Learning）。但是在实际导航场景中，无模型的强化学习（Model-free Reinforcement Learning）更为常见，即在机器人不知道导航环境内在的状态转移函数和奖励函数的基础上，仅通过采取动作与环境交互的方式，以状态值函数或者状态 - 动作值函数为依据，学习到最优策略。在没有完整动态信息的情况下，研究人员提出了蒙特卡洛（Monte Carlo，MC）和时序差分（Temporal-Difference，TD）学习，在基于值函数的强化学习方法中，经典的 Q-learning 算法和 SARSA 算法便是基于时序差分算法开发的。

（1）时序差分算法

在无模型的导航场景中，机器人要想获得最优策略，可以借助状态值函数对导航机器人的当前状态 s_t 和未来状态 s_{t+1} 进行评估，以一种增量方式来达到学习的目的，其思想的本质是让机器人在“试错”中获取“经验”。与蒙特卡洛算法需要机器人达到终止状态这一前置条件，不同的是，时序差分算法仅仅让机器人往前“试错”一步。

具体来说，时序差分算法首先会根据一个确定的策略π来初始化状态值函数$V_\pi(s)$，在当前状态s_t下，根据某一策略（行为策略，Behavior Policy）选择一个动作a_t，并观察下一时刻状态s_{t+1}，利用下一时刻带有折扣的状态值$V(s_{t+1})$和当前状态下获得的收益r_{t+1}来估计当前状态下实际的状态值$V(s_t)$，并找到最优估计状态值$V^*(s_t)$，因此$r_{t+1}+\gamma V(s_{t+1})$也被称为时序差分目标（TD–Target），之后再应用如下更新策略：

$$V^*(s_t) \leftarrow V(s_t)+\alpha[r_{t+1}+\gamma V(s_{t+1})-V(s_t)] \tag{5-25}$$

式中，$\alpha \in (0,1)$为增量步长。在迭代的过程中，机器人通过不断地与环境交互试错更新策略，来使状态值$V(s_t)$逼近最优估计状态值$V^*(s_t)$，并且储存大量轨迹，最终从中学习出最优的导航策略（Target Policy）。时序差分算法的伪代码具体如下：

```
Tabular TD(0) for estimating v_π

Input: the policy π to be evaluated
Initialize V(s) arbitrarily (e.g., V(s) = 0, for all s ∈ S+)
Repeat (for each episode):
    Initialize S
    Repeat (for each step of episode):
        A ← action given by π for S
        Take action A, observe R, S'
        V(S) ← V(S) + α[R + γV(S') − V(S)]
        S ← S'
    until S is terminal
```


由于时序差分算法在更新策略上只采样了一步，因此时序差分目标对于实际的状态值估计是有偏的，但是它的迭代效率高，并且不会产生方差累积的情况。

（2）SARSA 算法

SARSA 算法是一种时序差分算法，不同于传统的时序差分算法，SARSA 算法是对当前状态的最优状态 – 动作值$Q^*(s_t)$进行逼近而不是最优状态值$V^*(s_t)$，同时序差分算法的更新公式类似，SARSA 算法中状态 – 动作值按照如下策略更新：

$$Q^*(s_t,a_t)=Q(s_t,a_t)+\alpha[r_{t+1}+\gamma Q(s_{t+1},a_{t+1})-Q(s_t,a_t)] \tag{5-26}$$

SARSA 算法通常需要一个状态 – 动作值表（Q Table）来存储每一状态下的最优估计状态 – 动作值。在更新状态 – 动作值表和最优轨迹生成的时候，由于 SARSA 采用的行为策略和目标策略都是ε – 贪婪策略（ε – Greed Policy），所以 SARSA 算法也被称为一种在线策略（On–Policy）算法。SARSA 算法的伪代码具体如下：

```
SARSA (On-Policy TD control) for estimating Q ≈ q*

Initialize Q(s,a), for all s ∈ S, a ∈ A(s), arbitrarily, and Q(terminal-state, ·) = 0
Repeat (for each episode):
    Initialize S
    Choose A from S using policy derived from Q (e.g., ε-greedy)
    Repeat (for each step of episode):
        Take action A, observe R, S'
        Choose A' from S' using policy derived from Q (e.g., ε-greedy)
        Q(S,A) ← Q(S,A) + α[R + γQ(S',A') − Q(S,A)]
        S ← S'; A ← A';
    until S is terminal
```

（3）Q-learning 算法

Q-learning 算法也是时序差分算法的代表之一，其与 SARSA 算法在使用状态 - 动作值函数来进行时序差分误差估计的方式上是不同的。并且 Q-learning 算法在行为策略上采取 ε - 贪婪策略，而在目标策略上采取贪心选择即 $a_{t+1} = \arg\max Q(s_{t+1}, a)$，所以 Q-learning 算法是一种离线策略（Off-Policy）算法，其状态 - 动作值以如下策略进行更新：

$$Q^*(s_t, a_t) = Q(s_t, a_t) + \alpha[r_{t+1} + \gamma Q(s_{t+1}, a_t) - Q(s_t, a_t)] \tag{5-27}$$

Q-learning 算法和 SARSA 算法一样，在机器人导航过程中，需要维护一个状态 - 动作值表，但是由于在搜寻最优轨迹时使用的是贪心选择，这就使得 Q-learning 算法会比 SARSA 算法在轨迹搜寻上更加大胆。Q-learning 算法的伪代码具体如下：

```
Q-learning (Off-Policy TD control) for estimating π ≈ π*

Initialize Q(s, a), for all s ∈ S, a ∈ A(s), arbitrarily, and Q(terminal-state, ·) = 0
Repeat (for each episode):
   Initialize S
   Repeat (for each step of episode):
      Choose A from S using policy derived from Q (e.g., ϵ-greedy)
      Take action A, observe R, S'
      Q(S, A) ← Q(S, A) + α[R + γ max_a Q(S', a) − Q(S, A)]
      S ← S'
   until S is terminal
```


虽然基于值函数的强化学习方法能帮助机器人完成一定的智能导航任务，但是在更加复杂的导航场景下，会面临以下两个问题：

1）基于值函数的强化学习方法只能解决离散动作空间的导航问题，当动作空间是连续动作空间时，想要采用基于值函数的强化学习方法，就必须先对动作空间进行离散化，在复杂的导航场景下，离散化后的动作空间维度往往是呈指数级增长的，导致求解困难。

2）基于值函数的强化学习方法面对随机策略的学习比较困难。

5.4.2　基于策略梯度的强化学习导航

在前一个小节中介绍了基于值函数的强化学习方法，通过状态值函数或者状态 - 动作值函数来寻找最佳策略，而本小节介绍的基于策略梯度的强化学习方法则是用神经网络来拟合策略函数，通过训练更新参数，直接生成最佳策略。基于策略梯度（Policy Gradient）的强化学习算法主要分为两大类：一类是随机性策略梯度（Stochastic Policy Gradient），另一类是确定性策略梯度（Deterministic Policy Gradient）。二者的区别在于，前者的策略网络输出的是动作概率，然后通过采样选择动作，而后者的策略网络则是直接输出一个确定的动作。

从早期基于策略梯度的强化学习方法在机器人智能导航的应用中发现，单纯地使用策略网络来拟合最优策略，很难平衡计算策略梯度时存在的高方差和高估计偏差的矛盾，对此，研究人员提出了著名的演员 - 评论家（Actor-Critic）结构，为后续的研究提供了范例：演员网络 - 评论家网络范式。本小节将基于此结构对一些成功应用于机器人导航的、经典的基于策略梯度的强化学习方法进行介绍。

1. 演员－评论家结构

演员－评论家结构主要由演员网络（Actor Network）和评论家网络（Critic Network）构成，演员网络用于生成策略，评论家网络则负责实时评价当前策略的好坏，二者在训练过程中同步不断更新、共同“进步”。

演员网络的构建和策略的更新依赖于策略建模以及策略梯度原理。演员网络通过神经网络来拟合策略，记为 $\pi_\theta(a|s)$，在训练过程中，将策略的平均回报作为优化目标，平均回报记为 $\rho(\pi_\theta)$，定义如下：

$$\rho(\pi_\theta)=\lim_{T\to\infty}\frac{1}{T}E[r_1+r_2+\cdots+r_T|\pi]=\sum_s d^\pi(s)\sum_a \pi_\theta(s,a)R_s^a \tag{5-28}$$

式中，$d^\pi(s)$ 为在策略 π 下的平稳状态分布，采取策略 π 取得的平均回报可以看作考虑所有可能机器人的状态，获得转移到任一状态 s 的概率，在此概率下通过策略概率分布生成动作，最后获得期望回报 $R_s^a=E[r_{t+1}|s_t=s,a_t=a,\pi]$，对所有期望回报进行加权求和即可得到平均回报 $\rho(\pi)$。优化目标为最大化平均回报，对平均回报计算梯度，有

$$\nabla_\theta\rho(\pi)=\sum_s d^\pi(s)\sum_a \nabla_\theta\pi_\theta(s,a)R_s^a \tag{5-29}$$

此梯度计算涉及平稳分布和求和项，难以直接求解，所以对该梯度公式进行采样来估计，即

$$\nabla_\theta\rho(\pi)=\sum_s d^\pi(s)\sum_a \pi_\theta(s,a)\frac{\partial\ln\pi_\theta(s,a)}{\partial\theta}R_s^a=E_{\pi_\theta}[\nabla_\theta\ln\pi_\theta(s,a)R_s^a] \tag{5-30}$$

在上述公式中，需要对期望回报的梯度无偏估计的同时减少它的方差，于是可以在返回值中减去一个基线（Baseline）来实现，记为 $b_t(s_t)$，此时估计的策略梯度公式如下：

$$\nabla_\theta\rho(\pi)=E_{\pi_\theta}[\nabla_\theta\ln\pi_\theta(s,a)(R_s^a-b_t(s_t))] \tag{5-31}$$

在训练过程中，评论家网络会根据上述的梯度估计对演员网络输出的动作进行评价，在式（5-31）中，基线 $b_t(s_t)$ 可被估计为当前策略下的状态值，记为 $V^\pi(s)$，同时 $R_s^a-b_t(s_t)$ 可以看作是状态 s_t 下动作为 a_t 的优势估计，由于 $Q^\pi(s,a)$ 在数值上等于 R_s^a，所以定义优势函数 $A(s_t,a_t)=Q(s_t,a_t)-V(s_t)$，则上述等式的梯度估计可以改写为

$$\nabla_\theta\rho(\pi)=E_{\pi_\theta}[\nabla_\theta\ln\pi_\theta(s,a)(Q(s_t,a_t)-V(s_t))] \tag{5-32}$$

此时演员网络和评论家网络能够在训练中得到联合优化，演员网络表征策略，用于输出动作，评论家网络表征状态值函数，用于评价输出动作的优劣。

2. PPO 算法

PPO（Proximal Policy Optimization）算法是一种基于演员－评论家结构的随机性策略梯度方法，是置信域策略优化算法 TRPO（Trust Region Policy Optimization）的优化算法，其训练稳定，有更好的样本复杂性。

PPO 算法采用演员－评论家结构，演员网络以机器人的状态作为输入，输出为执

行某一动作的概率分布参数 $P(a|s)$；评论家网络同样以机器人的状态作为输入，输出当前状态的状态值 $V(s)$。在每一次迭代中，演员网络会记录一个经验（Experience）：$(s_t,a_t,r_{t+1},V(s_t),\log P(a_t|s_t))$ 在经验池（Experience Pool）中，同时计算优势值 $A(s_t,a_t)$ 并一同放入经验池。经验池的设计方便计算任一轨迹上状态的累计折扣回报和优势函数。

在 TRPO 算法中，目标优化函数为：$J(\theta)=J^{\theta^k}(\theta)-\beta\mathrm{KL}(\theta,\theta^k)$，其中 $\mathrm{KL}(\theta,\theta^k)$ 为适应 KL 惩罚（Adaptive KL Penalty），这一项约束需要人为确定置信区间的超参数 δ，而 δ 难以确定，通常通过计算二阶梯度来获得其近似值，当目标函数自变量维度较高时，较大的计算量将影响网络的训练。为了简化 TRPO 的计算量，PPO 算法将 TRPO 算法中的 KL 约束替换成截断目标函数，则有

$$J^{\mathrm{CLIP}}(\theta)=E_t[\min(r_t(\theta)\hat{A}_t,\mathrm{clip}(r_t(\theta),1-\varepsilon,1+\varepsilon)\hat{A}_t)] \tag{5-33}$$

式中，$r_t(\theta)=\dfrac{P_\theta(a_t|s_t)}{P_{\theta'}(a_t|s_t)}$，$P_{\theta'}(a_t|s_t)$ 为前一次迭代的动作概率分布参数；ε 为超参数。

3. DPG 算法

DPG（Deterministic Policy Gradient）算法同样也是基于演员 - 评论家结构的方法，和 PPO 算法不同的是，它是一个确定性策略梯度方法，DPG 算法的演员网络只输出一个确定的动作。通过前文了解到，随机性策略可以建模为 $\pi_\theta(a|s)=P(a|s,\theta)$，而确定性策略建模为 $a=\mu_\theta(s)$，这也是基于随机性策略的方法和基于确定性策略的方法最大的区别。

在实际机器人导航应用中，基于随机性策略的强化学习方法，需要策略梯度同时对状态和动作积分，而基于确定性策略的强化学习方法往往只需要对状态积分，在面对高维动作空间时，基于确定性策略的强化学习方法更加容易训练。但是由于确定性策略的特点，动作选择将只对应到一个状态，导致机器人在导航环境里探索力度不足。所以 DPG 算法在此基础上进行了 Off–Policy 的改进，使用随机性行为策略（Stochastic Behaviour Policy）负责探索，确定性目标策略（Deterministic Target Policy）负责学习。

5.4.3　基于深度强化学习方法的导航

1. DQN 算法

基于策略梯度的强化学习方法在一定程度上已经解决了导航机器人在连续动作空间内的挑战，从上一小节的研究中可以发现，其核心思想之一就是可以使用一个简单的网络来拟合机器人在导航过程中的策略，通过更新网络的参数来学习到最优策略。随着深度神经网络的发展，Mnih 等人率先提出了将深度卷积神经网络与 Q–learning 算法结合的 DQN（Deep Q–learning Network）算法。如图 5-20 所示，其核心思想就是使用深度卷积神经网络来拟合传统 Q–learning 算法中的状态 - 动作值表，解决了 Q–learning 算法在应对需求较大动作空间场景时，状态 - 动作值表维度过大难以维护的问题。

DQN 算法的网络结构包括三个卷积层（Convolution Layer）和两个全连接层（Fully Connected Layer），将原本更新状态 - 动作值 $Q(s,a)$ 的方法用更新网络参数 θ 的方法进行替换，本质上还是在估计最优状态 - 动作值。除了引入深度卷积神经网络，DQN 算法在训练过程中加入了经验回放（Experience Replay），经验回放的机制有助于神经网络训练

的收敛性和稳定性。具体来说，当导航机器人与导航环境交互时，在每一个时间步上获得的交互数据记为 $e_t=(s_t,a_t,r_t,s_{t+1})$，同时将其放至经验池中，在训练过程中，导航机器人便会利用经验回放机制，对经验池内的交互数据进行随机采样获得训练数据，并通过梯度反向传播（Gradient Back Propagation）算法更新网络参数 θ。

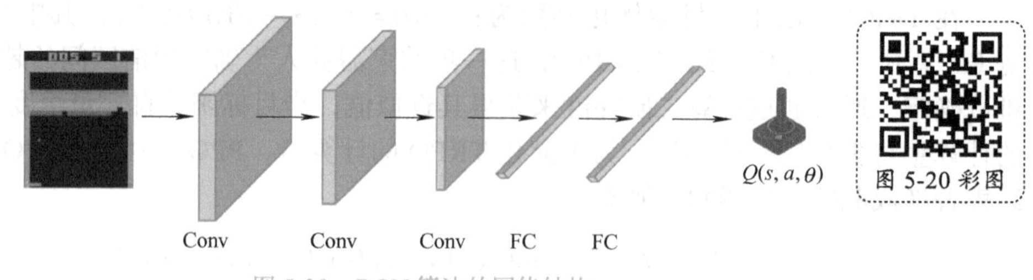

图 5-20　DQN 算法的网络结构

2. DDPG 算法

深度确定性策略梯度（Deep Deterministic Policy Gradient，DDPG）算法是基于确定性策略梯度算法结合深度神经网络改进的算法。虽然 DQN 算法使用深度神经网络来获得更大的状态－动作空间，但是 DQN 算法仍然只适用于离散动作空间，而 DDPG 算法可应用于连续动作的任务学习。DDPG 算法是基于 DPG 算法的改进，所以在整体设计上依然参照前文提及的演员－评论家结构，采用 Actor 网络来拟合策略函数并直接输出动作，同时采用 Critic 网络拟合值函数来估计策略优势。

与原始的演员－评论家结构不同的是，吸取 DQN 算法的经验，使用深度神经网络替代原始 Actor 网络和 Critic 网络。在 DDPG 算法中，Critic 网络接收状态 s 和动作 a 作为输入，输出估计的状态－动作值 $Q(s,a)$；Actor 网络接收状态 s 作为输入，输出移动动作 a；网络更新时如果更新目标不断变动，则会造成更新困难，所以 DDPG 算法和 DQN 算法采用了一样的固定网络（Fix Network）技术，冻结当前网络参数用于求解目标网络，更新之后，再把参数赋值到目标网络之上。

在训练决策模型时，只需要训练 Actor 网络参数 θ^{π} 和 Critic 网络参数 θ^{Q}，每经过特定的时间步长，就将 Actor 网络和 Critic 网络的网络参数 $(\theta^{\pi},\theta^{Q})$ 更新给 Actor 目标网络和 Critic 目标网络 $(\theta^{\pi},\theta^{Q'})$。DDPG 算法的网络结构如图 5-21 所示。

Critic 网络采用最小化损失函数来更新参数，即

$$L(\theta^{Q})=E_{\mu'}[(r(s_t,a_t)+\gamma Q'(s_{t+1},\mu'(s_{t+1}|\theta^{\pi})|\theta^{Q'})-Q(s_t,a_t\,|\,\theta^{Q})^2] \tag{5-34}$$

Actor 网络采用梯度函数来更新参数，即

$$\nabla_{\theta^{\pi}}\mu\approx E_{\mu'}[\nabla_a Q(s,a|\theta^{Q})|_{s=s_t,a=\mu(s_t)}\nabla_{\theta^{\pi}}\mu(s|\theta^{\pi'})|_{s=s_t}] \tag{5-35}$$

3. 分层深度强化学习

基于深度强化学习（Deep Reinforcement Learning，DRL）的机器人导航方法相比于传统的导航方法，已经能够实现较为强大的自主性、智能性。但是在面对高维度的状态空间时，基于 DRL 的方法依然存在无法解决的维数灾难，导致无法执行有效导航，同时在面对一些特殊地形（如长廊、死角处）时，策略网络容易出现局部最优化等问

题，基于对以上挑战的研究，研究人员提出了基于分层深度强化学习（Hierarchical Deep Reinforcement Learning，HDRL）的机器人导航方法，将复杂导航问题分解成相对简单的子问题，通过解决每个子问题获得全局导航策略。基于分层深度强化学习的导航方法可以分为两类：基于子任务（Subgoal-Based）的分层深度强化学习方法和基于选项（Option-Based）的分层深度强化学习方法。

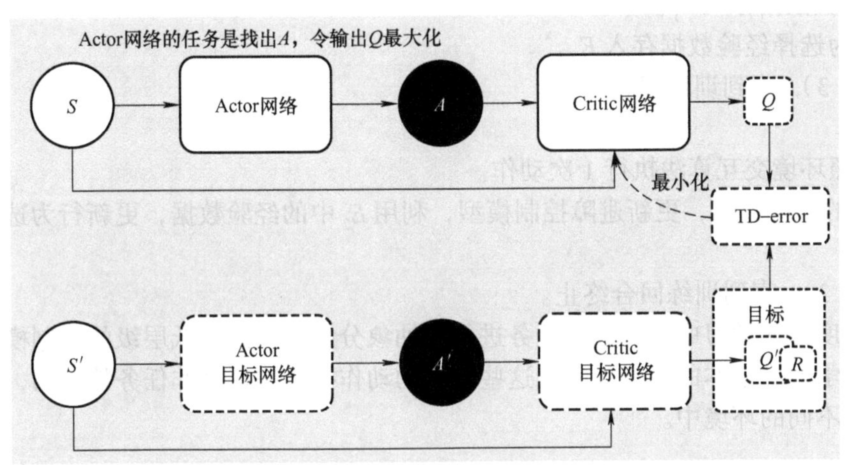

图 5-21 彩图

图 5-21　DDPG 算法的网络结构

如图 5-22 所示，在基于子任务的分层深度强化学习方法中，高层策略负责生成子目标，而低层策略输出控制动作以达成这些目标，但是其先验知识的设计不具有泛化性，表现性能依赖于具有任务特异性的子目标空间；基于选项的分层深度强化学习方法则使用高层策略在多个低层策略中进行选择，再由被选中的低层策略输出控制动作。

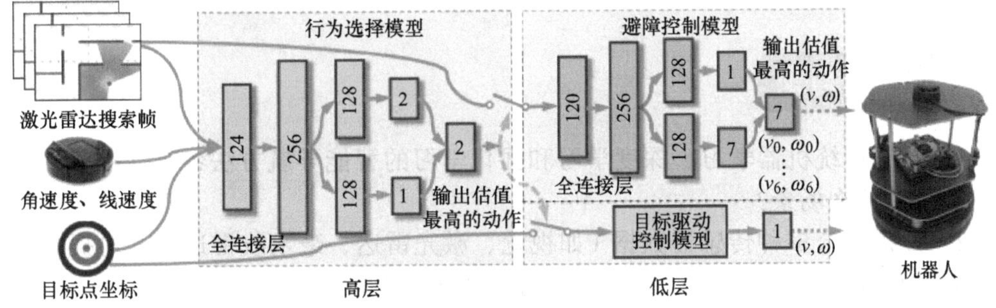

图 5-22　基于分层深度强化学习的导航方法框架

图 5-22 彩图

在机器人智能导航中，最常见的解耦方式就是将导航任务拆解成避障和目标接近两个子任务。如图 5-22 所示，在基于分层深度强化学习的导航方法框架中，高层的行为选择模型采用全连接神经网络对低层策略进行选择，低层控制模型分为两个部分：一个是采用全连接神经网络的避障控制模型，负责学习避障策略；另一个是采用基于规则的目标驱动控制模型，负责实现目标接近策略。

低层控制模型通过这两个部分学习到最优导航策略，具体步骤如下：

（1）环境交互

1）输入激光雷达搜索帧、机器人的角速度和线速度以及目标点坐标，由行为选择模型输出被选行为。

2）如果选择执行目标接近行为，则根据目标驱动控制模型的输出执行 1 次动作，产生的经验数据存入 E_1；如果选择执行避障行为，则根据避障控制模型的输出执行 n 次动作，产生的避障经验数据存入 E_1。

3）产生的行为选择经验数据存入 E_2。

4）迭代 1）～ 3)，直到训练回合终止。

（2）参数更新

1）机器人按照环境交互算法执行 1 次动作。

2）利用 E_1 中的经验数据，更新避障控制模型，利用 E_2 中的经验数据，更新行为选择模型。

3）迭代 1）～ 3)，直到训练回合终止。

由于在分层深度强化学习中，对导航任务进行了抽象分解，因此最低层级的控制模型可以从导航任务中学习到基本的动作技能，这些基本的动作技能往往是非任务特异的，可以帮助算法迁移到不同的环境中。

本章小结

本章围绕基于学习的机器人智能导航方法，阐述了相关基础概念，探讨了传统机器学习方法在智能导航中的应用，特别是聚焦深度学习在机器人智能导航领域的实践，以及基于强化学习的智能导航技术。通过这些基于学习的智能导航算法，机器人能更加深入地理解环境，更加准确地估计当前状态，并做出更优的决策，从而最终实现更加智能、自适应的导航系统。

思考题与习题

5-1　基于传统机器学习、深度学习和强化学习的智能导航方法各有什么优缺点，它们分别适用于什么场景？

5-2　分析结合多种传感器数据（如视觉、激光雷达、毫米波雷达等）对提高机器人导航准确性和鲁棒性的重要性，并讨论如何融合这些数据。

5-3　分析深度学习技术如何改进传统的 SLAM 方法，并讨论深度学习在特征提取、匹配和闭环检测中的应用。

5-4　讨论在强化学习中如何平衡探索未知环境和利用已知信息之间的关系，并讨论不同的探索策略对学习效率和效果的影响。

参考文献

[1] SAMUEL A L. Some studies in machine learning using the game of checkers[J]. IBM Journal of Research and Development，2000，44（1/2）：207-226.

[2] RUMELHART D E，HINTON G E，WILLIAMS R J. Learning representations by back-propagating errors[J]. Nature，1986，323（6088）：533-536.

[3] MNIH V，KAVUKCUOGLU K，SILVER D，et al. Playing atari with deep reinforcement learning[EB/OL].（2013-12-19）[2024-09-24]. https://doi-org-s.libyc.nudt.edu.cn：443/10.48550/arXiv.1312.5602.

[4] QUINLAN J R. Induction of decision trees[J]. Machine Learning，1986，1（1）：81-106.

[5] BREIMAN L. Random forests[J]. Machine Learning，2001，45：5-32.

[6] CORTES C，VAPNIK V. Support-vector networks[J]. Machine Learning，1995，20（3）：273-297.

[7] HINTON G E，SALAKHUTDINOV R R. Reducing the dimensionality of data with neural networks[J]. Science，2006，313（5786）：504-507.

[8] LECUN Y，BOTTOU L，BENGIO Y，et al. Gradient-based learning applied to document recognition[J]. Proceedings of the IEEE，1998，86（11）：2278-2324.

[9] GRAVES A. Supervised sequence labelling with recurrent neural networks[M]. Berlin：Springer Verlag，2012.

[10] VASWANI A，SHAZEER N，PARMAR N，et al. Attention is all you need[C]//NIPS17：Proceedings of the 31st International Conference on Neural Information Processing Systems. Long Beach：Curran Associates Inc.，2017：6000 6010.

[11] MINSKY M L. Theory of neural-analog reinforcement systems and its application to the brain-model problem[D]. Princeton：Princeton University，1954.

[12] WATKINS C J C H，DAYAN P. Q-learning[J]. Machine Learning，1992，8：279-292.

第 6 章　多机器人协同导航技术

导读

本章建立多运动平台协同导航系统的数学模型，所研究的多运动平台系统具有下列特征：

1）平台可各自独立运动。

2）每个平台可以对自身运动进行航迹推算。

3）部分平台可以利用组合导航技术来校正航迹推算误差。

4）平台间可以进行相对导航状态的观测。

5）每个平台都具有通信能力，可以与其他平台进行通信。

具有上述特征的多运动平台系统涵盖了不同的应用系统。平台载体可以是飞机、地面车辆、舰船或者不同类型载体的组合；载体类型和应用需求不同，相应的导航设备也有多种选择：航迹推算设备可以是惯性测量单元，也可以是里程计；校正航迹推算误差的导航系统可以是卫星导航系统，也可以是多普勒测速仪；平台间的相对测量可以是距离或方位观测或兼而有之。毫无疑问，不同的应用系统对算法的具体要求不尽相同，如计算周期、精度等。不过，对于具有上述特征的多运动平台系统，其协同导航问题可以抽象出共同的数学模型。

多运动平台系统的上述特征中，平台间相对导航状态的观测使平台的导航状态相关，从而使得单个平台的导航资源可以为其他平台提供导航信息；平台间的相互通信则为这种导航资源共享提供了硬件基础，协同导航算法是这种资源共享的实现途径。各运动平台之间通过共享导航信息并且通过相对测量，可实现对多运动体导航精度的提升。

本章知识点

- 多机器人协同导航状态估计架构
- 协同导航相对观测方式及协同导航算法
- 多机器人协同导航时空一致性标定技术

6.1　多机器人协同导航状态估计架构

平台状态由平台的位置、速度、姿态等全部或部分元素组成。记 $k(k=1,2,\cdots)$ 时刻平台 $i(i=1,2,3,\cdots)$ 的状态为 $\boldsymbol{x}_k^i$。平台运动方程的一般形式为

$$\boldsymbol{x}_{k+1}^i = f^i(\boldsymbol{x}_k^i, \boldsymbol{u}_k^i) + \boldsymbol{w}_k^i \tag{6-1}$$

式中，f^i 由平台 i 的动力学特性决定；$\boldsymbol{u}_k^i$ 为平台 i 在第 $k+1$ 个解算周期内进行航迹推算时所需要的参变量，称为平台 i 的输入，对于在二维空间运动的平台，输入量可以是解算周期内平台的位移，由里程计提供，对于在三维空间运动的平台，输入量可以是解算周期内平台的角速度和加速度，由陀螺和加速度计提供；$\boldsymbol{w}_k^i$ 为系统噪声，假设是高斯白噪声，可记作：

$$\boldsymbol{w}_k^i \sim \mathcal{N}_S(\boldsymbol{w}_k^i; \boldsymbol{0}, \boldsymbol{Q}_k^i) \tag{6-2}$$

式中，$\mathcal{N}_S$ 表示用均值和协方差刻画的高斯分布。

当 $f^i(\bullet)$ 为非线性函数时，可以在其估值附近进行一阶泰勒展开（Taylor Expansion），从而获得近似的线性方程，即

$$\boldsymbol{x}_{k+1}^i = f^i(\hat{\boldsymbol{x}}_k^i, \boldsymbol{u}_k^i) + \nabla f^i(\boldsymbol{x}_k^i - \hat{\boldsymbol{x}}_k^i) + \boldsymbol{w}_k^i \tag{6-3}$$

由于航迹推算的导航误差随时间而积累，所以一个平台上往往有多个导航传感器，通过组合导航技术限制航迹推算的误差积累，从而提高导航系统的整体性能。例如，与惯性导航系统组合的有视觉、激光雷达、轮式码盘等。与航迹推算系统进行组合的这些导航系统的导航设备的测量值或者导航系统的导航结果可以看作对平台状态的观测，这类观测仅涉及一个平台，称为单平台观测。

在协同导航系统中，平台之间的每个相对观测涉及两个平台，称为平台间观测。常见的平台间观测有平台间距离和相对方位。

考虑一个多机器人协同定位的例子。设每个机器人的状态由其三维笛卡儿位置坐标描述，即 $\boldsymbol{x} = [x, y, z]^{\mathrm{T}}$。机器人 i 装备有卫星导航系统和测距仪。将卫星导航系统的位置输出转换为笛卡儿坐标并作为对机器人 i 的状态的观测，得到对应的观测方程为

$$\boldsymbol{z}_i = \begin{pmatrix} 1 & 0 & 0 \\ 0 & 1 & 0 \\ 0 & 0 & 1 \end{pmatrix} \boldsymbol{x}^i + \boldsymbol{v}^i \tag{6-4}$$

式中，$\boldsymbol{v}^i$ 为观测噪声。

机器人 i 对机器人 j 的距离观测记为 d^{ij}，对应的观测方程为

$$d^{ij} = \sqrt{(x^i - x^j)^2 + (y^i - y^j)^2 + (z^i - z^j)^2} + \boldsymbol{v}^{ij} \tag{6-5}$$

式中，$\boldsymbol{v}^{ij}$ 为观测噪声。

不失一般性，k 时刻平台 i 的单平台的观测方程可写为

$$\boldsymbol{z}_k^i = h^i(\boldsymbol{x}_k^i) + \boldsymbol{v}_k^i \tag{6-6}$$

式中，观测噪声 $\boldsymbol{v}_k^i$ 假定为高斯白噪声，且 $\boldsymbol{v}_k^i \sim \mathcal{N}_S(\boldsymbol{v}_k^i; \boldsymbol{0}, \boldsymbol{R}_k^i)$。

当 $h^i(\bullet)$ 为非线性函数时，与式（6-3）类似，可以通过泰勒级数展开得到近似的线性方程，即

$$\boldsymbol{z}_k^i = \nabla h^i \boldsymbol{x}_k^i + h^i(\hat{\boldsymbol{x}}_k^i) - \nabla h^i \hat{\boldsymbol{x}}_k^i + \boldsymbol{v}_k^i \tag{6-7}$$

不失一般性，k时刻平台i对平台j的观测方程可写为

$$z_k^{ij} = h^{ij}(x_k^i, x_k^j) + v_k^{ij} \tag{6-8}$$

式中，观测噪声v_k^{ij}假定为高斯白噪声，且$v_k^{ij} \sim \mathcal{N}_S(v_k^{ij}; \mathbf{0}, R_k^{ij})$。

当$h^{ij}(\cdot)$为非线性函数时，与式（6-3）类似，可以求得线性化的观测方程为

$$z_k^{ij} = \nabla h_i^{ij} x_k^i + \nabla h_j^{ij} x_k^j + h^{ij}(\hat{x}_k^i, \hat{x}_k^j) - \nabla h_i^{ij} \hat{x}_k^i - \nabla h_j^{ij} \hat{x}_k^j + v_k^{ij} \tag{6-9}$$

式中，$\nabla h_i^{ij} = \left.\dfrac{\partial h^{ij}}{\partial x_k^i}\right|_{x_k^i = \hat{x}_k^i}$；$\nabla h_j^{ij} = \left.\dfrac{\partial h^{ij}}{\partial x_k^j}\right|_{x_k^j = \hat{x}_k^j}$。

6.2 协同导航相对观测方式及协同导航算法

协同导航利用集群节点之间的相对测量信息来校正导航参数，根据不同的相对观测手段和获取的观测信息可以构建不同的协同导航系统。本节将介绍基于超宽带测距的协同导航算法、基于交叉视图的协同导航算法和基于激光测距的协同导航算法。

6.2.1 基于超宽带测距的协同导航算法

超宽带（Ultra Wide Band，UWB）测距是利用时间到达法测量两个节点间距离。目前，超宽带测距已广泛用于室内定位和集群协同定位。

1. UWB 测距原理

UWB 测距原理主要有两种方式，分别是双向飞行时间法（Two-Way Time of Flight，TW-ToF）和单边双向测距法（Single-Sided Two-Way Ranging，SS-TWR）。双向飞行时间法是 UWB 测距中最常用的方法，它涉及两个设备之间的通信：一个作为发射器，另一个作为接收器。发射器发送一个脉冲信号，接收器接收到信号后，会发送一个响应信号返回发射器。发射器接收到响应信号后，通过计算信号往返的时间，可以确定两个设备之间的距离。由于信号往返，因此实际使用单程时间的一半来计算距离。

单边双向测距法则是由一个设备（通常称为锚点或基站）发起测距请求，另一个设备（通常称为标签或移动设备）接收请求并立即响应。锚点记录下发送请求和接收响应的时间戳，然后使用这些时间戳来计算距离。在协同导航中，节点之间需要互相通信，因此采用双向飞行时间法进行测距，其原理如图 6-1 所示。

图 6-1 中，T_{f}表示信号的飞行时间；R_{a}表示设备 A 发送信号到接收信号的时间间隔；R_{b}表示设备 B 发送信号到接收信号的时间间隔；D_{a}表示设备 A 的延迟响应；D_{b}表示设备 B 的延迟响应。信号飞行时间的推导如下：

$$R_{\mathrm{a}} = 2T_{\mathrm{f}} + D_{\mathrm{b}} \tag{6-10}$$

$$R_{\mathrm{b}} = 2T_{\mathrm{f}} + D_{\mathrm{a}} \tag{6-11}$$

$$T_{\mathrm{f}} = \frac{1}{4}(R_{\mathrm{a}} - D_{\mathrm{a}} + R_{\mathrm{b}} - D_{\mathrm{b}}) \tag{6-12}$$

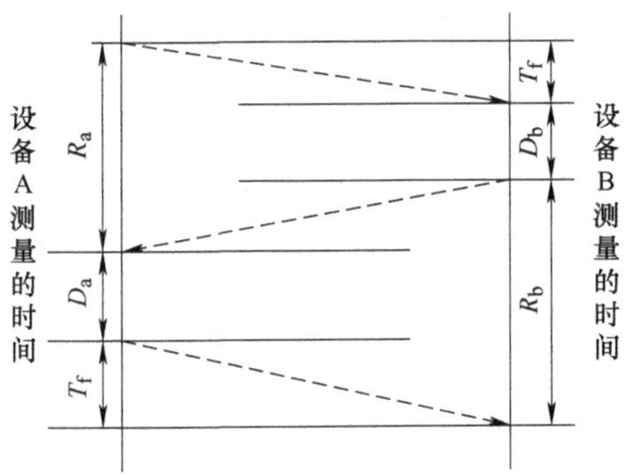

图 6-1 双向飞行时间法测距原理

由于发射端与接收端都存在时钟漂移，因此误差可以表示为

$$\tilde{T}_f - T_f = \frac{1}{2}T_f(e_a + e_b) + \frac{1}{4}(e_a - e_b)(D_b - D_a) \tag{6-13}$$

式中，e_a 为设备 A 的时钟漂移；e_b 为设备 B 的时钟漂移；$\tilde{T}_f$ 为信号传播时间偏量。

由式（6-13）可以看出，误差来源主要与信号传播时间 T_f 及应答响应 D_a 和 D_b 有关，设备时钟漂移和由硬件自带的时钟校正程序可以忽略不计。而 UWB 设备的信号应答响应为微秒级，信号传播时间为纳秒级，因此主要影响测距误差的来源还是应答响应，如果能保证 D_a 和 D_b 相等的话，则可以忽略设备应答响应的误差，但是这个很难实现。因此可以用如下代替算法计算：

$$T_f = \frac{R_a R_b - D_a D_b}{R_a + D_a + R_b + D_b} \tag{6-14}$$

对应的误差可以表示为

$$\tilde{T}_f - T_f = k_a T_f - T_f = e_a T_f \tag{6-15}$$

由式（6-15）可以看出，用该算法测距时，测距误差只与信号的传播时间以及收发端的时钟偏移 e_a 有关，所以只需要考虑影响信号传播时间的因素即可。

2. 集中式测距协同算法模型

在地球模型中，A、B 为球面上两点，其距离为球面上的弧线，当两点相距较近时，可以将两点所在的弧面区域近似为水平面，再对两点间距离进行计算。当 A、B 相距较近时，其纬度 L_A、L_B 的余弦值近似相等，即

$$\cos L_A = \cos L_B = \cos L_{\text{ref}} \tag{6-16}$$

可以将距离表示为位置向量之差的模，在导航系转换为经纬度进行计算，即

$$\begin{aligned} R_{\text{INS},AB} &= \left\| \boldsymbol{p}_B^n - \boldsymbol{p}_A^n \right\| \\ &= \sqrt{\left[\frac{(L_B - L_A)}{2\pi} 2\pi R_e\right]^2 + \left[\frac{(\lambda_B - \lambda_A)}{2\pi} 2\pi R_e \cos L_{\text{ref}}\right]^2 + (h_B - h_A)^2} \\ &= \sqrt{[(L_B - L_A)R_e]^2 + [(\lambda_B - \lambda_A)R_e \cos L_{\text{ref}}]^2 + (h_B - h_A)^2} \end{aligned} \tag{6-17}$$

式中，λ、L和h分别表示经度、纬度和高度；R_e表示地球卯酉圈半径。

集中式协同导航通过一个中央处理单元来进行协同导航解算，中央处理器可以是某一个节点，也可以是集群控制地面站。中央处理器将收集所有节点的导航状态和相对观测信息并进行导航参数估计，然后将校正的导航参数返回给各节点。

以图6-2所示模型为例，假设无人车为中心节点，无人机为子节点。集中式协同定位是将集群中所有惯性、距离测量值汇总在中心节点上并对各平台状态统一进行解算。无人机将自身的导航参数发送给无人车，无人车通过UWB测量得到两个节点之间的距离R_{DIS}。假设集群中共有N个无人机，则误差状态向量$\boldsymbol{X}_k$为N个无人机的姿态、速度、位置误差组成的$9N\times1$维列向量，其均方误差矩阵$\boldsymbol{P}_k$为N个无人机的分块均方误差矩阵组成的$9N\times9N$维对角矩阵，其状态噪声协方差矩阵$\boldsymbol{Q}_k$为N个无人机的分块状态噪声协方差矩阵构成的$6N\times6N$维对角矩阵，其观测噪声协方差矩阵$\boldsymbol{R}_k$为N个无人机的分块观测噪声协方差矩阵构成的$MN\times MN$维对角矩阵，其系统状态转移矩阵$\boldsymbol{\Phi}_{k,k-1}$为$N$个无人机的分块观测噪声协方差矩阵构成的$9N\times9N$维对角矩阵，其系统噪声转移矩阵$\boldsymbol{\Gamma}_{k,k-1}$为$N$个无人机的分块观测噪声协方差矩阵构成的$9N\times6N$维对角矩阵。

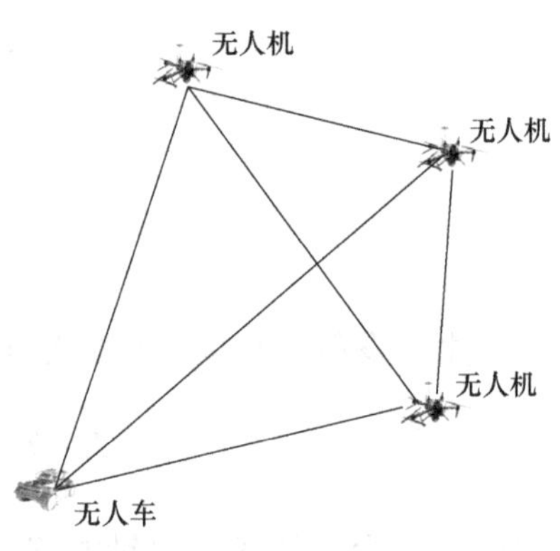

图6-2 集中式测距协同简化观测模型

观测量$\boldsymbol{Z}_k$包含无人车对无人机的测距和(N^2-N)个无人机之间的测距，可以表示为(N^2-N+N)维列向量，写作

$$\boldsymbol{Z}_k=\begin{pmatrix} \left.\begin{matrix} R_{\text{INS},A_1B}-R_{\text{DIS},A_1B} \\ \vdots \\ R_{\text{INS},A_NB}-R_{\text{DIS},A_NB} \end{matrix}\right\} N \\ \hdashline \left.\begin{matrix} \left.\begin{matrix} R_{\text{INS},A_1A_2}-R_{\text{DIS},A_1A_2} \\ \vdots \\ R_{\text{INS},A_1A_N}-R_{\text{DIS},A_1A_N} \end{matrix}\right\} N \\ \left.\begin{matrix} R_{\text{INS},A_2A_1}-R_{\text{DIS},A_2A_1} \\ \vdots \\ R_{\text{INS},A_2A_N}-R_{\text{DIS},A_2A_N} \end{matrix}\right\} N \\ \vdots \\ \left.\begin{matrix} R_{\text{INS},A_NA_1}-R_{\text{DIS},A_NA_1} \\ \vdots \\ R_{\text{INS},A_NA_{N-1}}-R_{\text{DIS},A_NA_{N-1}} \end{matrix}\right\} N \end{matrix}\right\} N^2-N \end{pmatrix} \tag{6-18}$$

式中，$\boldsymbol{Z}_k$上半部分为无人车与N个无人机之间的观测，共N维；下半部分为N个无人机之间的相互观测，共(N^2-N)维。

与观测量$\boldsymbol{Z}_k$相对应，观测矩阵$\boldsymbol{H}_k$写作

$$\boldsymbol{H}_k=\left(\begin{array}{ccccc}\boldsymbol{H}_{k,A_1B_1} & 0 & \cdots & 0 & 0\\ \vdots & \vdots & & \vdots & \vdots\\ 0 & \boldsymbol{H}_{k,A_2B_1} & \cdots & 0 & 0\\ \vdots & \vdots & \vdots & \vdots & \vdots\\ 0 & 0 & \cdots & 0 & 0\\ \vdots & \vdots & & \vdots & \vdots\\ 0 & 0 & \cdots & 0 & \boldsymbol{H}_{k,A_NB_1}\\ \hline \boldsymbol{H}_{k,A_1A_2} & \boldsymbol{H}_{k,A_2A_1} & \cdots & 0 & 0\\ \vdots & \vdots & & \vdots & \vdots\\ \boldsymbol{H}_{k,A_1A_N} & 0 & \cdots & 0 & \boldsymbol{H}_{k,A_NA_1}\\ \boldsymbol{H}_{k,A_1A_2} & \boldsymbol{H}_{k,A_2A_1} & \cdots & 0 & 0\\ \vdots & \vdots & & \vdots & \vdots\\ 0 & \boldsymbol{H}_{k,A_2A_N} & \cdots & 0 & \boldsymbol{H}_{k,A_NA_2}\\ \vdots & \vdots & \vdots & \vdots & \vdots\\ \boldsymbol{H}_{k,A_1A_N} & 0 & \cdots & 0 & \boldsymbol{H}_{k,A_NA_1}\\ \vdots & \vdots & & \vdots & \vdots\\ 0 & 0 & \cdots & \boldsymbol{H}_{k,A_{N-1}A_N} & \boldsymbol{H}_{k,A_NA_{N-1}}\end{array}\right)\begin{array}{l}\left.\right\}N\\ \left.\right\}N\\ \left.\right\}N\\ \vdots\\ \left.\right\}N\end{array}\left.\right\}N^2-N \tag{6-19}$$

式中，对$i=1,2,\cdots,N$有

$$\boldsymbol{H}_{k,A_iB}=\left(\boldsymbol{0}_{1\times 6},\frac{(L_{A_i}-L_B)R_{\mathrm{e}}^2}{R_{\mathrm{INS},A_iB}},\frac{(\lambda_{A_i}-\lambda_B)R_{\mathrm{e}}^2\cos^2 L_{\mathrm{ref}}}{R_{\mathrm{INS},A_iB}},\frac{h_{A_i}-h_B}{R_{\mathrm{INS},A_iB}}\right) \tag{6-20}$$

对$i=1,2,\cdots,N$，$j=1,2,\cdots,N$，$i\neq j$，有

$$\boldsymbol{H}_{k,A_iA_j}=\left(\boldsymbol{0}_{1\times 6},\frac{(L_{A_i}-L_{A_j})R_{\mathrm{e}}^2}{R_{\mathrm{INS},A_iA_j}},\frac{(\lambda_{A_i}-\lambda_{A_j})R_{\mathrm{e}}^2\cos^2 L_{\mathrm{ref}}}{R_{\mathrm{INS},A_iA_j}},\frac{h_{A_i}-h_{A_j}}{R_{\mathrm{INS},A_iA_j}}\right) \tag{6-21}$$

由此可以得到参与协同的各平台在t_k时刻估计的误差状态$\hat{\boldsymbol{X}}_k$，反馈到当前时刻惯导解算结果中即可更新各平台在t_k时刻的姿态、速度、位置。

3. 分布式测距协同算法模型

分布式测距协同算法模型依赖于多个独立的节点或设备，这些节点分布在一个区域中，并且能够相互通信。每个节点都能够测量到其他节点或目标的距离，然后通过协同合作来确定整个网络中所有节点的位置。采用分布式协同导航方案，由于集群中的节点没有主从之分，在部分无人机损坏的情况下，无人机群仍然能够正常进行导航定位，因此系统的鲁棒性较强。分布式协同导航算法框架如图 6-3 所示。

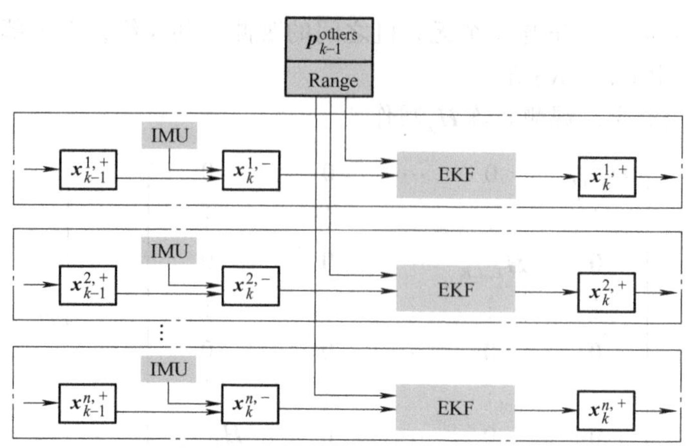

图 6-3　分布式协同导航算法框架

分布式协同导航算法的主要步骤如下：

1）集群中的无人机利用自身配备的惯导系统进行单节点导航。

2）通过无人机之间的测距网络进行测距，利用集群通信链路交换协同无人机的导航参数，将自身的导航状态以及由测距模块测得的相对距离传递给附近的其他无人机。

3）各无人机利用协同无人机的导航参数得到 $\boldsymbol{R}_{\mathrm{INS}}$，结合测距信息对本地进行导航参数校正后得到 $\boldsymbol{R}_{\mathrm{DIS}}$。

无人机本地计算的 $\boldsymbol{R}_{\mathrm{INS}}$ 与校正后得到的 $\boldsymbol{R}_{\mathrm{DIS}}$ 进行作差运算，作差结果作为滤波器的观测量，则离散化的系统观测方程可以表示为

$$\boldsymbol{Z}_k = \boldsymbol{R}_{\mathrm{INS}} - \boldsymbol{R}_{\mathrm{DIS}} = \boldsymbol{H}_k \boldsymbol{X}_k + \boldsymbol{V}_k \tag{6-22}$$

假设本地无人机标签为 A，其他协同无人机标签为 B，在拓展卡尔曼滤波（Extend Kalman Filter，EKF）中，$\boldsymbol{H}_k$ 取雅可比（Jacobian）矩阵，观测量为无人机 A 相对其他协同无人机 B 的距离，观测矩阵 $\boldsymbol{H}_k$ 为

$$\begin{aligned}\boldsymbol{H}_k &= \left(\boldsymbol{0}_{1\times 6}, \frac{\partial R_{\mathrm{INS},AB}}{\partial L_A}, \frac{\partial R_{\mathrm{INS},AB}}{\partial \lambda_A}, \frac{\partial R_{\mathrm{INS},AB}}{\partial h_A}\right) \\ &= \left(\boldsymbol{0}_{1\times 6}, \frac{(L_A - L_B)R_{\mathrm{e}}^2}{R_{\mathrm{INS},AB}}, \frac{(\lambda_A - \lambda_B)R_{\mathrm{e}}^2 \cos^2 L_{\mathrm{ref}}}{R_{\mathrm{INS},AB}}, \frac{h_A - h_B}{R_{\mathrm{INS},AB}}\right)\end{aligned} \tag{6-23}$$

当集群中有 M 个协同无人机 B 时，观测矩阵 $\boldsymbol{H}_k$ 为

$$\boldsymbol{H}_k = \begin{pmatrix} \boldsymbol{0}_{1\times 6} & \dfrac{(L_A - L_{B_1})R_{\mathrm{e}}^2}{R_{\mathrm{INS},AB_1}} & \dfrac{(\lambda_A - \lambda_{B_1})R_{\mathrm{e}}^2 \cos^2 L_{\mathrm{ref}}}{R_{\mathrm{INS},AB_1}} & \dfrac{h_A - h_{B_1}}{R_{\mathrm{INS},AB_1}} \\ \boldsymbol{0}_{1\times 6} & \dfrac{(L_A - L_{B_2})R_{\mathrm{e}}^2}{R_{\mathrm{INS},AB_2}} & \dfrac{(\lambda_A - \lambda_{B_2})R_{\mathrm{e}}^2 \cos^2 L_{\mathrm{ref}}}{R_{\mathrm{INS},AB_2}} & \dfrac{h_A - h_{B_2}}{R_{\mathrm{INS},AB_2}} \\ \vdots & \vdots & \vdots & \vdots \\ \boldsymbol{0}_{1\times 6} & \dfrac{(L_A - L_{B_M})R_{\mathrm{e}}^2}{R_{\mathrm{INS},AB_M}} & \dfrac{(\lambda_A - \lambda_{B_M})R_{\mathrm{e}}^2 \cos^2 L_{\mathrm{ref}}}{R_{\mathrm{INS},AB_M}} & \dfrac{h_A - h_{B_M}}{R_{\mathrm{INS},AB_M}} \end{pmatrix} \tag{6-24}$$

对应的观测方程为

$$\boldsymbol{Z}_k=\begin{pmatrix} R_{\text{INS},AB_1}-R_{\text{DIS},AB_1} \\ R_{\text{INS},AB_2}-R_{\text{DIS},AB_2} \\ \vdots \\ R_{\text{INS},AB_M}-R_{\text{DIS},AB_M} \end{pmatrix}=\boldsymbol{H}_k\boldsymbol{X}_k+\boldsymbol{V}_k$$

4. 协同导航误差分析

当集群在进行测距协同时，不同的构型会对协同的精度产生影响。为了便于定量分析无人机群协同构型对精度的影响，根据测距误差的特性，仿照卫星单点定位的位置精度因子（Dilution of Precision，DoP）的定义方法，又考虑到无人机集群中包含两种不同精度的无人机，不同精度的无人机对无人机群的构型影响的权重不一样，因此定义无人机群的包含权重的协同精度因子为 WC-DoP（Weight Cooperative-Dilution of Precision）。

节点 i 和节点 j 之间根据导航系统输出计算的距离 $\hat{d}_{ij}$ 与根据 UWB 测量出来的距离 d_{ij} 之间的误差与两个节点的位置误差之间的关系可以表示为

$$\delta d=\hat{d}_{ij}-d_{ij}=\frac{\partial d_{ij}}{\partial x_i}\delta x_i+\frac{\partial d_{ij}}{\partial y_i}\delta y_i+\frac{\partial d_{ij}}{\partial z_i}\delta z_i+\frac{\partial d_{ij}}{\partial x_j}\delta x_j+\frac{\partial d_{ij}}{\partial y_j}\delta y_j+\frac{\partial d_{ij}}{\partial z_j}\delta z_j-\delta d_{\text{tu}}+e \tag{6-25}$$

式中，δd_{tu} 表示 UWB 钟差引起的测距误差；e 表示测量噪声，测距噪声与距离不相关，定位误差建模为高斯白噪声。

当分析无人机 i 的误差项时，可将无人机 j 的误差项视为等效测量噪声，从而将距离误差简化为

$$\delta d=\frac{\partial d_{ij}}{\partial x_i}\delta x_i+\frac{\partial d_{ij}}{\partial y_i}\delta y_i+\frac{\partial d_{ij}}{\partial z_i}\delta z_i-\delta d_{\text{tu}}+v_i \tag{6-26}$$

无人机 i 和群体内的其他无人机的测距误差可以表示为

$$\delta\boldsymbol{d}=\begin{pmatrix}\delta d_1\\ \delta d_2\\ \vdots\\ \delta d_n\end{pmatrix}=\begin{pmatrix}\frac{\partial d_{i1}}{\partial x_i} & \frac{\partial d_{i1}}{\partial y_i} & \frac{\partial d_{i1}}{\partial z_i} & -1\\ \frac{\partial d_{i2}}{\partial x_i} & \frac{\partial d_{i2}}{\partial y_i} & \frac{\partial d_{i2}}{\partial z_i} & -1\\ \vdots & \vdots & \vdots & \vdots\\ \frac{\partial d_{in}}{\partial x_i} & \frac{\partial d_{in}}{\partial y_i} & \frac{\partial d_{in}}{\partial z_i} & -1\end{pmatrix}\begin{pmatrix}\delta x_i\\ \delta y_i\\ \delta z_i\\ \delta d_{\text{tu}}\end{pmatrix}+\begin{pmatrix}v_1\\ v_2\\ \vdots\\ v_n\end{pmatrix}=\boldsymbol{H}\begin{pmatrix}\delta x_i\\ \delta y_i\\ \delta z_i\\ \delta d_{\text{tu}}\end{pmatrix}+\boldsymbol{v} \tag{6-27}$$

考虑到无人机集群内有不同精度的无人机，对于协同构型的权重影响不同，加入权重矩阵 $\boldsymbol{W}$，则式（6-27）可以写为

$$\delta\boldsymbol{d}=\boldsymbol{WH}\begin{pmatrix}\delta x_i\\ \delta y_i\\ \delta z_i\\ \delta d_{\text{tu}}\end{pmatrix}+\boldsymbol{v} \tag{6-28}$$

则距离误差的协方差与位置误差的协方差有如下关系：

$$\mathrm{cov}(\delta\boldsymbol{d})=E[(\delta\boldsymbol{d})(\delta\boldsymbol{d})^{\mathrm{T}}]=E[(\boldsymbol{WH}\delta\boldsymbol{p})(\boldsymbol{WH}\delta\boldsymbol{p})^{\mathrm{T}}]=\boldsymbol{WH}\cdot E[(\delta\boldsymbol{p})(\delta\boldsymbol{p})^{\mathrm{T}}]\cdot\boldsymbol{H}^{\mathrm{T}}\boldsymbol{W}^{\mathrm{T}} \tag{6-29}$$

则位置误差的协方差为

$$\begin{aligned}\mathrm{cov}(\delta\boldsymbol{p})&=(\boldsymbol{WH})^{-1}\mathrm{cov}(\delta\boldsymbol{d})\left(\boldsymbol{H}^{\mathrm{T}}\boldsymbol{W}^{\mathrm{T}}\right)^{-1}\delta^2\\&=(\boldsymbol{H}^{\mathrm{T}}\boldsymbol{W}^{\mathrm{T}}(\mathrm{cov}(\delta\boldsymbol{d}))^{-1}\boldsymbol{WH})^{-1}\delta^2\\&=\begin{pmatrix}g_{11}&g_{12}&g_{13}&g_{14}\\g_{21}&g_{22}&g_{23}&g_{24}\\g_{31}&g_{32}&g_{33}&g_{34}\\g_{41}&g_{42}&g_{43}&g_{44}\end{pmatrix}\delta^2\\&=\boldsymbol{G}\delta^2\end{aligned} \tag{6-30}$$

因此对于无人机 i 的 WC–DOP 可以计算为

$$\mathrm{WC-DOP}=\sqrt{(g_{11}^2+g_{22}^2+g_{33}^2+g_{44}^2)} \tag{6-31}$$

6.2.2 基于激光测距的协同导航算法

光电吊舱通常同时具有激光测距和光电测角能力，能够获取一个目标相对于吊舱的距离、方位角、俯仰角。激光测距信息能够作为观测量抑制惯性导航系统的误差发散，将惯性与激光测距系统进行组合定位的重点是卡尔曼滤波中观测矩阵 $\boldsymbol{H}$ 和残差协方差矩阵 $\boldsymbol{R}$ 的设计。以当地导航系下的 9 状态卡尔曼滤波为例，滤波状态 $\boldsymbol{x}$ 和观测矩阵 $\boldsymbol{H}$ 如下：

$$\begin{aligned}\boldsymbol{x}&=((\boldsymbol{\phi}^n)^{\mathrm{T}}\quad(\delta\boldsymbol{v}_{\mathrm{eb}}^n)^{\mathrm{T}}\quad(\delta\boldsymbol{p})^{\mathrm{T}})^{\mathrm{T}}\\\boldsymbol{H}&=(\boldsymbol{H}_{\phi}\quad\boldsymbol{H}_{v}\quad\boldsymbol{H}_{p})\end{aligned} \tag{6-32}$$

式中，$\boldsymbol{\phi}^n$ 表示姿态失准角；$\delta\boldsymbol{v}_{\mathrm{eb}}^n$ 表示速度误差；$\delta\boldsymbol{p}=(L\quad\lambda\quad h)^{\mathrm{T}}$ 表示经纬高形式的地理位置误差。

由于测距测角传感器的测量残差通常与速度无关，因此 $\boldsymbol{H}_v$ 为零矩阵。测量通道是否修正姿态决定 $\boldsymbol{H}_{\phi}$ 是否为零矩阵，$\boldsymbol{R}$ 矩阵由测量通道的形式决定。

NED（北 – 东 – 地）和 FRD（前 – 右 – 下）参考系中的笛卡儿坐标与对应的极坐标之间的转换函数如下：

$$\begin{aligned}(a\quad e\quad d)^{\mathrm{T}}&=\mathrm{Sph}\left((x\quad y\quad z)^{\mathrm{T}}\right)\\&=\left(\arctan\frac{y}{x}\quad\arcsin\frac{-z}{\sqrt{x^2+y^2+z^2}}\quad\sqrt{x^2+y^2+z^2}\right)^{\mathrm{T}}\end{aligned} \tag{6-33}$$

式中，a 表示方向角，x 轴正方向为 0，y 轴正方向为 $\frac{\pi}{2}$；e 表示仰角，水平面或 xOy 平面为零点，向上为正；d 表示距离。

坐标转换函数的雅可比矩阵为

$$
\boldsymbol{J}_{\text{Carte}}^{\text{Sph}}(\boldsymbol{r}) = \frac{\partial}{\partial \boldsymbol{r}}\text{Sph}(\boldsymbol{r}) = \begin{pmatrix} \dfrac{\partial a}{\partial x} & \dfrac{\partial a}{\partial y} & \dfrac{\partial a}{\partial z} \\ \dfrac{\partial e}{\partial x} & \dfrac{\partial e}{\partial y} & \dfrac{\partial e}{\partial z} \\ \dfrac{\partial d}{\partial x} & \dfrac{\partial d}{\partial y} & \dfrac{\partial d}{\partial z} \end{pmatrix}
= \begin{pmatrix} \dfrac{1}{x^2+y^2}\begin{bmatrix} -y & x & 0 \end{bmatrix} \\ \dfrac{1}{d^2\sqrt{x^2+y^2}}\begin{bmatrix} xz & yz & -(x^2+y^2) \end{bmatrix} \\ \dfrac{1}{d}\begin{bmatrix} x & y & z \end{bmatrix} \end{pmatrix} \tag{6-34}
$$

极坐标测量模型如下：

$$
\begin{aligned} \tilde{\boldsymbol{s}}^b &= \text{Sph}(\tilde{\boldsymbol{r}}^b) = \text{Sph}(\tilde{\boldsymbol{C}}_n^b \tilde{\boldsymbol{r}}^n) = \text{Sph}(\boldsymbol{C}_n^b \boldsymbol{C}_{n'}^n \tilde{\boldsymbol{r}}^n) \\ &= \text{Sph}\{\boldsymbol{C}_n^b(\boldsymbol{I} + (\boldsymbol{\phi}^n)^\wedge)\tilde{\boldsymbol{r}}^n\} \end{aligned} \tag{6-35}
$$

式中，$\tilde{\boldsymbol{s}}^b$ 表示载体系下向量的极坐标形式；$\tilde{\boldsymbol{r}}^b$ 表示载体系下向量的笛卡儿坐标；$\tilde{\boldsymbol{r}}^n$ 表示导航系下向量的笛卡儿坐标；$\boldsymbol{C}_n^b$ 表示导航系到载体系的转换矩阵；$(\boldsymbol{\phi}^n)^\wedge$ 表示由向量 $\boldsymbol{\phi}^n$ 的元数组成的反对称矩阵，具体形式可参考式（2-37）。

小场景下忽略地球曲率，导航系下的笛卡儿坐标为

$$
\begin{aligned} \tilde{\boldsymbol{r}}^n &= F_{\text{LLA2NED}}(\boldsymbol{p}, \boldsymbol{p}_{\text{target}}) \\ &= \text{diag}(((R_{\text{N}}+h)^{-1} \quad (R_{\text{E}}+h)^{-1}\sec L \quad -1))(\boldsymbol{p}_{\text{target}} - \boldsymbol{p}) \end{aligned} \tag{6-36}
$$

式中，$\boldsymbol{p}_{\text{target}}$ 为目标点地理坐标；R_{N} 表示载体位置的子午圈半径；R_{E} 表示卯酉圈半径。对于大场景下的测距测角方法，此处应替换为相应坐标转换方式。同样，下述笛卡儿坐标与地理坐标之间的雅可比矩阵应按照坐标转换方式重新推导。

导航系笛卡儿坐标误差及其与地理坐标之间的雅可比矩阵为

$$
\begin{aligned} \delta\tilde{\boldsymbol{r}}^n &= \boldsymbol{J}_{\text{LLA}}^{\text{NED}}(\boldsymbol{p}) \cdot (\delta\boldsymbol{p}_{\text{target}} - \delta\boldsymbol{p}) \\ \boldsymbol{J}_{\text{LLA}}^{\text{NED}}(\boldsymbol{p}) &= \text{diag}((R_{\text{N}}+h \quad (R_{\text{E}}+h)\cos L \quad -1)) \end{aligned} \tag{6-37}
$$

测量残差为

$$
\begin{aligned} \boldsymbol{z} &= \hat{\boldsymbol{s}}^b - \tilde{\boldsymbol{s}}^b \\ &= \text{Sph}(\tilde{\boldsymbol{C}}_n^b F_{\text{LLA2NED}}(\boldsymbol{p}, \boldsymbol{p}_{\text{target}})) - \boldsymbol{s}_{\text{SENSOR}} \end{aligned} \tag{6-38}
$$

测量模型中的误差传递模型为

$$
\begin{aligned} \delta\tilde{\boldsymbol{s}}^b &= \boldsymbol{J}_{\text{Carte}}^{\text{Sph}}(\tilde{\boldsymbol{r}}^b)\delta(\boldsymbol{C}_n^b(\boldsymbol{I} + (\boldsymbol{\phi}^n)^\wedge)\tilde{\boldsymbol{r}}^n) \\ &= \boldsymbol{J}_{\text{Carte}}^{\text{Sph}}(\tilde{\boldsymbol{r}}^b)(\boldsymbol{C}_n^b(\boldsymbol{\phi}^n)^\wedge\tilde{\boldsymbol{r}}^n + \tilde{\boldsymbol{C}}_n^b\delta\tilde{\boldsymbol{r}}^n) \\ &= -\boldsymbol{J}_{\text{Carte}}^{\text{Sph}}(\tilde{\boldsymbol{r}}^b)\boldsymbol{C}_n^b(\tilde{\boldsymbol{r}}^n)^\wedge\boldsymbol{\phi}^n + \\ &\quad \boldsymbol{J}_{\text{Carte}}^{\text{Sph}}(\tilde{\boldsymbol{r}}^b)\tilde{\boldsymbol{C}}_n^b\boldsymbol{J}_{\text{LLA}}^{\text{NED}}(\boldsymbol{p})\delta\boldsymbol{p}_{\text{ref}} - \\ &\quad \boldsymbol{J}_{\text{Carte}}^{\text{Sph}}(\tilde{\boldsymbol{r}}^b)\tilde{\boldsymbol{C}}_n^b\boldsymbol{J}_{\text{LLA}}^{\text{NED}}(\boldsymbol{p})\delta\boldsymbol{p} \end{aligned} \tag{6-39}
$$

则观测矩阵为

$$\boldsymbol{H}=\begin{pmatrix}\boldsymbol{H}_{\phi}\\\boldsymbol{H}_{v}\\\boldsymbol{H}_{p}\end{pmatrix}=\begin{pmatrix}-\boldsymbol{J}_{\text{Carte}}^{\text{Sph}}(\tilde{\boldsymbol{r}}^{b})\tilde{\boldsymbol{C}}_{n}^{b}(\tilde{\boldsymbol{r}}^{n})^{\wedge}\\\boldsymbol{0}_{3\times3}\\-\boldsymbol{J}_{\text{Carte}}^{\text{Sph}}(\tilde{\boldsymbol{r}}^{b})\tilde{\boldsymbol{C}}_{n}^{b}\boldsymbol{J}_{\text{LLA}}^{\text{NED}}(\boldsymbol{p})\end{pmatrix}\tag{6-40}$$

残差协方差矩阵为

$$\begin{aligned}\boldsymbol{R}=&\operatorname{diag}((\sigma_a^2\quad\sigma_e^2\quad\sigma_d^2))+\\&(\boldsymbol{J}_{\text{Carte}}^{\text{Sph}}(\tilde{\boldsymbol{r}}^{b})\tilde{\boldsymbol{C}}_{n}^{b}\boldsymbol{J}_{\text{LLA}}^{\text{NED}}(\boldsymbol{p}))\boldsymbol{\sigma}_{p_{\text{target}}}^{2}(\boldsymbol{J}_{\text{Carte}}^{\text{Sph}}(\tilde{\boldsymbol{r}}^{b})\tilde{\boldsymbol{C}}_{n}^{b}\boldsymbol{J}_{\text{LLA}}^{\text{NED}}(\boldsymbol{p}))^{\mathrm{T}}\end{aligned}\tag{6-41}$$

式中，σ_a^2、σ_e^2、σ_d^2分别表示方位角、仰角、测距通道的方差；$\boldsymbol{\sigma}_{p_{\text{target}}}^{2}$表示合作目标地理位置的协方差矩阵。

由于在一般情况下，载体定位精度通常以水平位置方差 σ_{horiz}^2 和高度方差 $\sigma_{\text{vetical}}^2$ 的形式表示，因此残差协方差矩阵 $\boldsymbol{R}$ 可以简化为以下形式：

$$\begin{aligned}\boldsymbol{R}=&\operatorname{diag}((\sigma_a^2\quad\sigma_e^2\quad\sigma_d^2))+\\&(\boldsymbol{J}_{\text{Carte}}^{\text{Sph}}(\tilde{\boldsymbol{r}}^{b})\tilde{\boldsymbol{C}}_{n}^{b})\operatorname{diag}((\sigma_{\text{horiz}}^2\quad\sigma_{\text{horiz}}^2\quad\sigma_{\text{vetical}}^2))(\boldsymbol{J}_{\text{Carte}}^{\text{Sph}}(\tilde{\boldsymbol{r}}^{b})\tilde{\boldsymbol{C}}_{n}^{b})^{\mathrm{T}}\end{aligned}\tag{6-42}$$

式（6-38）、式（6-40）和式（6-42）即为滤波测量模型的测量残差、观测矩阵和残差协方差矩阵。

6.2.3 基于交叉视图的协同导航算法

当集群看到同样的地标物时，可以通过观测到的共视区进行协同，基于交叉视图的协同导航算法不需要依赖 UWB 测距数据链，仅基于节点搭载的视觉传感器和集群通信网络即可完成，具有一定的自主性。交叉视图特征匹配定位的示意图如图 6-4 所示。

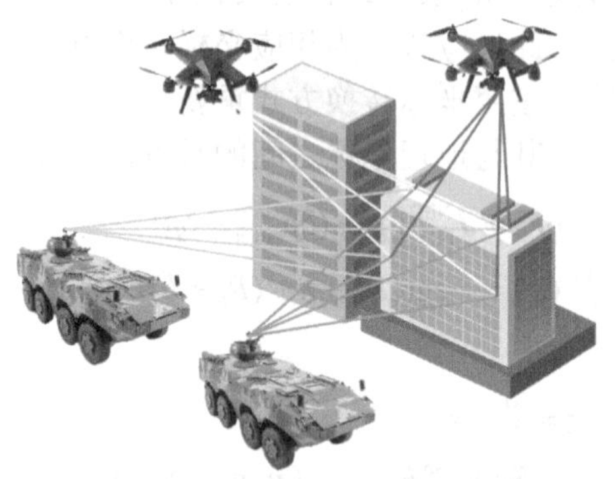

图 6-4 彩图

图 6-4　交叉视图特征匹配定位的示意图

由于不同集群节点看到同一地标时具有时间、视角等差异，因此提升跨节点的交叉视图检测能力是关键之一。基于交叉视图的协同导航算法本质上是一种基于地图分享的协同导航算法，各节点将自身观测到的地图信息分享给集群同伴，其他协同节点再将自身观测到的地图特征与组内分享的地图进行匹配，解算得到相对位姿关系。由于地图数据量大，因此需要在地图分享过程中进行轻量化处理。例如基于词袋（Bag of Words，BoW）模型的交叉视图识别方法就具有轻量化特点。词袋模型将每个关键帧的二进制描述符视为视觉单词，并将其添加到视觉数据库中，然后通过视觉单词匹配返回相似的关键帧。相似度一旦超过一定的某个阈值，就会将该相似帧返回为交叉视图帧。

当完成交叉检测后，可根据交叉视图间的特征匹配关系进行相对位姿解算。基于已知的特征在无人机 i 中的三维位置，以及无人机 j 图像中的二维观测值，然后利用 PnP（Perspective-n-Points）算法检验。如图 6-5 所示，在剔除离群值后，将这些匹配作为正确的匹配，进行闭环或协同优化。

图 6-5 彩图

图 6-5　两个关键帧图像的匹配效果

在进行特征匹配和离群点剔除后，得到匹配正确的闭环或共视的两个关键帧，如图 6-5 所示。接下来是进行两帧之间的相对位姿估计，该问题可描述为：已知 N 个 3D 空间点以及它们在图像中的投影位置时，如何求解当前相机的位置和姿态。可根据 3D 点和 2D 点的匹配关系，采用 PnP 算法对位姿进行解算。在求解中最少需要三个点匹配对，用三对点估计位姿的被称为 P3P 算法，如图 6-6 所示。

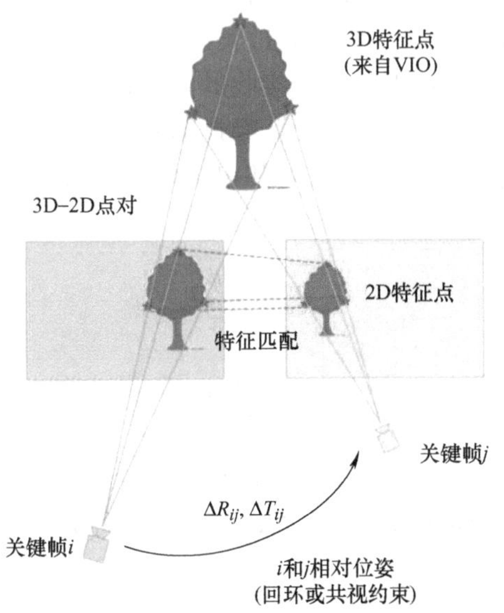

图 6-6　计算两个相似关键帧之间的相对位姿的图示

在协同过程中，假设 i、j 无人机间有共视区域，由上述方法得到二者的相对位姿 $(\Delta\boldsymbol{R}_{b_i}^{b_j},\Delta\boldsymbol{T}_{b_i}^{b_j})$，由各自视觉 / 惯性里程计或其他递推导航方法得到相对于各自局部坐标系的位姿估计值 $(\boldsymbol{R}_{b_j}^{w_j},\boldsymbol{T}_{b_j}^{w_j})$，则可得到

$$\begin{cases} \boldsymbol{R}_{b_j}^{w_i} = \boldsymbol{R}_{b_i}^{w_i} (\Delta \boldsymbol{R}_{b_i}^{b_j})^{\mathrm{T}} \\ \boldsymbol{T}_{b_j}^{w_i} = -\boldsymbol{R}_{b_i}^{w_i} (\Delta \boldsymbol{R}_{b_i}^{b_j})^{\mathrm{T}} \Delta \boldsymbol{T}_{b_i}^{b_j} + \Delta \boldsymbol{T}_{b_i}^{w_i} \end{cases} \tag{6-43}$$

从而得到两局部坐标系的转换关系为

$$\begin{cases} \boldsymbol{R}_{w_j}^{w_i} = \boldsymbol{R}_{b_j}^{w_i} (\boldsymbol{R}_{b_j}^{w_j})^{\mathrm{T}} \\ \boldsymbol{T}_{w_j}^{w_i} = \boldsymbol{T}_{b_i}^{w_i} - \boldsymbol{R}_{b_j}^{w_i} \boldsymbol{R}_{w_j}^{b_j} \boldsymbol{T}_{b_j}^{w_j} \end{cases} \tag{6-44}$$

若$i=1$，即将局部坐标系w_i当作全局世界坐标系w，则根据上述转换关系将第j个无人机转换到全局坐标系中。在第j个无人机已经转换到全局坐标系中后，与该无人机有共视区域的其他无人机，也可根据上述算法统一到全局坐标系中。以此类推，直到将协同系统中所有无人机都统一到全局坐标系中。

6.3 多机器人协同导航时空一致性标定技术

时空一致性标定技术是统一集群节点的空间参考坐标系和时间基准。通常，在非拒止环境下可以利用卫星导航系统完成定位与授时，实现统一的坐标系和时间基准。然而，在卫星拒止环境下集群节点之间需要通过相对观测来完成时空参考的统一。

6.3.1 多机器人时间一致性标定技术

多机器人平台可以通过通信网络中的调制信号进行对齐。在发射节点 A 将测距伪码与基带信号扩频后进行载波调制，然后通过天线发射出去。接收节点 B 在收到该信号后先进行射频前端处理和下变频处理。由于接收的测距伪码带有相位延迟，同时本地伪码产生器能够产生和发射节点相同的伪码序列。经过捕获、跟踪运算后得出发射伪码相位与接收信号伪码相位的相位差$\Delta\phi$，根据相位差和单个码片持续时间T_{c}得到信号传输时延T_{of}及传播距离D，计算公式如下：

$$T_{\mathrm{of}} = \frac{\Delta\phi}{2\pi} T_{\mathrm{c}} \tag{6-45}$$

$$D = \frac{\Delta\phi}{2\pi} T_{\mathrm{c}}\, c \tag{6-46}$$

从上述计算过程可以看出，最大的伪码时延为整个伪码周期，因此伪码测距的最大测距距离D_{Max}为整个伪码序列周期对应的距离，D_{Max}也被称为无模糊距离，计算公式如下：

$$D_{\mathrm{Max}} = N_{\mathrm{PN}} T_{\mathrm{c}}\, c \tag{6-47}$$

式中，N_{PN}表示伪码长度。因此如果需要设计测距距离很远的伪码测距系统，就要求伪码周期足够长，而这实现起来有难度。解决办法有两种：一种是引入对码周期的计数、秒计数，这样在伪码周期不够长的情况下也可以表示更大的测距范围；另一种是使用复合码的方式来扩大测距范围，同时减少捕获时间。

伪码时延测量分为粗测和精测两部分，如图 6-7 所示，假设测得的伪码序列码片整数

计数为 N，一个伪码码片时间为 T_c，则粗测值就是 NT_c。精测表示测量值精确到在一个伪码码元内的相位差，如果用 $\Delta\phi_{fine}$ 表示一个伪码码元内的精测相位差值，则测得的伪码时延可表示为

$$T_{fine}=\left(N+\frac{\Delta\phi_{fine}}{2\pi}\right)T_c \tag{6-48}$$

各节点之间通过通信链估计出相对于某一个节点的时延，即可实现多个机器人时间系统的统一。

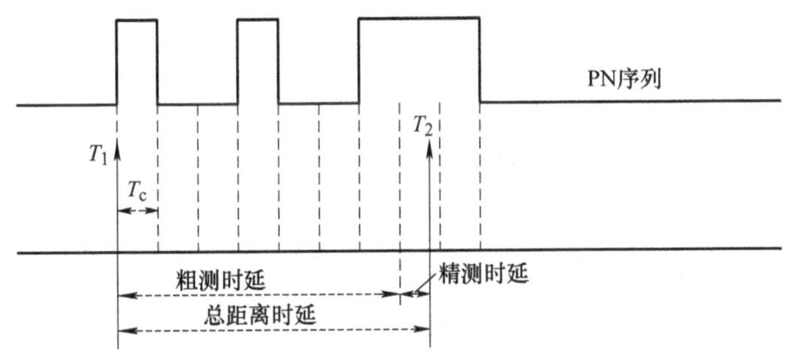

图 6-7　伪码粗测和精测示意图

6.3.2　多机器人空间一致性标定技术

多机器人集群在执行任务前需要校准所有节点在当地地理系下的坐标（以任意一个节点所在位置为原点）。通常高度上的估计可以通过气压计给出，因此，建立通信的节点之间的相对高度是已知量。所以，三维空间中的位置校准问题转换为二维平面上的位置校准问题。

在一个二维平面中的一个机器人集群，将其视为无大小的质点，节点个数为 $n(n\geqslant 3)$，用 $V=\{1,2,3,\cdots,n\}$ 表示，节点真实位置 $p_i=(x_i,y_i),i\in V$，p_i 与 p_j 的测得距离记为 $\bar{d}_{ij}$，则

$$d_{ij}=\bar{d}_{ij}+v_{ij}(i,j\in V,i\neq j) \tag{6-49}$$

式中，d_{ij} 为真实距离；v_{ij} 为测距噪声。

由测得距离构建距离矩阵并记为 $\boldsymbol{D}$，则有

$$D_{ij}=\begin{cases}\bar{d}_{ij}, & \bar{d}_{ij}\text{ 存在且}i\neq j\\ 0, & i=j\\ -1, & \bar{d}_{ij}\text{ 不存在}\end{cases} \tag{6-50}$$

式中，D_{ij} 为距离矩阵 $\boldsymbol{D}$ 第 i 行、第 j 列元素。

集群完全静止下的测距只能够校准其几何构型，要在地理坐标系下确定所有节点坐标还需要去除方向上的歧义性（旋转歧义性与翻转歧义性），因此需要通过移动节点来增加约束。标定方法可分为初始静止阶段和运动阶段。

在初始静止阶段，集群中 n 个节点保持静止一段时间，在节点间进行测距，取这段时间内测距平均值作为 $\bar{d}_{ij}$ 并构建距离矩阵 $\boldsymbol{D}_1$。

在运动阶段，移动节点利用组合寻北手段获取初始航向，中心节点快速移动一段距离并保持静止，进行第二次测距并构建距离矩阵 $\boldsymbol{D}_2$，解算运动阶段的航迹，由于纯惯导解算出来的位置不准确，仅使用解算出来的航迹角。

在第二段运动过程中，中心节点朝某方向移动一段距离，只需要知道其运动的粗略方向，并保持静止一小段时间，进行第三次测距并构建稠密测距矩阵 $\boldsymbol{D}_3$。

中心节点移动了两次，将两次移动后的节点视为虚拟节点，记为 p_{n+1}、p_{n+2}。将三个距离矩阵 $\boldsymbol{D}_1$、$\boldsymbol{D}_2$、$\boldsymbol{D}_3$ 融合为一个 $(n+2)$ 行 $(n+2)$ 列的距离矩阵 $\boldsymbol{D}_4$，其形式如下：

$$\boldsymbol{D}_4=\begin{pmatrix} 0 & \cdots & \bar{d}_{1n} & \bar{d}_{1(n+1)} & \bar{d}_{1(n+2)} \\ \vdots & & \vdots & \vdots & \vdots \\ \bar{d}_{n1} & \cdots & 0 & -1 & -1 \\ \bar{d}_{(n+1)1} & \cdots & -1 & 0 & -1 \\ \bar{d}_{(n+2)1} & \cdots & -1 & -1 & 0 \end{pmatrix} \tag{6-51}$$

建立无约束的非线性最小二乘问题，距离为 –1 的不添加残差项。目标函数的定义如下：

$$\min_{p_i,p_j}\frac{1}{2}\sum_{i=1}^{n+1}\sum_{j=i+1}^{n+2}\left\|f(p_i,p_j)\right\|^2 \tag{6-52}$$

式中，$\|\bullet\|$表示欧几里得范数。$f(p_i,p_j)$ 的定义如下：

$$f(p_i,p_j)=\begin{cases}\sqrt{(\hat{x}_i-\hat{x}_j)^2-(\hat{y}_i-\hat{y}_j)^2}-\bar{d}_{ij},\ \bar{d}_{ij}>0 \\ 0,\ \bar{d}_{ij}=-1\end{cases} \tag{6-53}$$

式中，$p_i=(\hat{x}_i,\hat{y}_i), i=2,3,\cdots,n+2$，为待优化变量，并记 $p_n=(0,0)$。上述问题可通过随机赋予节点初始位置，然后采用迭代优化算法进行数值求解。

6.4 多机器人协同导航系统案例

6.4.1 无人机集群协同导航系统

本案例使用两台旋翼无人机节点，案例实验在大约 300m × 200m 的城市路网环境中进行，具有道路和树木等环境特征，如图 6-8 所示。

图 6-8 实验场地

实验使用的无人机如图 6-9 所示，无人机搭载有机载导航计算机、下视单目相机、MIMU（微型惯性测量装置）、UWB 等协同导航传感器。同时，实验无人机还搭载了卫星导航接收机，用于评估多无人机导航定位精度。实验中两台无人机的飞行轨迹如图 6-10 所示，其中画圈部分为无人机 A 跟随无人机 B 的区域，在该区域内两架无人机之间具有共视区域。图 6-11 所示为从无人机 A 中观测到的场景。

图 6-9　实验使用的无人机

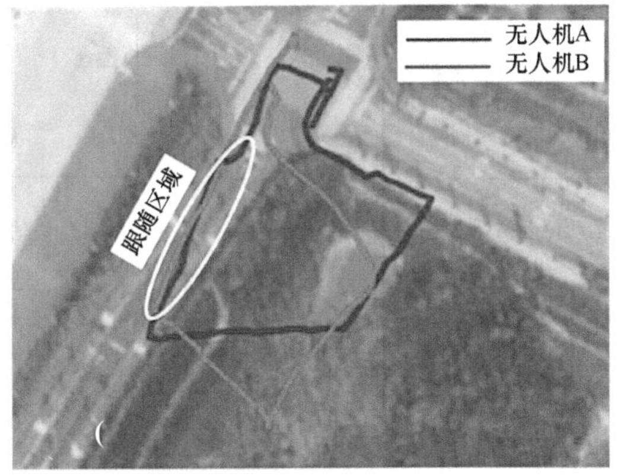

图 6-10　无人机的飞行轨迹

图 6-11　从无人机 A 中观测到的场景

采用集中式协同导航架构，多无人机协同导航系统的结构框架如图 6-12 所示。在每个无人机上运行视觉 / 惯性里程计，在滑动窗口中通过在局部坐标系下的紧耦合优化器融合视觉、惯性和距离测量信息，实现对无人机位姿、速度、IMU 零偏和地标点位置的精确估计。

无人机在视觉 / 惯性里程计递推的同时会记录下沿途关键帧信息。关键帧被压缩成特征描述符及其他必要信息以降低内存和带宽消耗。特征描述符、无人机位姿和地标点位置都被发送到中央服务器。中央服务器接收来自每个无人机的可用数据。它通过视觉描述符匹配来检测无人机观测区域的内部重叠（闭环检测）和不同无人机之间观测区域的外部重叠（共视区域）。一旦检测到闭环，就会执行全局位姿图优化，以消除每个无人机的定位累积漂移，并将多个无人机的坐标系对齐。若有距离测量，则在位姿图中加入距离约束。在完成坐标系对齐和位姿图优化之后，对特征点进行重新三角化以估计位置，然后进行全局参数优化并最后更新地图点。地图特征点的信息将发回检测到闭环或共视的无人机，为优化定位提供多视图约束，从而获得更高的精度和更好的平滑度。

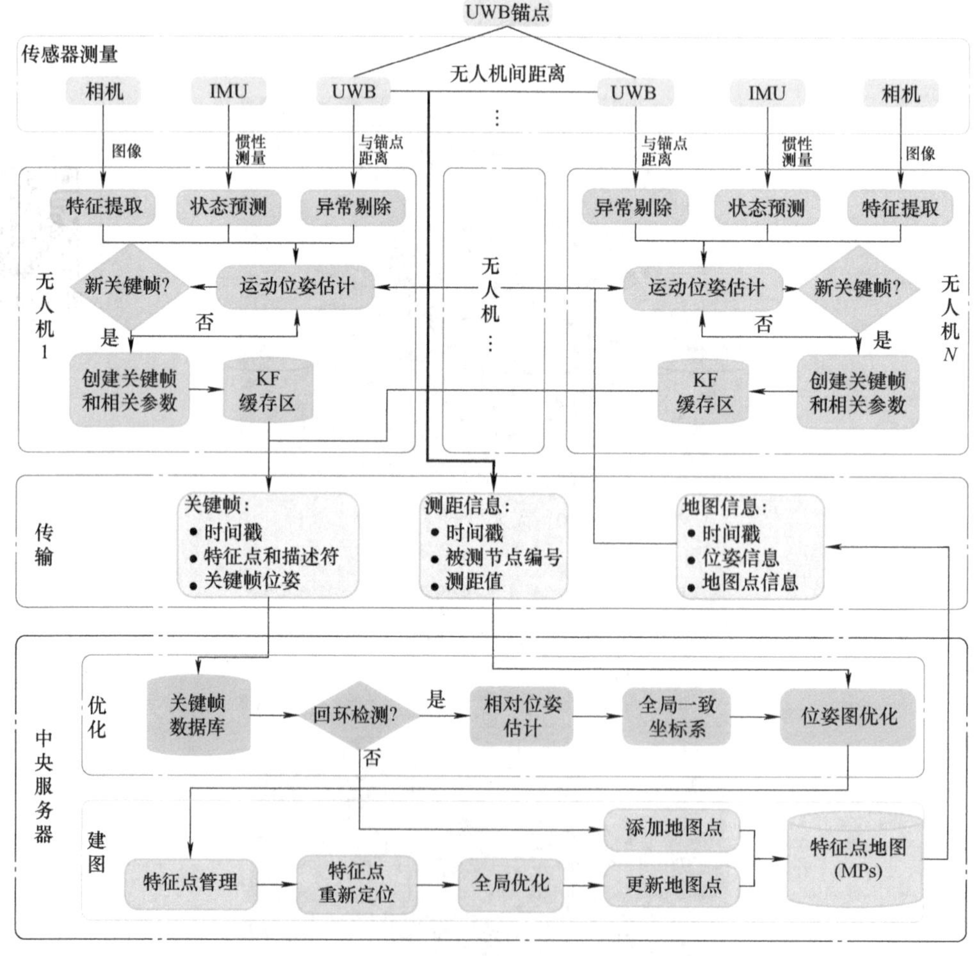

图 6-12　多无人机协同导航系统的结构框架

图 6-13 显示了协同导航后的定位轨迹，协同相对观测信息包括无人机间的交叉视

图共视约束、UWB 测距约束，图中红色连线表示由于观测到同一区域而拥有的共视约束，黄色连线表示无人机内闭环约束，UWB 测距约束由蓝色虚线表示。

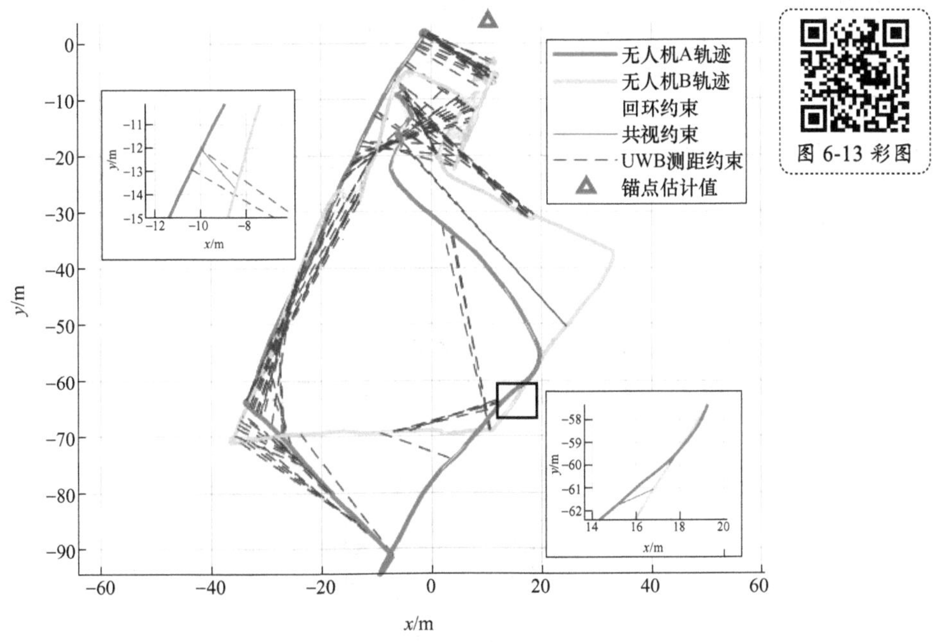

图 6-13　无人机位姿图中的约束示意图

以卫星导航定位结果为参考，与惯性 / 视觉组合导航、惯性 / 视觉 / 测距协同导航和惯性 / 视觉 / 测距 / 交叉视图协同导航的定位结果进行对比，定位误差见表 6-1。误差值是通过将估计的轨迹与 GNSS 定位结果对齐后求位置的均方根误差（RMSE，单位 /m）得到。从结果中可以看到，无人机间协作将会提高无人机的定位精度，且协同方法的增加即信息交互的越多，对精度的提升越明显。在所有无人机的定位结果中，惯性 / 视觉 / 测距 / 交叉视图协同导航算法相较于单节点的惯性 / 视觉组合导航算法的最终定位精度提升了 40% 以上。

表 6-1　定位误差（RMSE）

无人机	RMSE/m		
	惯性 / 视觉组合导航	惯性 / 视觉 / 测距协同导航	惯性 / 视觉 / 测距 / 交叉视图协同导航
无人机 A	2.26	1.60	1.28
无人机 B	2.57	1.86	1.31

6.4.2　地面机器人协同导航系统

室外多无人地面机器人协同导航实验采用分布式协同导航架构，各节点的协同导航算法如图 6-14 所示。

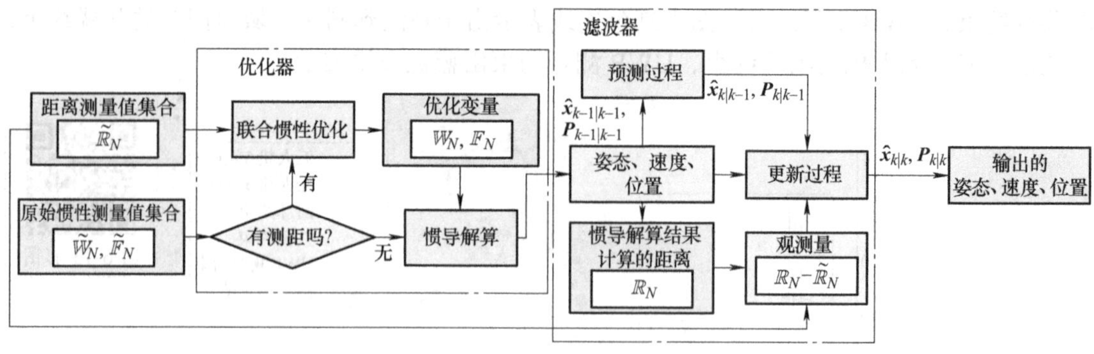

图 6-14　基于测距的分布式协同导航算法

以卫星 / 惯性组合定位结果作为参考的位置真值，与协同定位结果进行对比。案例实验场景如图 6-15 所示，地面机器人系统如图 6-16 所示。

图 6-15 彩图

图 6-15　实验场景

图 6-16 彩图

图 6-16　地面机器人系统

搭载惯导系统和 UWB 测距模块的无人车围绕广场逆时针运动，UWB 基站设置在广场中心位置，无人车闭环实验场景如图 6-17 所示。在运动开始前对运动平台进行了十分钟的初始对准，将对准结果作为运动平台的初始运动状态。运动过程中采集平台的角速度、比力和测距信息。

图 6-17　无人车闭环实验场景

为了验证惯性输出最优估计的有效性，对无人车采集的惯性和测距信息分别采用仅靠滤波、仅靠优化、“优化 + 滤波”三种方法进行处理，解算出的轨迹如图 6-18 所示。从图中可以看出仅靠优化的定位方法解算的轨迹发散较为严重，惯导解算会使残留的误差随时间不断积累。相较于仅靠滤波或仅靠优化的定位方法，“优化 + 滤波”的定位方法解算出的轨迹更贴近真实轨迹。

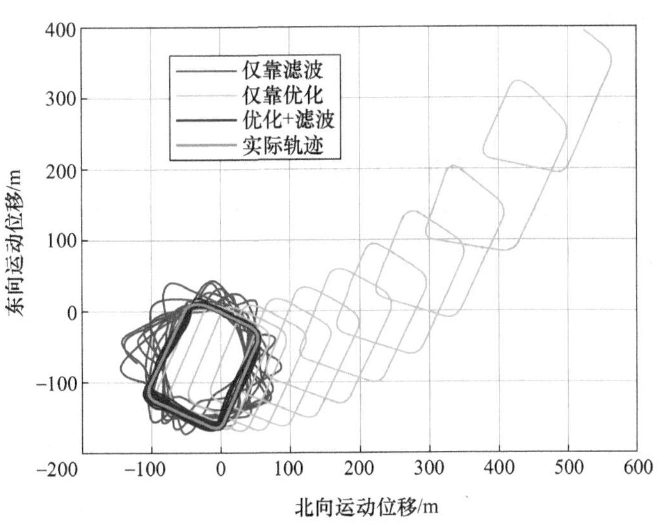

图 6-18　无人车闭环实验的轨迹对比

为了进一步验证惯性信息优化对定位精度的影响，将纯滤波和先优化再滤波的定位误差进行对比，其结果如图 6-19 所示。可以看出，惯性信息优化的引入对单距离约束下滤波器的定位发散有明显的抑制作用。

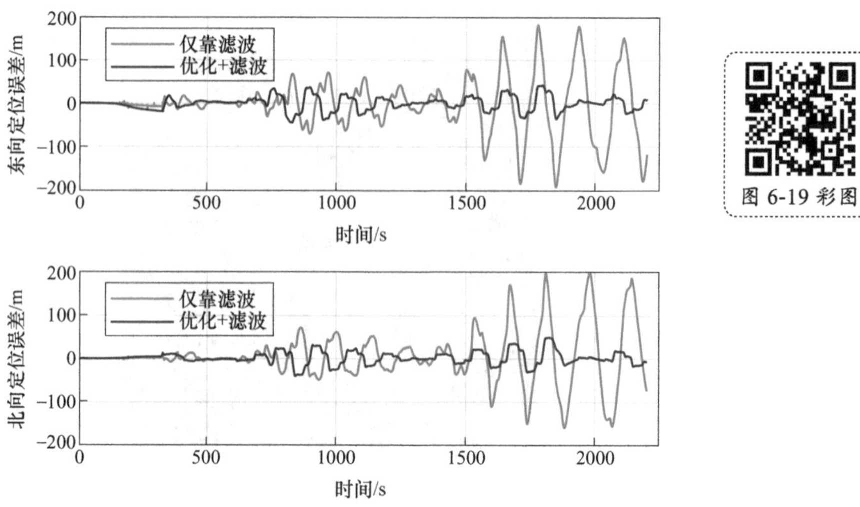

图 6-19 无人车闭环实验的定位误差对比

本章小结

本章围绕多机器人协同导航技术，建立多运动平台协同导航系统的数学模型，介绍了协同导航相对观测方式及协同导航算法，探讨了时空一致性标定技术，最后分别给出了无人机和地面机器人的协同导航案例。各平台之间通过共享导航信息和相对测量，可实现对多机器人导航精度的提升。

思考题与习题

6-1 超宽带测距与激光测距获取的相对观测信息是否相同？若不同请进行说明。

6-2 分析集中式协同导航算法和分布式协同导航算法的优缺点。

6-3 分析基于交叉视图的协同导航系统对通信链路的需求。

参考文献

[1] XU H，ZHANG Y C，ZHOU B Y，et al. Omni-Swarm：A decentralized omnidirectional visual-inertial-UWB state estimation system for aerial swarms[J]. IEEE Transactions on Robotics，2022，38（6）：3374-3394.

[2] PATRIK S，MARGARITA C. CCM - SLAM：Robust and efficient centralized collaborative monocular simultaneous localization and mapping for robotic teams[J]. Journal of Field Robotics，2019，36（4）：763-781.

[3] SAEEDI S，TRENTINI M，SETO M，et al. Multiple-robot simultaneous localization and mapping：A review[J]. Journal of Field Robotics，2016，33（1）：3-46.

[4] CRAMARIUC A，BERNREITER L，TSCHOPP F，et al. Maplab 2.0 – A modular and multi-modal mapping framework[J]. IEEE Robotics and Automation Letters，2023，8（2）：520-527.

[5] KARRER M，SCHMUCK P，CHLI M. CVI-SLAM – collaborative visual-inertial SLAM[J]. IEEE

Robotics and Automation Letters, 2018, 3 (4): 2762–2769.

[6] XIE J, HE X F, MAO J, et al. C2VIR–SLAM : Centralized collaborative visual–inertial–range simultaneous localization and mapping[J]. Drones, 2022, 6 (11): 312–316.

[7] LIU T X, LI B F, CHEN G, et al. Tightly coupled integration of GNSS/UWB/VIO for reliable and seamless positioning[J]. IEEE Transactions on Intelligent Transportation Systems, 2023, 25 (2): 2116–2128.

[8] XU H, WANG L Q, ZHANG Y C, et al. Decentralized visual–inertial–UWB fusion for relative state estimation of aerial swarm[C]//IEEE International Conference on Robotics and Automation. Paris: IEEE, 2020: 8776–8782.

[9] NGUYEN T H, NGUYEN T M, XIE L H. Tightly–coupled ultra–wideband–aided monocular visual SLAM with degenerate anchor configurations[J]. Autonomous Robots, 2020, 44 (8): 1519–1534.

[10] YANG J Y, WU M P, CONG Y R, et al. A novel single–beacon positioning with inertial measurement optimization[J]. IEEE Robotics and Automation Letters, 2023: 1–8.

第 7 章　机器人导航规划

导读

本章将对机器人导航规划进行较为系统的介绍，首先从常见的地图表示方法入手，告诉读者用于导航的地图能够如何处理，接着对全局路径规划及局部路径规划进行定义。就全局路径规划中的经典和先进算法分别介绍了 A* 规划算法、波前传播规划算法及快速扩展随机树算法。对于局部路径规划则首先进行了避障控制方面的论述，然后讲解了路径平滑的经典方法——贝塞尔曲线，接着介绍了未知环境自主探索的相关算法，最后以 TEB 算法收尾。

本章知识点

- 度量地图与拓扑地图
- A* 规划算法
- 波前传播规划算法
- 快速扩展随机树算法
- 避障控制
- 路径平滑
- 未知环境自主探索

7.1　地图表示

地图作为机器人感知和理解环境的一种载体，可以提供包括目标位置、障碍物布局及形状等关键信息，这些信息对于制定无碰撞且高效的导航指令至关重要。为此，选择一个既能详尽地表征环境细节又易于算法解析和处理的地图表示方法对实现快速、高效的全局路径规划至关重要。下面介绍两种最常见的地图表示方法：度量地图和拓扑地图。

7.1.1　度量地图

度量地图（Metric Map）是在移动机器人中应用最多的地图表示方法。它是机器人所处环境和环境中的物体在传感器视场所在水平面的一种二维表示方法。换句话说，物体不是用它的体积来表示，而是用它们在传感器视场所在水平面中所占空间来表示。例如，一个桌子会以四个点簇的方式在地图中呈现，因为机器人传感器视场平面与桌子的四条腿相交。

在地图中精确地表示机器人的工作空间和物体的形状意味着需要大量的存储空间来保存地图。度量地图有不同的实现方式，最常用的一种是占用栅格地图。

占用栅格（Occupancy Grid）地图利用一个栅格将环境细分为许多单元格来建模机器人周围的物理空间。每个单元格代表环境中的一小块特定区域，根据是否有障碍物被分类为“已占用”和“未占用”。“已占用”表示该区域有障碍物存在，“未占用”表示机器人可以通行。

占用栅格地图常用来表示具有厘米级精度的地图，其精度取决于单元格的尺寸，尺寸越小则精度越高，但这受限于任务和传感器精度。例如，假设传感器精度在 ±5cm 以内，则使用边长 10cm 的单元格是比较合适的。

基于占用栅格的地图表示方法特别适合用来处理来自超声波、激光、毫米波雷达等传感器的距离测量数据，它可以直观地利用这些距离测量数据来“标记”出障碍物的位置。具体来说，占用栅格地图中的每个单元格都会关联一个计数器，用以记录该方格被传感器检测到的次数。如果某单元格的计数器为零，则认为该单元格为“未占用”；相反，如果计数器值超过预设的阈值，则认为该单元格为“已占用”。

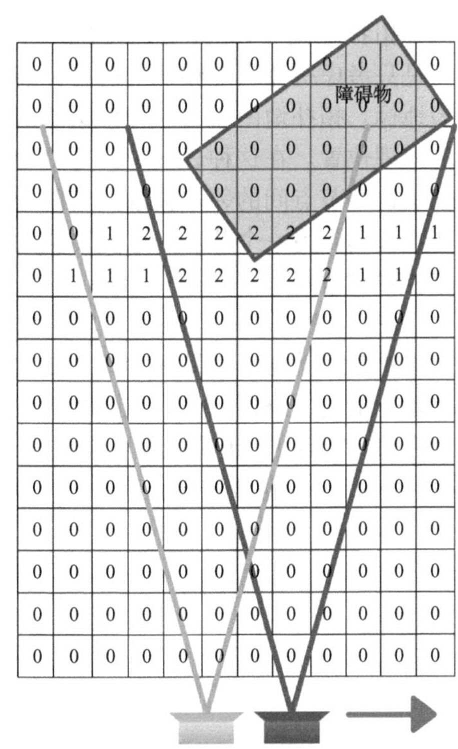

图 7-1　利用占用栅格标记出障碍物的位置

为了理解这一“标记”过程，可以想象传感器在每次测量时都会发出一束测量光线，其末端落在某一单元格内。光线末端所在的单元格计数会被增加，因为那里有障碍物被光击中；而那些被光线“穿过”的中间单元格则可以减少甚至清零其计数值，表明这些区域是无障碍物的，如图 7-1 所示。此外，为适应环境的动态变化（如移动障碍物的出现或消失），即使被标记为“已占用”的单元格其计数值也会随着时间的推移逐渐减少，以反映实际环境的最新状态。这种机制确保了占用栅格地图能够准确、实时地反映机器人所处的环境。图 7-2 所示为基于激光雷达测距数据构建的占用栅格地图。

占用栅格地图因其直观和易更新的特性被广泛用于表示环境结构。然而，在大范围场景中占用栅格地图需要处理和更新大量栅格信息，这就导致了计算资源的大量消耗，影响了机器人的响应速度和路径规划效率。为了解决这个问题，拓扑地图应运而生。

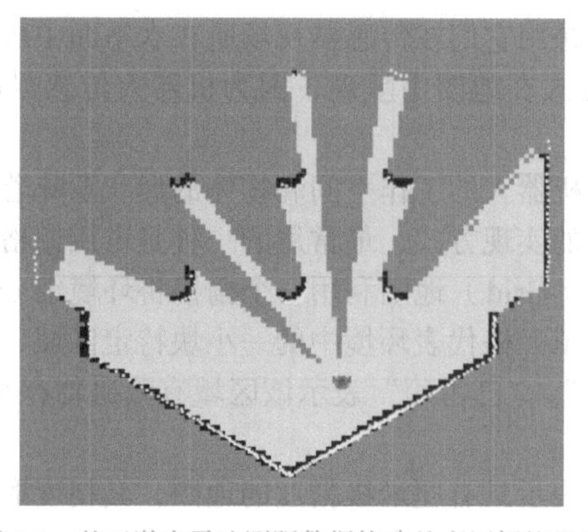

图 7-2　基于激光雷达测距数据构建的占用栅格地图

7.1.2　拓扑地图

拓扑地图（Topological Map）不像度量地图那样详尽地考虑环境中的每一个物体，而是只考虑机器人能够识别的特征或者感兴趣的地点。这些特征或地点在拓扑地图里被称为地标。拓扑地图作为一种抽象的地图表示方法，它强调的是地点之间的连通性而非具体的地理位置。在这种表示中，每个地标是一个代表现实世界中特定区域的节点，而连线则表示这些节点间的邻接关系。当两个节点通过连线相连时，意味着机器人可以直接从一个节点移动到另一个节点。这种简化的表示方式大幅减少了环境信息的复杂度，从而降低了路径规划时的计算负担。

图 7-3 所示为一个为室内环境建立拓扑地图的例子，其中各个房间以及房间在走廊的入口被设置为地标（即拓扑地图的节点），同时使用直线代表节点之间的连通性（称为拓扑地图的边）。机器人基于这幅地图就能够确定大致的行进路线。例如，当机器人要从走廊入口（节点 1）走到最左下角的房间（节点 9），那么它可以沿着图中的边，按照 1—2—4—6—8—9 的路线进行移动。

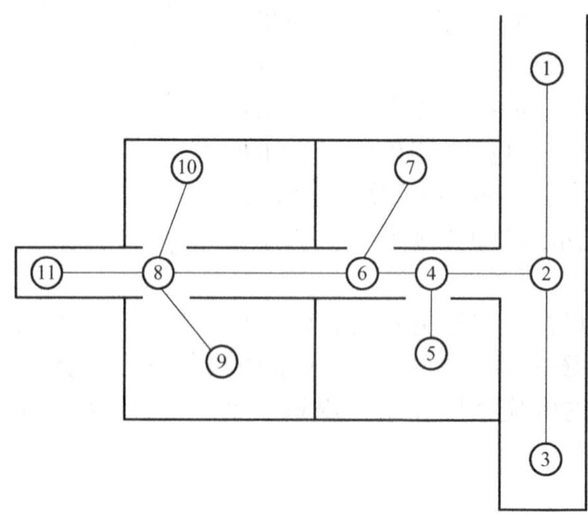

图 7-3　一个室内环境的拓扑地图

图 7-4 所示为一个微型机器人利用拓扑地图探索迷宫的真实案例。一款搭载少量红外传感器和电动机的微型机器人必须在迷宫中找到到达指定地点的路径。它的前方和两侧装有可用于识别墙面的红外传感器，使其一直保持在走廊的中间前进。在前进的过程中，当它的传感器探测到当前移动方向之外有其他开放空间时，这个位置将被标记为一个地图节点且形成一个新的探索方向。根据搜索策略的不同，机器人接下来将会选择沿着一个新的方向前进或者继续在当前走廊上向前探索。当机器人完成了迷宫的探索后，就可以得到一个记录有各个迷宫拐点信息的拓扑地图。

a) 部分迷宫

b) 对应的拓扑地图

图 7-4　微型机器人探索迷宫的一部分和其对应的拓扑地图

拓扑地图的简化特性使其特别适合于层次化的路径规划策略。在这种策略中，机器人首先在高层次的拓扑地图上进行快速导航，确定大致的行进路线。当遇到需要精确操作的情况时，机器人可以切换到更详细的地图以处理复杂的局部规划问题。这种方法不仅提高了导航的效率，还增加了机器人应对复杂环境的能力。

7.2　全局路径规划

根据对环境信息的把握程度可把路径规划划分为基于先验完全信息的全局路径规划和基于传感器信息的局部路径规划。其中，从获取障碍物信息是静态或是动态的角度来看，全局路径规划属于静态规划，局部路径规划属于动态规划。全局路径规划需要掌握所有的环境信息，根据环境地图的所有信息进行路径规划；局部路径规划只需要由传感器实时采集环境信息，了解环境地图信息，然后确定出所在地图的位置及其局部的障碍物分布情况，从而可以选出从当前节点到某一子目标节点的最优路径。

有多种基于图搜索的路径规划方法，如 Dijkstra 算法和 A* 算法，这些方法能够在给定的地图中快速有效地找到最优路径。其中 A* 算法通过启发式搜索在保证找到最优路径的同时，降低了搜索过程的时间和空间复杂度，被广泛应用于实际导航系统中。

路径规划算法是一种用于在网格或图中找到最优路径的算法，它通过搜索所有可能的路径来找到最短距离或最少代价的路径。路径规划算法通常分为广度优先搜索和启发式搜索两类。广度优先搜索被用来解决最短路径问题，它将搜索空间分割成固定窗口大小，并将路径最短的点保留在搜索空间中。启发式搜索被用来解决少量约束的问题，并使用一些简单的准则来进行搜索。例如，A* 搜索算法将估计最终位置到拓展节点的直线距离，并寻找拥有最小该距离的下一个点。

7.2.1 A* 规划算法

拓扑地图忽略环境中不必要的细节，仅仅包含其中的重要信息（地标），它使用图结构表示环境，图的节点对应环境中的地标，比如房间和房门。由于不必关注太多细节，因此使用拓扑地图可以大大降低处理时间和存储空间。在 7.1 节已经讨论过拓扑地图及其建立方法，这里不再赘述。

拓扑地图路径规划将出发节点和目标节点作为输入，使用例如 Dijkstra 或者 Floyd-Warshall 等最短路径搜索算法，很容易找到拓扑地图中两个节点之间的最短路径。图 7-5 所示为 Dijkstra 算法的最短路径搜索过程。从初始节点开始，这个算法计算每个节点和它直接相邻节点之间的距离，然后从里面选取距离最短的节点并且用计算出的距离来标记它们。一旦拓展完所有相邻节点，这个算法将转向下一个距离最短的节点，算法一直持续到目标节点时结束。机器人按照搜索到的最短路径进行导航。

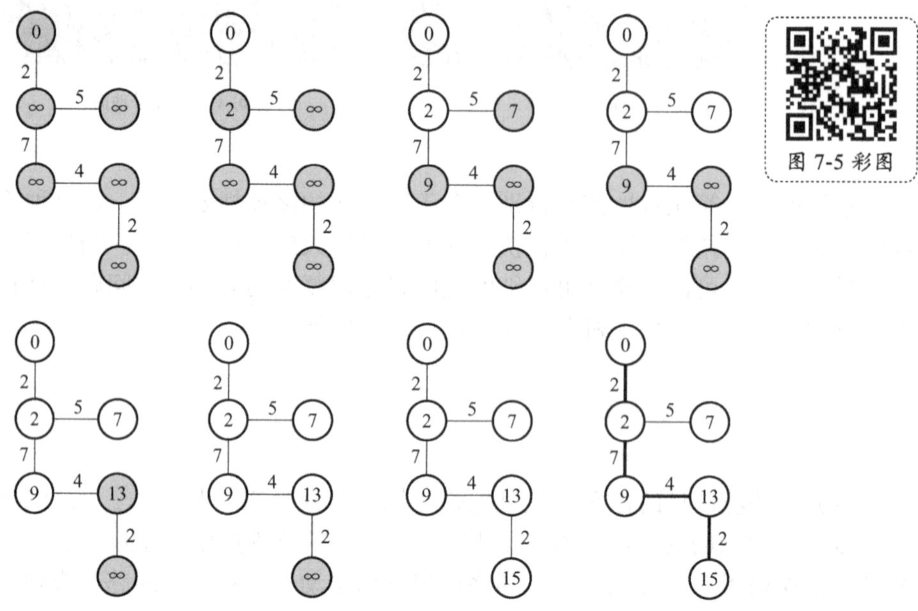

图 7-5　找出从出发节点到目标节点的最短路径的 Dijkstra 算法

A* 算法是传统路径规划算法中基于图搜索的典型算法，该算法采用启发式搜索策略，尤其适用于静态且已知的地图环境下的路径规划问题。A* 算法节点的扩展基于代价函数 $f(n)$ 进行，$f(n)$ 的定义如下：

$$f(n) = g(n) + h(n) \tag{7-1}$$

式中，$g(n)$ 为从起始节点到当前节点的实际路径长度代价；$h(n)$ 为当前节点到目标节点的预估代价，又称为启发式函数。常用的启发式函数有曼哈顿距离、欧几里得距离、切比雪夫距离等。A* 算法的示例结果如图 7-6 所示。

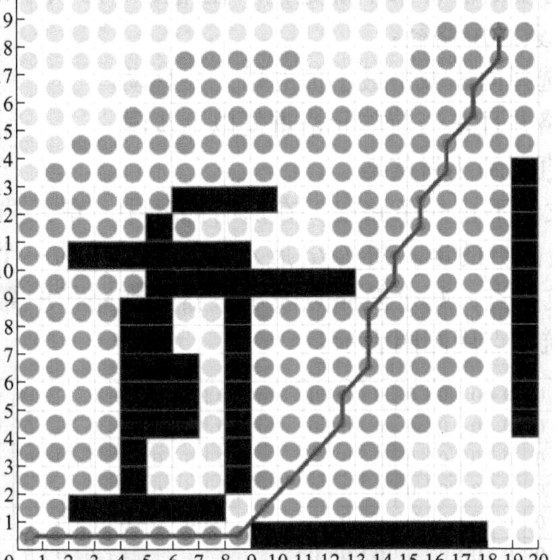

图 7-6 彩图

图 7-6　A* 算法的示例结果

7.2.2　波前传播规划算法

波前（Wavefront）传播规划算法是一种在占用栅格地图上两点之间确定最短路径的常用算法。按照波前传播理论，可将位形空间视为具有导热性的材料，而热量会从初始节点辐射至目标节点。在存在可行路径的情况下，热量最终将扩散到目标处。波前传播具有两个有趣的特点：第一，从所有栅格单元到目标节点的最佳路径将作为路径规划的“副产品”；第二，可以利用不同的热传导率表达穿越任意地形的成本。

在这种方法中，全局路径规划器假设地图中每个单元格的大小都能够容纳机器人。假设机器人建立了一个二维的占用栅格地图来表示它所处的环境，并且机器人的当前位置以及期望位置在地图中是已知的。波前规划器需要另外一个地图更新每个单元格的值。算法首先将原地图的信息导入用于路径规划的地图。单元格中的值通过邻域连通性来更新。单元格之间的连通性可以使用四邻域或八邻域。选择四邻域或者八邻域取决于每个单元格在地图中代表的尺寸以及机器人在单元格之间运动的能力。确定连通性很重要，因为连通性不仅影响地图中单元格值的更新方式，而且影响波前规划器如何搜索最短路径。一旦新地图就绪，并且邻域连通性方式被确定，算法就开始按照如下步骤执行：

1）地图中所有的自由单元格初始值设置为 0，有障碍物的单元格初始值设置为 1，机器人当前位置标记为“开始”，期望机器人到达的位置标记为“目的地”，并且它的值被设置为 2。

2）从目的地单元格开始，将其所有毗邻的自由空间单元格的值增加 1。

3）重复之前的步骤，但是仅仅从最近的修改过的单元格开始。

4）重复以上步骤直到完成地图，只有不可到达区域的单元格的值为 0。

图 7-7 展示了在一个地图上使用波前规划器更新单元格值的过程。这种方法只能应用于被占用和自由的空间。当然，可以将未知空间标注为被占用空间（而不是自由空间）从

而避免未知空间给波前规划器带来不确定性。在用图 7-7c 所示的值填充这个地图之后，能够通过以下方法来搜索最短路径：

1）从开始位置，选择向邻域中最小值的单元格移动。

2）移动到该单元格并且在当前单元格重复以上步骤。

3）重复以上步骤直到到达目的地。

波前规划器可能发现不止一条路径。在所有路径中，单元格中的值单调递减，一个一个首尾相连，一直指向目的地。图 7-7d 展示了所给地图的一个路径。这个路径可以进一步表示为一连串的航路点，每个航路点表示机器人在路径中需要改变方向的地点。在图 7-7d 中，路径上的航路点用圆圈表示。

0	0	0	0	0	0	0	0	0	0	0	0	0	0	0
0	0	0	0	0	0	0	0	0	0	0	0	0	0	0
0	0	0	0	0	0	0	0	0	0	0	0	0	0	0
0	0	0	0	0	0	0	0	0	0	0	0	0	0	0
0	0	0	0	0	0	0	0	0	0	0	0	0	0	0
1	1	1	1	1	0	0	0	0	0	0	0	0	0	0
1	1	1	1	1	0	0	0	0	0	0	0	0	0	0
0	0	0	0	0	1	1	1	1	1	1	0	0	0	0
0	0	0	0	0	1	1	1	1	1	1	0	0	0	0
0	0	0	0	0	0	0	0	1	1	1	0	0	0	0
0	0	0	0	0	0	0	0	1	1	1	0	0	0	0
0	0	0	0	0	0	0	0	0	0	0	0	0	0	0
0	0	0	0	0	0	0	0	0	0	0	0	0	0	0
0	0	0	0	0	0	0	0	0	0	0	0	0	0	0
0	0	0	0	0	0	0	0	0	0	0	0	0	0	2

a) 地图初始化

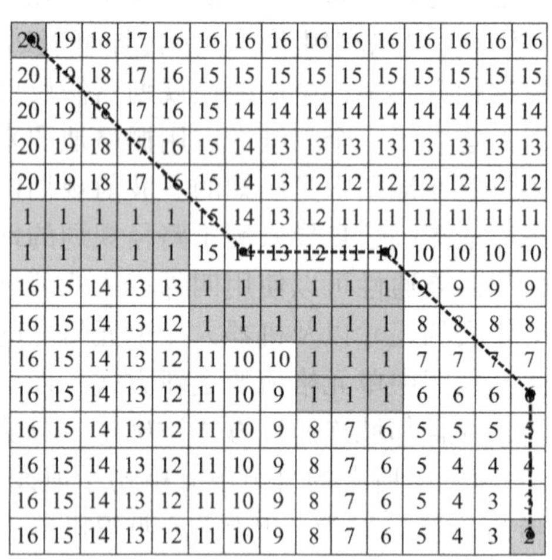

0	0	0	0	0	0	0	0	0	0	0	0	0	0	0
0	0	0	0	0	0	0	0	0	0	0	0	0	0	0
0	0	0	0	0	0	0	0	0	0	0	0	0	0	0
0	0	0	0	0	0	0	0	0	0	0	0	0	0	0
0	0	0	0	0	0	0	0	0	0	0	0	0	0	0
1	1	1	1	1	0	0	0	0	0	0	0	0	0	0
1	1	1	1	1	0	0	0	0	0	0	0	0	0	0
0	0	0	0	0	1	1	1	1	1	1	0	0	0	0
0	0	0	0	0	1	1	1	1	1	1	0	0	0	0
0	0	0	0	0	0	0	0	1	1	1	0	0	0	0
0	0	0	0	0	0	0	0	1	1	1	0	0	0	0
0	0	0	0	0	0	0	0	0	0	0	0	0	0	0
0	0	0	0	0	0	0	0	0	0	0	0	0	0	0
0	0	0	0	0	0	0	0	0	0	0	0	0	3	3
0	0	0	0	0	0	0	0	0	0	0	0	0	3	2

b) 从目的地开始更新每个单元格的值

20	19	18	17	16	16	16	16	16	16	16	16	16	16	16
20	19	18	17	16	15	15	15	15	15	15	15	15	15	15
20	19	18	17	16	15	14	14	14	14	14	14	14	14	14
20	19	18	17	16	15	14	13	13	13	13	13	13	13	13
20	19	18	17	16	15	14	13	12	12	12	12	12	12	12
1	1	1	1	1	15	14	13	12	11	11	11	11	11	11
1	1	1	1	1	15	14	13	12	11	10	10	10	10	10
16	15	14	13	13	1	1	1	1	1	1	9	9	9	9
16	15	14	13	12	1	1	1	1	1	1	8	8	8	8
16	15	14	13	12	11	10	10	1	1	1	7	7	7	7
16	15	14	13	12	11	10	9	1	1	1	6	6	6	6
16	15	14	13	12	11	10	9	8	7	6	5	5	5	5
16	15	14	13	12	11	10	9	8	7	6	5	4	4	4
16	15	14	13	12	11	10	9	8	7	6	5	4	3	3
16	15	14	13	12	11	10	9	8	7	6	5	4	3	2

c) 地图更新结果

20	19	18	17	16	16	16	16	16	16	16	16	16	16	16
20	19	18	17	16	15	15	15	15	15	15	15	15	15	15
20	19	18	17	16	15	14	14	14	14	14	14	14	14	14
20	19	18	17	16	15	14	13	13	13	13	13	13	13	13
20	19	18	17	16	15	14	13	12	12	12	12	12	12	12
1	1	1	1	1	15	14	13	12	11	11	11	11	11	11
1	1	1	1	1	15	14	13	12	11	10	10	10	10	10
16	15	14	13	13	1	1	1	1	1	1	9	9	9	9
16	15	14	13	12	1	1	1	1	1	1	8	8	8	8
16	15	14	13	12	11	10	10	1	1	1	7	7	7	7
16	15	14	13	12	11	10	9	1	1	1	6	6	6	6
16	15	14	13	12	11	10	9	8	7	6	5	5	5	5
16	15	14	13	12	11	10	9	8	7	6	5	4	4	4
16	15	14	13	12	11	10	9	8	7	6	5	4	3	3
16	15	14	13	12	11	10	9	8	7	6	5	4	3	2

d) 到达目的地的最短路径

图 7-7　波前规划器算法的执行过程

7.2.3　快速扩展随机树算法

Steven M. Lavalle 提出了一种名为快速扩展随机树（Rapidly-Exploring Random Tree，RRT）的算法，该算法对空间和姿态进行随机性采样。RRT 算法的基本思想如下：

1）算法的初始条件包括先验地图和初始节点，树的根节点便是初始节点。

2）对位形空间随机采样，生成一组候选位姿节点。

3）从列表中随机选择一个候选节点，检查该节点是否为有效位姿，即机器人或其组成部分未在墙壁或物体内。如果节点是无效的则重复此过程，直到获得有效节点。需要强调的是，RRT 算法只检查随机选择位姿节点的有效性，而不会在该节点扩展所有有效姿态。

4）对于有效的候选节点，检查树中最邻近节点与该节点之间是否存在无碰撞路径，也就是说，机器人是否可以通过平移和旋转从树中的节点无碰撞地运动到候选节点。如果可以，那么将该节点添加到树中。否则放弃此候选节点并选择另一个节点。

5）重复上面的步骤，直至树结构中包括目标节点。

6）完成树的构建后，基于所得的树开始规划路径。

7.3　局部路径规划

7.3.1　避障控制

向量场直方图（Vector Field Histogram，VFH）方法是由 Johann Borenstein 和 Yoram Koren 首先提出来的，它是一个用于移动机器人的实时避障方法。VFH 是一个公认的高效且可靠的导航方法，尤其适用于在有很多障碍物的环境中进行漫游。在这种方法中，机器人在导航前不需要了解环境。这对于在高度动态的环境中导航非常有优势，例如救援环境。VFH 使机器人能够探测障碍物并及时改变行驶路线以避开障碍物。

VFH 方法使用了二维笛卡儿坐标系的栅格，该栅格根据超声波传感器或激光测距仪传感器获得的信息进行连续不断的更新。这个栅格和占用栅格地图中的栅格在原理上是相似的，只是这个栅格的尺度更小，它只表示机器人周围的环境而且机器人总是处于栅格的中心。这个以自我为中心的栅格提供了附近的障碍物信息。围绕机器人 360° 构建一些向量，这些向量全部从机器人的几何中心出发，指向障碍物或者栅格边缘。显然，如果存在障碍物的话则这些向量的长度将不同，按次序将它们排列可以进一步得到一个极坐标直方图，如图 7-8a 所示。如图 7-8b 所示，直方图中存在三个凹槽。凹槽 A 对应图 7-9a 中的机器人正前方，如图 7-8c 所示；凹槽 B 对应箱子旁的相邻的走廊，由于这个障碍，凹槽 B 很小；凹槽 C 对应机器人的后方。极坐标直方图中水平的虚线表示机器人离障碍物过近的阈值。

从这个直方图中，可以计算出一个候选凹槽，它代表一个扇形区域，且在这个扇形区域中障碍物密度小于某个阈值。这个候选凹槽的选择遵循基于接近机器人期望路线的原则。从图 7-9b 中计算得到的向量表示在直方图中。三个凹槽用字母 A、B、C 标记。根据图 7-9a 所示的目标方向，凹槽 A 被选为机器人导航的候选方向。

VFH+ 通过考虑机器人的大小使凹槽的选取更加精确从而提高机器人导航运动的平滑度。障碍物预测是 VFH+ 的一个特点，在搜索候选方向时，算法将放弃有障碍物的扇形区域，即使这些扇形区域在当前视角中没有障碍物。VFH+ 的最后一项改进是增加了代价函数来提升算法性能。

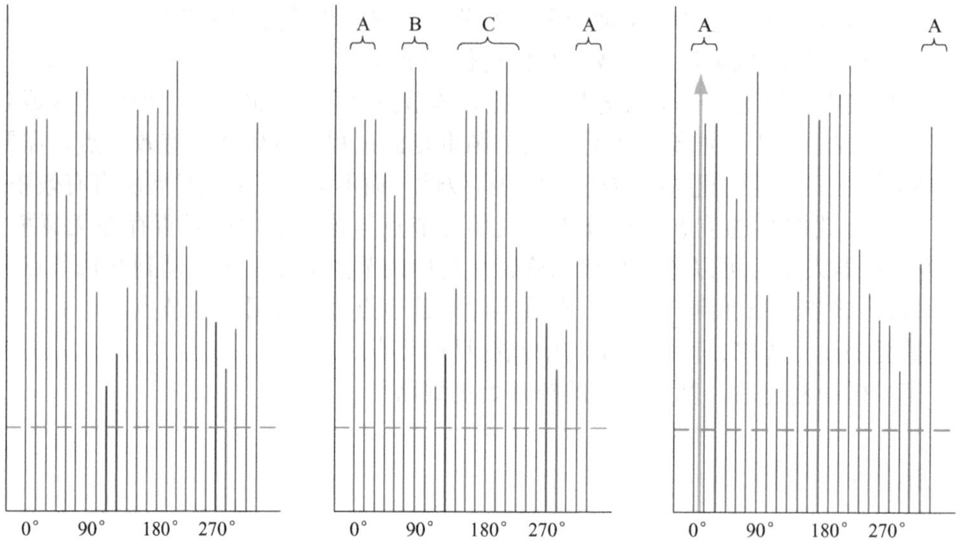

A B C A A A

0° 90° 180° 270°　0° 90° 180° 270°　0° 90° 180° 270°

a) 极坐标直方图　b) 对应各凹槽　c) 凹槽A对应机器人正前方

图 7-8　向量转换得到的极坐标直方图

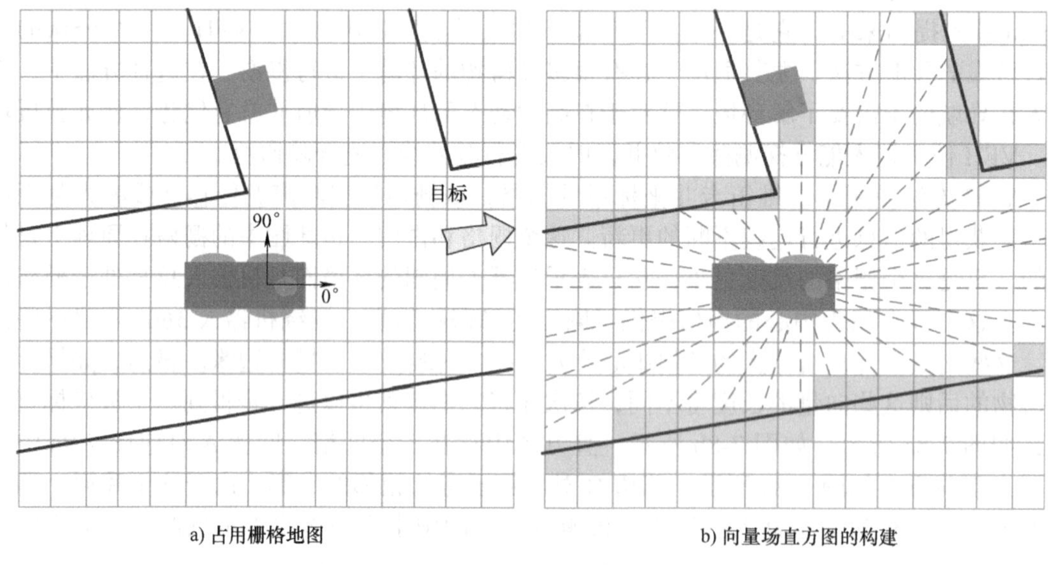

a) 占用栅格地图　b) 向量场直方图的构建

图 7-9　在占用栅格地图中构建向量场直方图

当然，VFH 也有缺点和局限性。例如，它不会实时搜索所有通往目的地的最优路径，因为它仅用了局部信息而不是全局信息。由于 VFH 算法使用的裕度，机器人在通过狭窄空间时将面临不能搜索到可通行路径的困难。而且 VFH 不能保证到达期望的位置，因为它仅仅使用局部信息。

尽管 VFH 有上述缺点，但是为了得到通往目的地的路径，它在实时避障方面还是有广泛的应用。因为这个原因，VFH 一般与能够规划一系列到达目的地前必须经过的航路点的路径规划器结合使用。VFH 算法在避障的同时依次到达这些航路点。

7.3.2　路径平滑

全局路径规划（例如 A* 算法）算法计算路径完毕后，其结果是一串用来表示所经过的路径点的坐标，但这样的路径通常是有“锯齿”形状的，并不符合实际需求，因此需要进行平滑处理。路径平滑处理的相关算法有：弗洛伊德算法、贝塞尔曲线等，本小节将针对贝塞尔曲线进行介绍。

贝塞尔曲线（Bezier Curve），又称为贝兹曲线或贝济埃曲线，是应用于二维图形应用程序的数学曲线。一般的向量图形软件通过它来精确画出曲线，贝塞尔曲线由线段与节点组成，节点是可拖动的支点，线段像可伸缩的皮筋，在绘图工具上看到的钢笔工具就是用来作这种向量曲线的。贝塞尔曲线是计算机图形学中相当重要的参数曲线，在一些比较成熟的位图软件中也有贝塞尔曲线工具，如 PhotoShop 等。贝塞尔曲线的一些特性如下：

1）使用 n 个控制点 $\{P_1,P_2,\cdots,P_n\}$ 来控制曲线的形状。

2）曲线经过起点 P_1 和终点 P_n，但不经过中间点 $P_2 \sim P_{n-1}$。

对于贝塞尔曲线的直观理解如下：

1）在二维平面内选三个不同的点并依次用线段连接，如图 7-10 所示。

2）在线段 P_0P_1 和 P_1P_2 上找到 A、B 两个点，使得$\frac{P_0A}{AP_1}=\frac{P_1B}{BP_2}$，如图 7-11 所示。

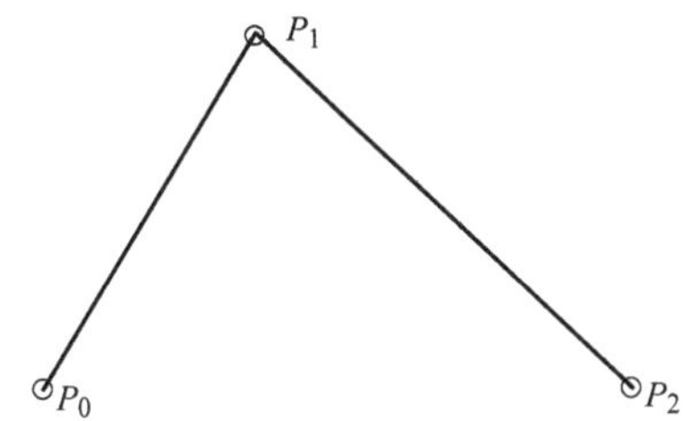

图 7-10　在二维平面内选三个不同的点并依次用线段连接

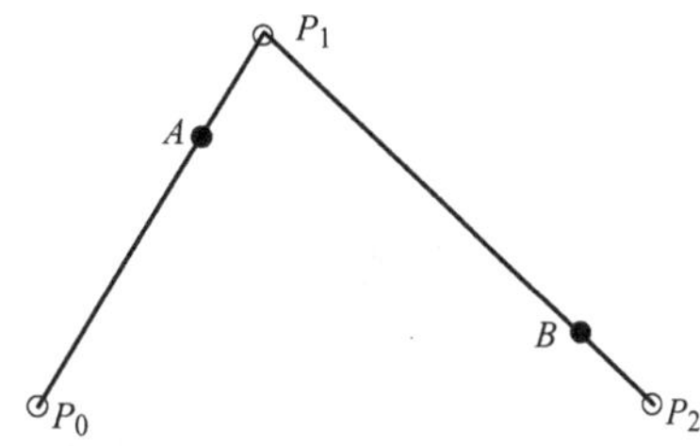

图 7-11　在线段 P_0P_1 和 P_1P_2 上找到 A、B 两个点

3）连接 AB，并在 AB 上找到 C 点，使其满足$\frac{P_0A}{AP_1}=\frac{P_1B}{BP_2}=\frac{AC}{CB}$（抛物线的三切线定理），如图 7-12 所示。

4）找出符合上述条件的所有点，如图 7-13 所示。

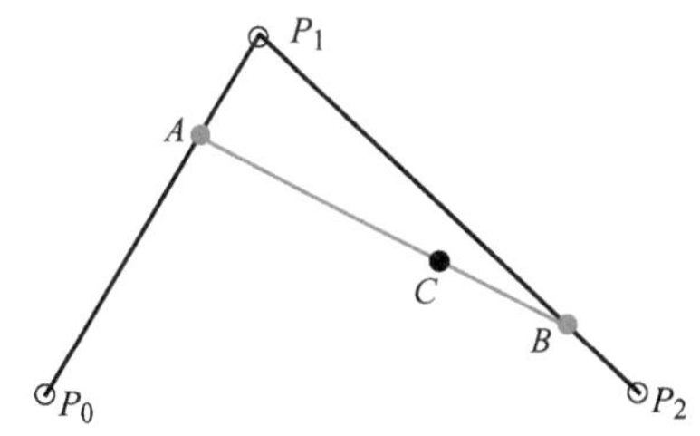

图 7-12　连接 AB，并在 AB 上找到 C 点

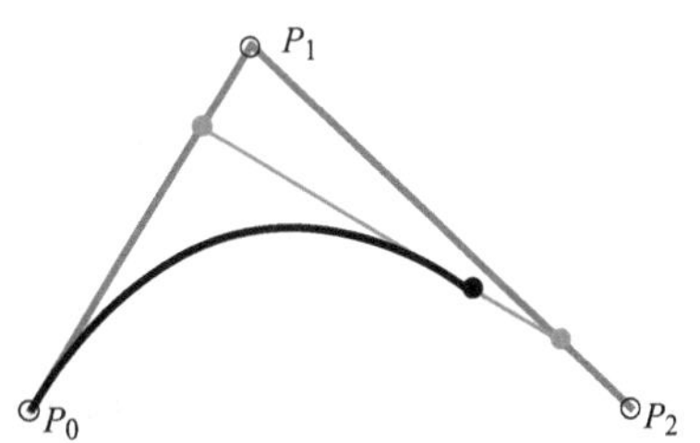

图 7-13　找出符合上述条件的所有点

上述为一个二阶贝塞尔曲线。同样地，也有 n 阶贝塞尔曲线，如图 7-14 所示。

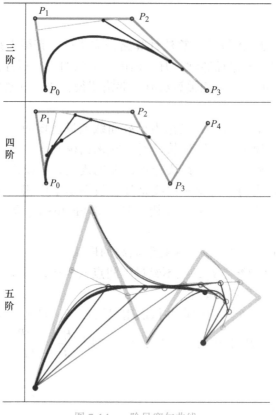

图 7-14 彩图

图 7-14　*n* 阶贝塞尔曲线

贝塞尔曲线的公式推导如下：

1. 一次贝塞尔曲线（线性公式）

定义：给定点 P_0、P_1，线性贝塞尔曲线只是一条两点之间的直线。这条线由式（7-2）给出，且等同于线性插值。

$$B(t)=P_0+(P_1-P_0)t=(1-t)P_0+tP_1,t\in[0,1] \tag{7-2}$$

式中，P_0、P_1 同步表示为横或纵坐标。假设 P_0 坐标为 (a,b)，P_1 的坐标为 (c,d)，则有

$$\frac{x-a}{c-x}=\frac{t}{1-t}\Rightarrow x=(1-t)a+tc \tag{7-3}$$

同理，有

$$\frac{y-b}{d-y}=\frac{t}{1-t}\Rightarrow y=(1-t)b+td \tag{7-4}$$

式（7-3）和式（7-4）可简写为

$$B(t)=(1-t)P_0+tP_1,t\in[0,1] \tag{7-5}$$

2. 二次贝塞尔曲线（二次方公式）

定义：二次贝塞尔曲线的路径由给定点 P_0、P_1、P_2 的函数 $B(t)$ 给出。假设 P_0、P_1 上

的点为A，P_1、P_2上的点为B，A、B上的点为C（也即C为二次贝塞尔曲线上的点）。则根据一次贝塞尔曲线公式有

$$A=(1-t)P_0+tP_1 \tag{7-6}$$

$$B=(1-t)P_1+tP_2 \tag{7-7}$$

$$C=(1-t)A+tB \tag{7-8}$$

将A、B代入C，即可得到二次贝塞尔曲线的公式：

$$B(t)=(1-t)^2P_0+2t(1-t)P_1+t^2P_2, t\in[0,1] \tag{7-9}$$

3. 三次贝塞尔曲线（三次方公式）

同理，可得三次贝塞尔曲线的公式为

$$B(t)=(1-t)^3P_0+3t(1-t)^2P_1+3t^2(1-t)P_2+t^3P_3, t\in[0,1] \tag{7-10}$$

4. n次贝塞尔曲线（一般参数公式）

同理，可得n次贝塞尔曲线的公式为

$$\begin{aligned}B(t)=\sum_{i=0}^{n}\binom{n}{i}P_i(1-t)^{n-i}t^i=\binom{n}{0}P_0(1-t)^nt^0+\binom{n}{1}P_1(1-t)^{n-1}t^1+\cdots+\binom{n}{n-1}P_{n-1}(1-t)^{n-1}t^{n-1}+\\ \binom{n}{n}P_n(1-t)^nt^n, t\in[0,1]\end{aligned} \tag{7-11}$$

n次贝塞尔曲线可由如下递归表达：

$$P_0^n=(1-t)P_0^{n-1}+tP_1^{n-1}, t\in[0,1] \tag{7-12}$$

综上可知，贝塞尔曲线是应用于二维图形应用程序的数学曲线，由一组称为控制点的向量来确定，给定的控制点按顺序连接构成控制多边形，贝塞尔曲线逼近这个多边形，进而通过调整控制点坐标来改变曲线的形状。控制点的作用是控制曲线的弯曲程度，只需要很少的控制点就能够生成较复杂的平滑曲线。该方法能够保证输入的控制点与生成的曲线之间的关系非常简洁、明确，因此常用于路径平滑。

7.3.3　未知环境自主探索

自主探索系统中探索决策与路径规划部分的关系如图 7-15 所示。探索决策模块在整个自主探索系统的软件框架中占有重要地位，它相当于机器人的大脑，需要思考机器人到哪里才能获取到更多的环境信息，所以它是系统实现自主移动的基础。

传统的探索算法通常利用边界（Frontier）作为引导，并采取贪心策略（Greedy Strategy）。机器人选择得分最高的边界作为局部目标点，机器人的行进和所建立的地图随之扩大，边界也随之变化，直到某个时刻地图中不再出现新的边界，这表明机器人传感器已经覆盖了所有未知空间，即自主探索已完成。这种算法在二维地图中能够有较好的效果，但对于三维地图，受环境和传感器的影响，空间中很容易产生大量无效的边界，导致

机器人难以找到有效的探索路径。此外，由于计算资源和算法的局限性，很多方法只能通过随机采样生成路径，在每次移动后都需要重新采样，这容易使机器人变得短视，只关注当前最大收益而忽略长远收益。

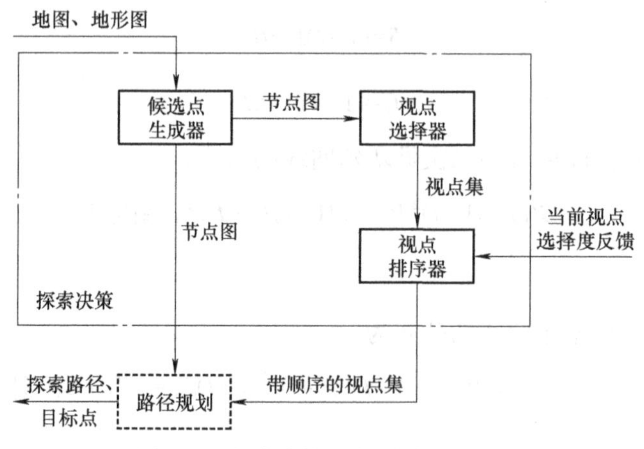

图 7-15　探索决策和路径规划的关系

TARE 算法是美国卡内基梅隆大学提出的机器人自主探索算法，提供了一种解决探索问题的新思路。该算法引入全局引导来解决贪心策略带来的短视行为，并将探索决策模块分为全局和局部两个层次。在全局层，TARE 计算一条粗略的全局路径来确定机器人的大致行进方向；在局部层，TARE 算法会寻找一条能让机器人传感器完全覆盖局部探索区域的路线从而使得机器人的行进路线更具有目的性，避免了单纯地追求未知区域的大小而忽略探索效率的问题。同时，由于计算时间和资源的限制，TARE 算法能够有效集中主要的计算资源于离机器人较近的空间之内，避免了浪费在远处不确定性更大的地方的情况。因此，TARE 算法能够提高探索效率，减少无效探索，从而对于三维环境下的机器人探索任务具有重要的应用价值。

TARE 算法如图 7-16 所示，在一个局部区域内，机器人会沿着一条由计算机大量计算给出的精细路径进行。而在这个区域之外，则是由一条由计算机少量计算给出的粗略路径引导，此外，还包括未被探索完但目前机器人并不会对此处精细计算的子空间。

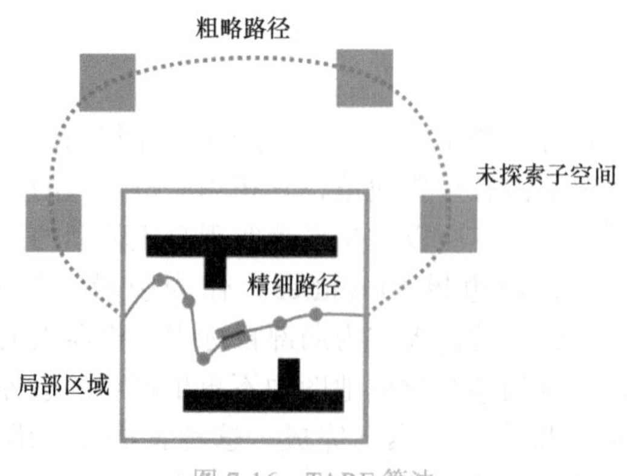

图 7-16　TARE 算法

TARE 算法在机器人附近的局部区域内会寻找一条最短路径，以使传感器能够完全覆盖该区域并保证地图质量。这一方法不同于传统方法只用边界点引导机器人进行探索，而是采取视点循环的方式寻找能让传感器“看全、看好”的最短路径。在建图时，为了获得高质量的数据，激光雷达需要从特定范围内的角度和距离观测物体。因此，TARE 算法通过循环采样视点，寻找最优路径来最大化传感器对物体表面的覆盖，从而实现高质量地图的构建，如图 7-17 所示。

TARE 算法采用了层级结构，能够在相似的计算资源下处理更大范围的环境，并给出接近最优解的路径。在每个层级中，TARE 算法利用解决旅行商问题的方法来确定机器人探索目标的顺序。相较于其他前沿方法，TARE 算法具有更高的探索效率和更快的计算速度，在实际应用中具有广泛的适用性和重要价值。

7.3.4　TEB 算法

TEB 的英文全称是“Tim Elastic Band”，译为时间橡皮筋。好比导航的起点和终点之间，拉了一条绷直的橡皮筋作为行走路线，如果路中间有障碍物，就会将橡皮筋撑开，影响行走时的路径，如图 7-18 所示。该算法通过对全局轨迹进行修正，从而优化机器人的局部运动轨迹，属于局部路径规划。在轨迹优化过程中，该算法拥有多种优化目标，包括但不限于整体路径长度、轨迹运行时间、与障碍物的距离、通过中间路径点、机器人动力学、运动学以及几何约束的符合性。

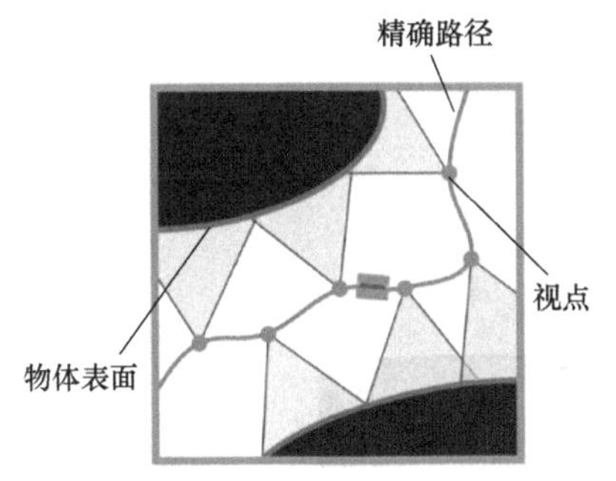

图 7-17　TARE 算法局部示意图

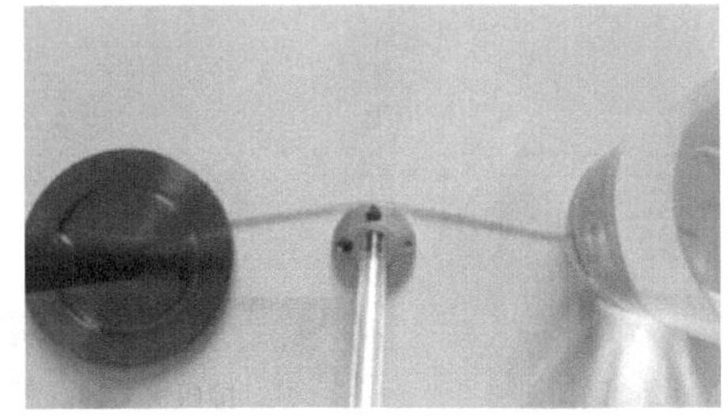

图 7-18　TEB 算法示意图

TEB 和 MPC 算法同属于优化方法，只不过 TEB 算法先计算最优的轨迹，再通过计算得到最优控制量，而 MPC 算法可以理解为直接计算最优控制量；MPC 算法使用 OSPQ 优化器求解，TEB 使用 g2o 来求解。

TEB 算法主要有以下 4 个特点：

1）时间弹性：TEB 算法考虑了机器人在路径规划过程中的运动时间，通过对路径特征进行建模，可以根据不同的速度限制和运动约束生成时间弹性的轨迹。这意味着算法可以根据需要自动调整运动速度和规划时间，以适应不同的应用场景和运动要求。

2）局部优化：TEB 算法是一种局部路径规划算法，主要用于解决机器人在具体环境中的实时路径规划问题。它将机器人的当前状态和目标状态作为输入，考虑机器人的动力学约束、障碍物避障和平滑性等因素，生成包含时间信息的平滑路径。

3）多目标支持：TEB 算法能够有效处理机器人面临的多个目标点或轨迹约束。通过灵活的轨迹生成和优化策略，可以在考虑多个目标的情况下生成最优的运动轨迹。这对于需要在复杂环境中进行导航或任务执行的机器人特别有用。

4）高效性：TEB 算法通过合理的优化策略和启发式方法，在保证路径质量的同时能够实现较高的计算效率。这使得算法适合用于实时机器人路径规划应用，并能够处理较复杂的环境和运动要求，接下来介绍 TEB 算法的流程及其公式的推导。

TEB 算法的参数 / 决定因素为

$$\boldsymbol{x}_i=(x_i,y_i,\theta_i,\delta T_i) \tag{7-13}$$

TEB 算法的安全限制条件为

$$f_{\text{safety}}=\begin{cases}\|\boldsymbol{x}_i-\boldsymbol{o}_i\|-d_{\min}, & \|\boldsymbol{x}_i-\boldsymbol{o}_i\|<d_{\min}\\ 0, 其他\end{cases} \tag{7-14}$$

式中，$\boldsymbol{x}_i=(x_i,y_i)$ 为路径点；$\boldsymbol{o}_i=(o_x,o_y)$ 是距离当前点最近的一个障碍物点；$d_{\min}$ 是允许的障碍物和机器人的最小距离，所以这个代价函数的目的就是计算每一个点和障碍物的距离。如果距离小于 $d_{\min}$，则这个代价函数就会对整体代价引入新误差，这样计算梯度的时候就会把当前点往远离障碍物的方向推。但同时也会出现一个问题，就是当路径点被障碍物包围时优化就会很大概率失败。障碍物附近的梯度如图 7-19 所示，中间的白色区域是距离障碍物最远的，那么优化就会把在障碍物里面的点往中间推，把外面的关键点往远离障碍物的方向推，优化的结果可能会变成图 7-19b，图 7-19a 所示为未优化的结果。

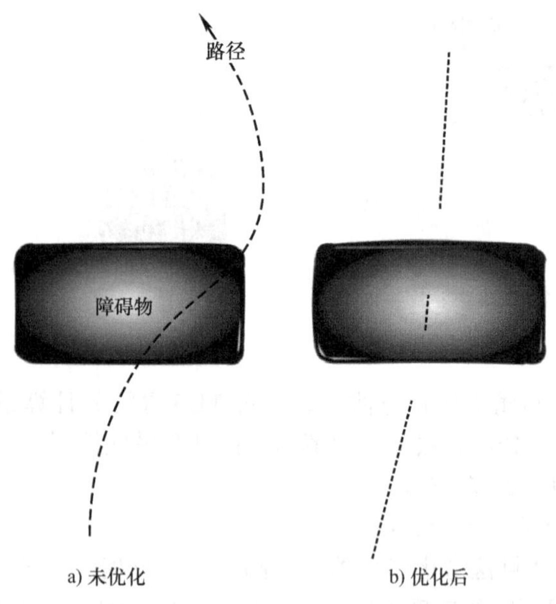

图 7-19　TEB 算法优化过程

TEB 算法的途径点限制条件为

$$f_{\text{via}}=\|\boldsymbol{x}_i-\boldsymbol{p}\| \tag{7-15}$$

式中，$\boldsymbol{p}$ 为希望轨迹穿过的点坐标，比如有三个点 P_1、P_2、P_3，希望机器人在运动的时候经过，优化开始前首先需要找到距离这三个点最近的轨迹点，分别是 $\boldsymbol{x}_1$、$\boldsymbol{x}_2$、$\boldsymbol{x}_3$，在优化过程中代价函数只对这三个点起作用，这种需要经过的点，如果是距离初始轨迹比较远的话，往往单次优化的效果都会很不好，甚至可能收敛的结果很不好，因此最好是分多次优化，每次优化之前都需要根据需要调整轨迹点。

TEB 算法的速度限制条件为

$$v_i = \frac{\| \boldsymbol{x}_{i+1} - \boldsymbol{x}_i \|}{\delta T_i} \tag{7-16}$$

$$w_i = \frac{\text{Normalize}(\theta_{i+1} - \theta_i)}{\delta T_i} \tag{7-17}$$

函数 Normalize（ ）是把角度插值限定在 $[-\pi, \pi]$ 之间，否则会影响角速度的计算，线速度的计算在不考虑正负的条件下直接求两个点的距离除以时间即可，后续求解加速度的时候才需要考虑正负线速度，速度计算公式求解后即可处理对应的代价函数。

TEB 算法的代价函数为

$$f_{\text{linear\_vel}} = \begin{cases} v_i - v_{\max}, v_i > v_{\max} \\ 0, \text{其他} \end{cases} \tag{7-18}$$

$$f_{\text{angular\_vel}} = \begin{cases} | w_i | - w_{\max}, | w_i | > w_{\max} \\ 0, \text{其他} \end{cases} \tag{7-19}$$

TEB 算法的加速度限制条件为

$$v\text{acc}_i = \frac{2(v_{i+1} - v_i)}{\delta T_{i+1} + \delta T_i} \tag{7-20}$$

$$w\text{acc}_i = \frac{2(w_{i+1} - w_i)}{\delta T_{i+1} + \delta T_i} \tag{7-21}$$

这里求线性加速度的时候就需要考虑线速度的正负了，使用点乘的方法来确定线速度的方向即可。得到加速度公式后即可写出相应的代价函数：

$$f_{\text{linear\_acc}} = \begin{cases} | v\text{acc}_i | - v\text{acc}_{\max}, | v\text{acc}_i | > v\text{acc}_{\max} \\ 0, \text{其他} \end{cases} \tag{7-22}$$

$$f_{\text{angular\_acc}} = \begin{cases} | w\text{acc}_i | - w\text{acc}_{\max}, | w\text{acc}_i | > w\text{acc}_{\max} \\ 0, \text{其他} \end{cases} \tag{7-23}$$

TEB 算法的非完整运动学约束为

$$f_{\text{kinenctic}} = \left| (\cos\theta_{i+1} + \cos\theta_i) \bullet \text{d}x[1] - (\sin\theta_{i+1} + \sin\theta_i) \bullet \text{d}x[0] \right| \tag{7-24}$$

式中，$\text{d}x = x_{i+1} - x_i$，这个代价函数的功能就是让参数 θ 要符合运动学约束，也就是把机器人的角度和位置给耦合在一起，如果没有这个约束，这两个参数就不会有任何联系。

TEB 算法的速度最快约束为

$$f_{\text{fastest}} = \delta T_i \tag{7-25}$$

这个约束的目的就是让优化出来的轨迹在符合运动学约束的情况下，轨迹的速度要尽可能大，也就是 δT_i 尽可能小。

TEB 算法的轨迹最短约束为

$$f_{\text{shortest}} = \| \boldsymbol{x}_i - \boldsymbol{x}_{i+1} \| \tag{7-26}$$

仅仅有速度最快是不够的，速度快不代表路径短，在轨迹符合运动学约束的前提下，还希望轨迹越短越好。

TEB 算法的加速度变化率约束为

$$f_{\text{jerk}} = \frac{3(\text{acc}_{i+1} - \text{acc}_i)}{\delta T_i + \delta T_{i+1} + \delta T_{i+2}} \tag{7-27}$$

在 TEB 的论文中是没有对机器人的加速度变化率做约束的，但是在实际使用中，有的场合可能希望机器人运动得要平稳一点，速度不要突变，因此加速度变化率也是很重要的。

TEB 算法的最小二乘问题如下：

$$\begin{aligned}\min_{x} \sum_{i=0}^{n} \| f_i(\boldsymbol{x}) \|_2^2 = & \sum_{i=0}^{n} f_{\text{safety}}^i(\boldsymbol{x})^2 + \sum_{i=0}^{m} f_{\text{via}}^i(\boldsymbol{x})^2 + \sum_{i=0}^{n-1} f_{\text{linear\_vel}}^i(\boldsymbol{x})^2 + \sum_{i=0}^{n-1} f_{\text{angular\_vel}}^i(\boldsymbol{x})^2 + \\ & \sum_{i=0}^{n-2} f_{\text{linear\_acc}}^i(\boldsymbol{x})^2 + \sum_{i=0}^{n-2} f_{\text{angular\_acc}}^i(\boldsymbol{x})^2 + \sum_{i=0}^{n-3} f_{\text{jerk}}^i(\boldsymbol{x})^2 + \sum_{i=0}^{n-1} f_{\text{kinenctic}}^i(\boldsymbol{x})^2 + \\ & \sum_{i=0}^{n-1} f_{\text{fastest}}^i(\boldsymbol{x})^2 + \sum_{i=0}^{n-1} f_{\text{shortest}}^i(\boldsymbol{x})^2 \end{aligned} \tag{7-28}$$

代价函数整理完之后，需要做的就是如何把这些代价函数给建模成最小二乘问题，其中 n 是路径点的个数，m 是需要经过的点的个数，式（7-28）中的 $\boldsymbol{x}$ 需要根据代价函数来确定，比如安全约束中 $\boldsymbol{x} = \boldsymbol{x}_i$，线速度约束中 $\boldsymbol{x} = [\boldsymbol{x}_i, \boldsymbol{x}_{i+1}]$，运动学约束中 $\boldsymbol{x} = [\boldsymbol{x}_i, \boldsymbol{x}_{i+1}, \theta_i, \theta_{i+1}]$。

以上为 TEB 算法的理论推导，由此可知 TEB 算法有很多优点，可以满足时间最短、距离最短和远离障碍物等目标。但 TEB 算法的大多数约束都是软约束条件。若参数和权重设置不合理或者环境过于苛刻，都有可能导致 TEB 算法规划失败，出现非常奇怪的轨迹。因此，需要 teb_local_planner 源码中包含检测冲突的部分，判断轨迹上的点是否与障碍物存在冲突，此时需要考虑机器人的实际轮廓。

在实际的开发过程中，更多地需要考虑机器人自身其他模块的性能，例如电动机能够提供的最大加速度、定位算法的精度等，同时也要考虑具体的环境以及选择 TEB 算法是否合理，如此才能将其性能发挥出更好的效果。

本章小结

本章主要介绍了两种常用的地图表示方法：度量地图和拓扑地图。度量地图是一种广泛应用于移动机器人中的地图表示方式，它在传感器视场的水平面上提供了机器人所在环境及其物体的二维表示。相较于度量地图的详尽性，拓扑地图主要关注于机器人能识别的特征或感兴趣的地点，而不是环境中的每一个物体。

在路径规划的部分，本章区分了全局路径规划和局部路径规划。全局路径规划依赖于环境的先验完全信息，属于静态规划，需要利用所有已知的环境信息来进行规划；而局部路径规划则是基于传感器实时获取的信息，属于动态规划，仅需了解当前位置及其周边的障碍物分布情况，即可确定到下一个子目标的最优路径。

本章进一步详细介绍了几种全局路径规划算法，包括 A* 规划算法、波前传播规划算法以及快速扩展随机树算法，为读者提供了算法的基本概念和应用场景。在局部路径规划的讨论中，首先解释了避障控制的概念，然后通过贝塞尔曲线方法引导读者了解路径平滑技术，接着探讨了未知环境中的自主探索算法，最后介绍了 TEB 算法，从而使读者对局部路径规划有一个更为深入的理解。

思考题与习题

7-1　A* 算法中的 $g(n)$ 和 $h(n)$ 分别退化为 0 后对应什么算法？

7-2　如何确定 A* 算法的 $g(n)$ 和 $h(n)$？

7-3　利用 MATLAB 等软件模拟并验证波前传播规划算法。

7-4　贝塞尔曲线的核心思想是什么？

7-5　如何确定 TEB 算法中的各类约束？

参考文献

[1]　坎尼亚，埃尔坎，卡尔德隆 . 实用机器人设计：竞赛机器人 [M]. 肖军浩，李鹏，耿丽娜，等译 . 北京：机械工业出版社，2016.

[2]　DIJKSTRA E W. A note on two problems in connexion with graphs[J]. Numerische Mathematik，1959，1（1）：269–271.

[3]　HART P E，NILSSON N J，RAPHAEL B. A formal basis for the heuristic determination of minimum cost paths[J]. IEEE Transactions on Systems Science and Cybernetics，1968，4（2）：100–107.

[4]　LAVALLE S M. Planning algorithms[M]. Cambridge：Cambridge University Press，2014.

[5]　BORENSTEIN J，KOREN Y. The vector field histogram–fast obstacle avoidance for mobile robots[J]. IEEE Transactions on Robotics and Automation，1991，7（3）：278–288.

[6]　CAO C，ZHU H，REN Z，et al. Representation granularity enables time–efficient autonomous exploration in large，complex worlds[J]. Science Robotics，2023，8（80）：970–1–970–17.

[7]　ROESMANN C，FEITEN W，WOESCH T，et al. Trajectory modification considering dynamic constraints of autonomous robots[C]//German Conference on Robotics.Munich：Fraunhofer Vearlag，2012：74–79.

[8]　MORAVEC H，ELFES A. High resolution maps from wide angle sonar[C]//1985 IEEE International Conference on Robotics and Automation.St.Louis：IEEE，1985：116–121.

第 8 章　机器人智能导航实践

导读

“纸上得来终觉浅，绝知此事要躬行。”本章从机器人智能导航实践的角度出发，以机器人操作系统（ROS）为软件运行环境，分别设置三个实验内容，包括激光雷达与 IMU 融合同步定位与建图、未知环境自主探索与路径规划、多无人机协同导航等实验。每个实验内容以一个典型的开源算法为例，详细介绍从软硬件环境设置到编译和运行的操作步骤，帮助读者实现从理论学习到实践应用的跨越。

本章知识点

- 机器人操作系统的安装和使用
- LOAM 开源算法的编译和运行
- TARE 开源算法的编译和运行
- EGO-Swarm 开源算法的编译和运行

8.1　机器人操作系统简介

机器人操作系统（Robot Operating System，ROS）是面向机器人的开源的元操作系统（Meta-Operating System）。ROS 自 2010 年发布第一个正式版本以来，已经成为“事实上的”机器人软件标准。它使用分布式处理框架，使每个可执行文件能够被单独设计，并且在运行时以程序节点（Node）的形式实现松散耦合交互。

ROS 能够提供类似传统操作系统的多种功能，如硬件抽象、底层设备控制、进程间消息传递和程序包管理等。此外，它还提供相关工具和库，用于获取、编译、编辑代码以及在多个计算机之间运行程序以完成分布式计算。

本节将重点从实践应用的角度对 ROS 进行简略介绍，有 ROS 基础的读者可略过此节。

8.1.1　Ubuntu 操作系统与 ROS

ROS 不是一个真正的操作系统，它是在类 UNIX 操作系统基础上的操作系统中间件，这也是它被称为元操作系统或后操作系统的原因。其中，官方推荐的是在 Ubuntu 操作系统的基础上安装 ROS。

Ubuntu 操作系统的安装过程与 Windows 或其他操作系统的安装过程类似，此处不再赘述。但是需要注意的是，不同的 Ubuntu 操作系统版本与 ROS 版本之间存在兼容性关系，因此安装 Ubuntu 操作系统之前通常需要同时考虑所使用的 ROS 版本。例如 ROS Noetic 的推荐 Ubuntu 版本是 Ubuntu 20.04。

1. 熟悉 Ubuntu

由于本章所有的实践操作都是基于 Ubuntu 操作系统和 ROS 进行的，因此首先熟悉一下在实践中可能经常用到的 Ubuntu 操作系统的功能和操作。

（1）终端

进入 Ubuntu 操作系统后，看到的是 Ubuntu 默认桌面环境。在应用程序中可以启动“终端”（Terminal）程序，或者通过按组合键“Ctrl+Alt+T”打开命令行终端。本章中的大部分实践操作都需要使用命令行终端，包括程序的编译、运行等。

一个命令行终端如图 8-1 所示。光标所处位置可以输入用户命令，在光标之前显示了当前用户和路径信息。以图 8-1 为例，当前用户名为“tianbot”，当前计算机主机为“ros2go”，当前所处文件夹路径为“～”。

图 8-1　命令行终端

（2）文件目录

Ubuntu 操作系统下的所有文件或文件夹路径均是以根目录“/”开头的，这与 Windows 操作系统的目录是不同的。所有文件以树形结构存储，每一个文件在目录树中的完整文件名（即包含路径的文件名）是唯一的。其中最常用的文件夹路径是“主文件夹”，即“home”文件夹，例如当前用户“tianbot”的主文件夹路径为“/home/tianbot”。正是因为主文件夹最常被使用，因此该路径也被简写为“～”。

在终端中切换当前文件路径的命令是“cd”，它是“change directory”的简写。例如，在终端中输入“cd Downloads”命令，可以看到当前路径切换为“～/Downloads”，如图 8-2 所示。

另外，在一个打开的文件夹界面中，右击空白处并选择“在终端打开”也可以打开终端并自动切换当前路径为该文件夹，如图 8-3 所示。

2. 安装和使用 ROS

ROS 的安装过程可以参考官方网站：https://wiki.ros.org/ROS/Installation，以安装 ROS Noetic 为例。

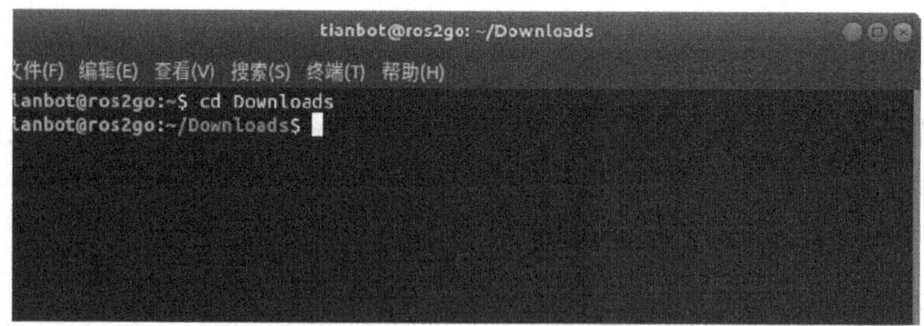

图 8-2　使用 cd 命令切换当前文件路径

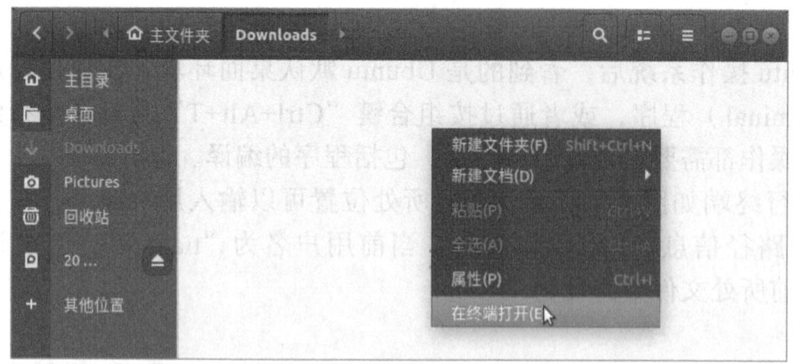

图 8-3　在文件夹中打开终端

（1）ROS 的安装

设置 ROS 软件源的命令如下：

```
sudo sh -c 'echo "deb http://packages.ros.org/ros/ubuntu $(lsb_release -sc) main" > /etc/apt/sources.list.d/ros-latest.list'
```

ROS 官方的软件源可能存在网速较慢的情况，因此也可以使用国内的镜像源，参考网站指引完成设置即可。

设置 ROS 的软件密钥的命令如下：

```
sudo apt install curl # if you haven't already installed curl
curl -s https://raw.githubusercontent.com/ros/rosdistro/master/ros.asc | sudo apt-key add -
```

更新软件源列表的命令如下：

```
sudo apt update
```

安装 ROS 完整版的命令如下：

```
sudo apt install ros-noetic-desktop-full
```

（2）环境配置

要想在终端中使用 ROS 的相关命令，则需要在终端中加载相关环境配置，即在终端中输入“source /opt/ros/noetic/setup.bash”命令。该命令是通过执行 ROS 安装路径下的 /opt/ros/noetic/setup.bash 这个脚本实现环境配置加载的。

需要注意的是，通过该条 source 命令进行环境配置仅对当前终端窗口有效。当需要重新打开一个终端时，需要重新执行该 source 命令。为了避免每次操作的麻烦，可以将该条命令写入当前用户终端设置文件中，即“~ /.bashrc”文件。该文件是“~”路径下的隐藏文件（以“.”开头的文件被认为是隐藏文件，可以在文件浏览器中使用组合键“Ctrl+H”显示或隐藏），它会在每次打开终端时被自动加载执行。因此可以在文件的最后添加一行“source /opt/ros/noetic/setup.bash”，以实现每次打开终端时自动加载 ROS 环境配置。

（3）使用 ROS

为了对 ROS 有个直观印象，首先运行一些 ROS 自带的 Demo 程序。

在一个终端中输入如下命令运行节点管理器：

```
roscore
```

在第二个终端中输入如下命令运行小乌龟仿真节点：

```
rosrun turtlesim turtlesim_node
```

此时弹出一个图形化窗口，其中包含一个仿真小乌龟，它正在等待运动控制指令。

在第三个终端中输入如下命令运行小乌龟遥控节点：

```
rosrun turtlesim turtle_teleop_key
```

按照小乌龟遥控节点的提示，使用键盘控制仿真小乌龟运动，如图 8-4 所示。

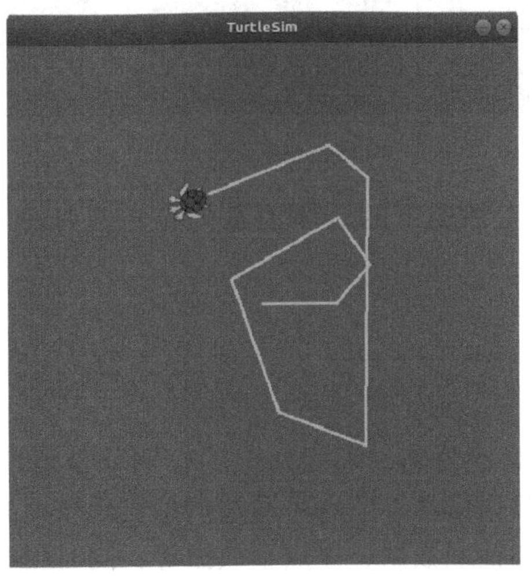

图 8-4 在 ROS 中控制仿真小乌龟运动

8.1.2 ROS 通信机制

ROS 使用分布式处理框架，使每个可执行文件能够以程序节点的形式实现松散耦合交互。以 8.1.1 小节中刚刚运行的小乌龟仿真程序为例，分别运行了节点管理器、小乌龟仿真节点、小乌龟遥控节点，共 1 个节点管理器和 2 个节点。其中，小乌龟仿真节点接收控制指令，小乌龟遥控节点发出控制指令，二者之间的通信是通过 ROS 所提供的通信机制实现的。

ROS 提供了话题（Topic）和服务（Service）等通信机制，这些机制使得不同节点之间能够实现信息的传递和交互。

1. 话题

话题又称为主题，是 ROS 消息路由和管理的“数据总线”，用于实现节点（进程）间的消息通信。

节点可以发布（Publish）和订阅（Subscribe）话题。每个话题使用一个话题名作为唯一标识，节点管理器通过话题名对所有的话题进行管理。因此，话题发布者和订阅者之间无需直接知道彼此的存在，而是通过节点管理器找到对方并进行消息传输，从而实现了一种松散耦合关系，甚至可以实现一对一、一对多、多对多的灵活通信。

ROS 提供了 rostopic 命令工具来查看话题。

以小乌龟仿真程序为例，小乌龟仿真节点和小乌龟遥控节点之间通过话题进行通信，实现遥控指令的传输。如图 8-5 所示，在一个新的终端中输入如下命令，可以查看当前所有活动的话题：

```
rostopic list
```

图 8-5 ROS 仿真小乌龟遥控命令话题

进一步，可以查看指定话题下的具体消息内容，例如使用如下命令可查看 /turtle1/cmd_vel 这个话题：

```
rostopic echo /turtle1/cmd_vel
```

2. 消息

如果将话题看作一条高速公路，那么路上的车辆就是消息（Message）。消息包含一个节点发送到其他节点的数据信息，节点可通过消息实现彼此的逻辑联系和数据交换。消息具有多种标准类型，例如整型数据、浮点型数据等，同时用户也可以基于标准消息自定义消息类型。

以小乌龟仿真程序为例，可以查看指定话题所使用的消息类型。例如使用如下命令可查看 /turtle1/cmd_vel 这个话题所使用的消息类型：

```
rostopic type /turtle1/cmd_vel
```

可以得到消息类型为：geometry_msgs/Twist。

ROS 提供了 rosmsg 命令工具来查看具体消息格式。例如使用如下命令可查看 geometry_msgs/Twist 消息格式：

```
rosmsg show geometry_msgs/Twist
```

执行 rosmsg show geometry_msgs/Twist 命令后，可以看到如下方框中的输出，Twist 消息类型定义在 geometry_msgs 包中，通常用于表示速度和旋转。linear 部分包含三个浮点数（x，y，z），表示在三维空间中的线性速度，angular 部分包含三个浮点数（x，y，z），表示在三个主轴上的角速度（通常为绕 *x*、*y*、*z* 轴的旋转），其消息类型为 ROS 官方自带的标准消息类型 float64。

```
geometry_msgs/Vector3 linear
float64 x
float64 y
float64 z
geometry_msgs/Vector3 angular
float64 x
float64 y
float64 z
```

在大多情况下，用户不需要特别关心消息的内部格式及传输过程，而只需将精力放在话题发布的订阅上。只要话题名和话题类型（消息类型）一致，ROS 会帮助自动实现节点之间的通信。

3. 服务

服务（Service）是 ROS 节点间一种基于请求 – 响应的远程过程调用（RPC）通信机制，通过服务来实现节点间的逻辑联系和数据交换。

与话题类似，服务也由一个服务名作为唯一标识。但与话题不同的是，服务的服务器节点只有一个，客户端节点有多个。每一个服务由一个客户端节点发起，服务器节点对服务请求（Request）进行处理并返回响应（Response）至客户端节点。因此服务的信息流是双向的。

以小乌龟仿真程序为例，小乌龟仿真节点还支持服务通信。在一个新的终端中输入如下命令，可以查看当前所有活动的服务，如图 8-6 所示：

```
rosservice list
```

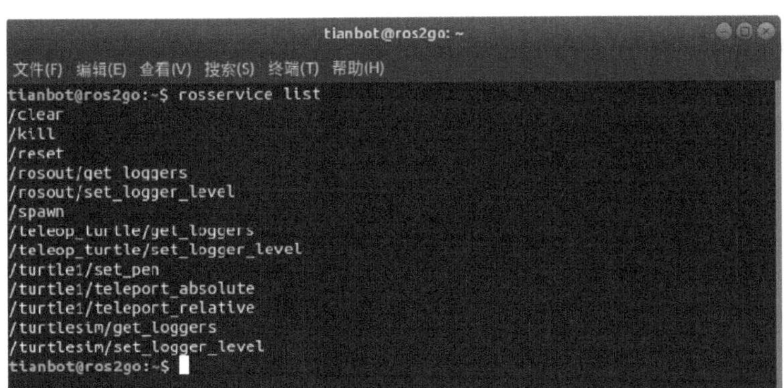

图 8-6　ROS 仿真小乌龟的服务

以其中的 /clear 服务为例，使用如下命令可以查看它的服务类型：

```
rosservice type /clear
```

可以看到其服务类型为 std_srvs/Empty。这是 ROS 自带的一个最简单的服务类型。

除了话题和服务通信机制之外，ROS 还支持动作（Action）通信机制。在本章中，重点关注话题通信，较少涉及服务和动作通信。

8.1.3 ROS 结构

1. 计算图资源

在小乌龟仿真程序的例子中，分别运行了节点管理器、小乌龟仿真节点、小乌龟遥控节点，共 1 个节点管理器和 2 个节点，节点之间使用话题进行通信。以上节点关系便构成了一个简单的图结构，在 ROS 中称为计算图资源，如图 8-7 所示。

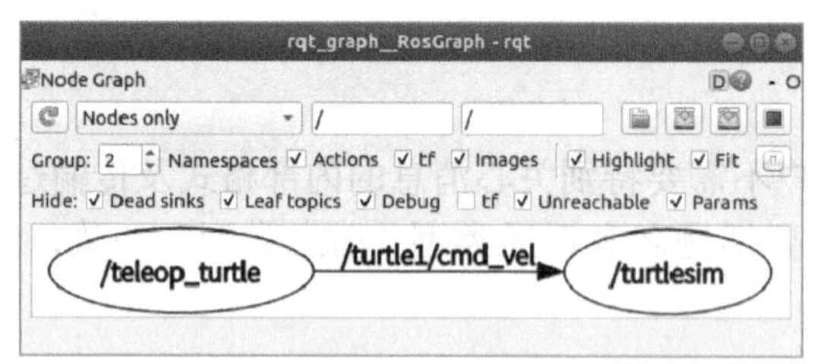

图 8-7 ROS 仿真小乌龟的计算图

ROS 计算图是连接到所有 ROS 进程的点到点网络，它包含节点管理器、节点、话题、消息、服务、消息记录包、参数服务器等相关概念。在命令行终端中可以使用 rqt_graph 命令查看当前计算图资源。

节点管理器（ROS Master）是所有节点启动的前提，在一个计算图资源中有且只有 1 个。它的启动命令是"roscore"。

节点（Node）是用于执行计算任务的进程。多个节点相互配合运行，可以将整个系统功能适当解耦，提高系统容错能力和可维护性，同时使分布式计算成为可能。启动节点的命令是"rosrun"。

2. ROS 工程结构

在小乌龟仿真例子中，运行的是由 ROS 官方提供的可执行程序。对于用户开发的程序源代码和第三方开源代码，还需要在 ROS 环境中进行编译后才能运行。这些源代码需要以特定的文件目录结构存储和组织，如图 8-8 所示。

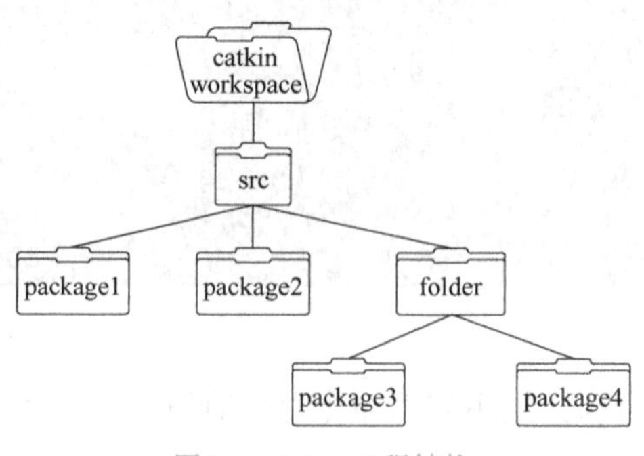

图 8-8 ROS 工程结构

（1）工作空间

多个不同功能的程序源代码可以在同一个文件夹中进行统一存储和管理，例如同时编译、同时运行等。这个文件夹称为工作空间（Workspace），如图 8-8 中的“catkin workspace”所示。

工作空间文件夹下通常包含 src、build、devel、install 等文件夹，src 文件夹用于存放源代码，其中包括多个相对独立的子文件夹，用于分别存放不同的功能包源代码；build 文件夹用于存放编译过程文件，包括缓存信息、配置和其他中间文件；devel 文件夹用于存放编译结果，包括可执行程序、库文件、配置信息等；install 文件夹用于存放编译的安装相关文件。

（2）功能包

待编译的源代码存放在工作空间的 src 文件夹下，并以子文件夹的形式分别存放。每个子文件夹就是一个功能包（Package），功能包之间相对独立，同时也可以相互依赖。功能包可以嵌套，称为元功能包（Meta Package）。

功能包是 ROS 系统软件组织的基本形式，ROS 组织管理这些源代码是通过管理功能包实现的。每个功能包必须包含两个配置文件：CMakeLists.txt 和功能包清单 package.xml，这两个文件描述了该功能包应该被如何编译、如何运行以及编译和运行时对其他功能包或库的依赖关系。

需要注意的是，虽然功能包名通常与其所在的文件夹名相同，但并不必须相同。功能包名是在组态档文件和功能包清单中所命名的。

（3）编译与运行

ROS 提供了编译工具，用于实现对同一个工作空间中的所有功能包一起编译，编译命令为“catkin_make”。“catkin_make”编译命令需要在工作空间路径下运行，即图 8-8 中的 catkin workspace 路径下。该命令将递归地搜索工作空间中 src 文件夹下的所有功能包并编译，编译生成的可执行程序默认存储在工作空间中的 devel 文件夹下。

运行程序使用 rosrun 命令，该命令在小乌龟仿真例子中使用过。rosrun 命令的基本格式如下：

```
rosrun [ 功能包名 ] [ 可执行程序名 ]
```

程序运行成功后，将作为节点成为 ROS 计算图的一部分，完成相应的程序功能及与其他节点通信。

需要注意的是，由于计算机中可能存在多个工作空间，不同的工作空间中可能存在功能包名的重复。因此在终端中启动节点时通常需要指明当前生效的工作空间，这可以通过使用如下命令加载该工作空间 devel 文件夹中的配置脚本文件实现：

```
source devel/setup.bash
```

这个 source 命令在 ROS 安装时接触过，功能和用法一致，实现了在当前终端中加载相关环境配置。

除了通过 rosrun 命令启动节点的方式以外，ROS 还提供了 roslaunch 命令实现批量启动节点（含节点管理器），它的基本格式如下：

roslaunch [功能包名] [launch 文件名]

或

roslaunch [launch 文件名]

其中的 launch 文件使用 XML 语言描述启动规则，能够方便地在本地或远程启动多个 ROS 节点，并且能够方便地对节点参数进行设置和管理。

3. RVIZ 工具

ROS 提供了丰富的组件和工具用于程序开发、调试、监控和资源管理，例如之前接触过的 rqt_graph 和 roslaunch 等。本章中还会重点使用 RVIZ 工具，它是 ROS Visualization 的简称，是一个三维可视化工具。

启动 RVIZ 工具的命令如下：

```
rosrun rviz rviz
```

或者直接使用短命令：

```
rviz
```

可以看到 RVIZ 主界面如图 8-9 所示。

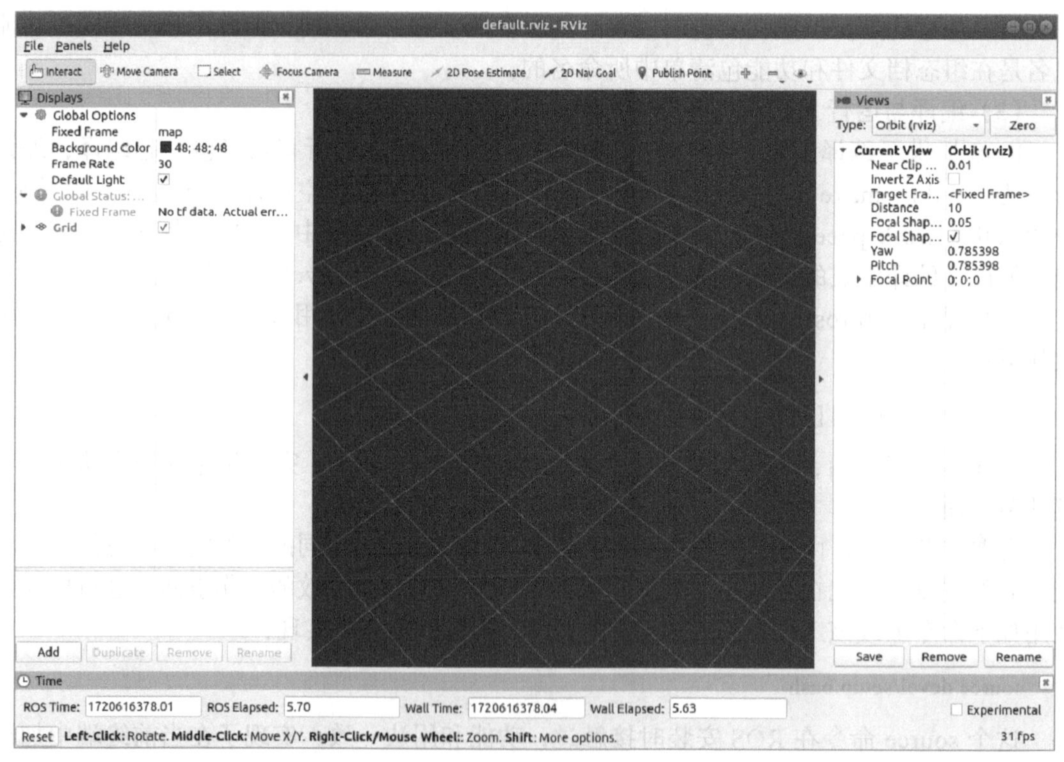

图 8-9　RVIZ 主界面

在 RVIZ 主界面中可以显示其他 ROS 节点的信息，例如当前机器人的位置和姿态、环境地图等，这在后面的章节中将会经常使用。显然，为了接收和显示其他 ROS 节点发布的信息，RVIZ 工具也将作为一个 ROS 节点运行。

8.1.4　Gazebo 仿真环境

Gazebo 是一款常用的开源机器人仿真软件，支持高质量的三维机器人仿真。Gazebo 可以独立使用，也可以结合 ROS 使用。如果安装的是完整版 ROS，它已经集成了 Gazebo 及其 ROS 相关插件，可以方便地在 ROS 中使用它。

使用 ROS 的 gazebo_ros 功能包启动 Gazebo，命令如下：

```
rosrun gazebo_ros gazebo
```

启动后的 Gazebo 软件界面如图 8-10 所示。

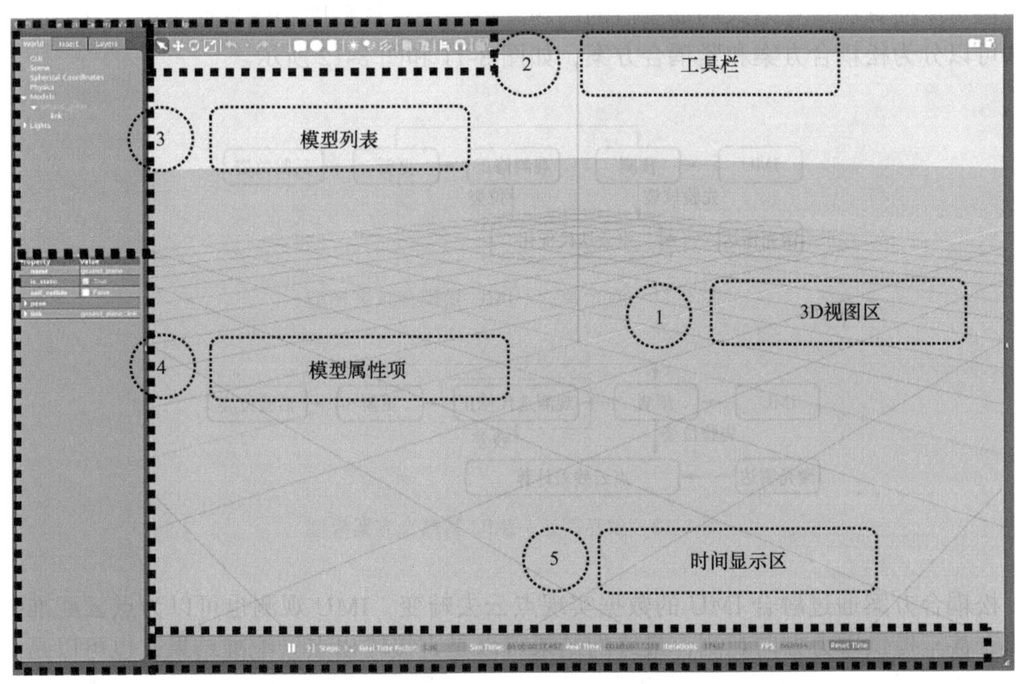

图 8-10　Gazebo 软件界面

图 8-10 中的 3D 视图区当前显示的是一个空的仿真世界，没有加载任何模型。后面将会在 Gazebo 仿真环境中加载三维场景和移动机器人，实现机器人智能导航的仿真实验。

8.2　激光雷达与 IMU 融合同步定位与建图实验

机器人同步定位与建图（Simultaneous Localization and Mapping，SLAM）是指机器人在未知环境中从一个未知位置开始移动，在移动过程中根据之前自身状态和当前传感器获得的信息进行自定位，同时增量式地构建环境地图。近三十年来，SLAM 算法的进步取决于计算机硬件及其对应的传感器的不断改进，从而为许多 SLAM 算法的研究带来新的可能性。SLAM 算法常用的传感器包括相机、激光雷达、惯性测量单元（Inertial Measurement Unit，IMU）、事件相机、毫米波雷达、轮速计等。它们各有各的特点，本节仅介绍基于激光雷达与 IMU 的多传感器融合 SLAM 算法。

使用激光雷达进行 SLAM 的稳定性强，受环境光的影响小；使用 IMU 可以测量传感器本体的加速度和角速度，短期内可以得到较好的位姿估计。但是，仅使用单传感器进行 SLAM 的效果较差。基于激光雷达的激光 SLAM 在较长时间的持续工作中，会由于旋转磨损使得内部机械结构损坏，从而产生误差，且在雨、雪、扬尘等恶劣场景下精度较差。此外，激光雷达的昂贵价格也是制约激光 SLAM 发展的一大因素；IMU 的测量具有明显的漂移，通过积分 IMU 数据得到的位姿会包含随时间累积的误差，将显著降低建图的精度。

因此，可以考虑融合激光雷达和 IMU 的测量数据。对于激光雷达，使用 IMU 进行信息融合，可以利用 IMU 的高频运动信息，校正点云运动畸变，同时，IMU 提供一个较优的初值可以使算法避免陷入局部极值的问题，以提高算法精度和减少计算量。具体的融合方法可以分为松耦合方案和紧耦合方案，如图 8-11 和图 8-12 所示。

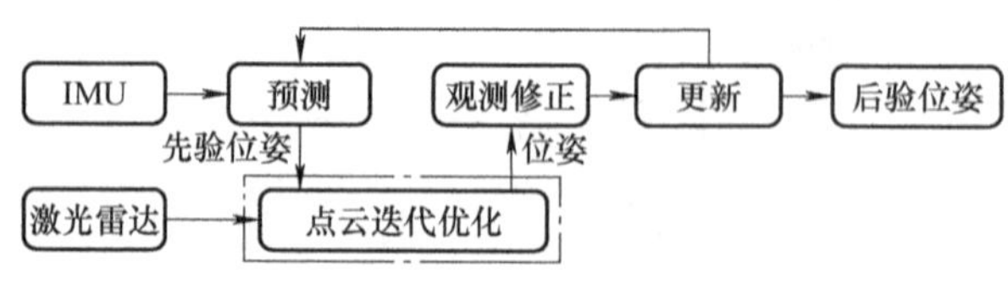

图 8-11　激光雷达、IMU 松耦合方案模型

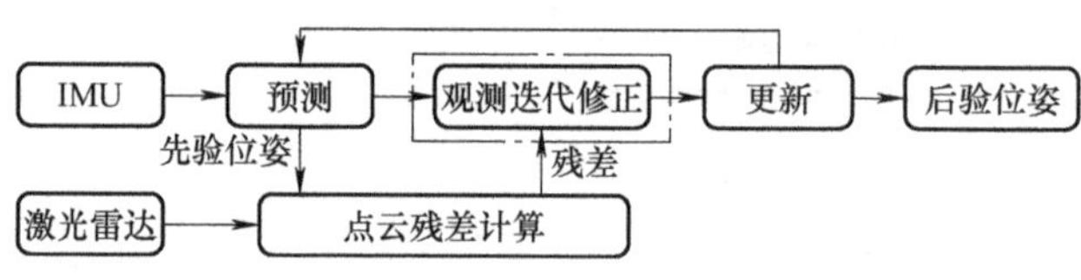

图 8-12　激光雷达、IMU 紧耦合方案模型

松耦合方案通过融合 IMU 的数据实现点云去畸变，IMU 观测也可以为点云配准提供初值，甚至提供重力方向观测，最终的结果可以是直接输出点云配准结果，也可以是用滤波对 IMU 积分结果和点云配准结果的融合，相关的研究成果有 LOAM、LeGO–LOAM 等。松耦合方案对激光雷达和 IMU 的融合仅体现在结果层面，没有考虑两种观测间的内在约束，且依然无法解决一些退化场景问题。

紧耦合方案通过将激光雷达的观测数据和 IMU 的观测数据放到一起联合处理，考虑其内在联系和相互影响。通常的思路是 IMU 数据首先用于激光雷达观测的去畸变，然后将激光雷达的观测数据和 IMU 的观测数据输入到状态估计模型中（例如滑窗优化模型、迭代误差状态卡尔曼滤波模型），并以最小化激光雷达观测和 IMU 观测的总体误差为目的，估计出最终的位姿、速度、重力等状态量。理论上，这种方案能够应对部分退化场景问题，比如长隧道环境、剧烈运动环境等。有影响力的紧耦合方案主要有 LIO–SAM、Fast–LIO 等。

本节主要介绍的激光雷达与 IMU 融合同步定位与建图算法是 LOAM 算法，其整体框架如图 8-13 所示。

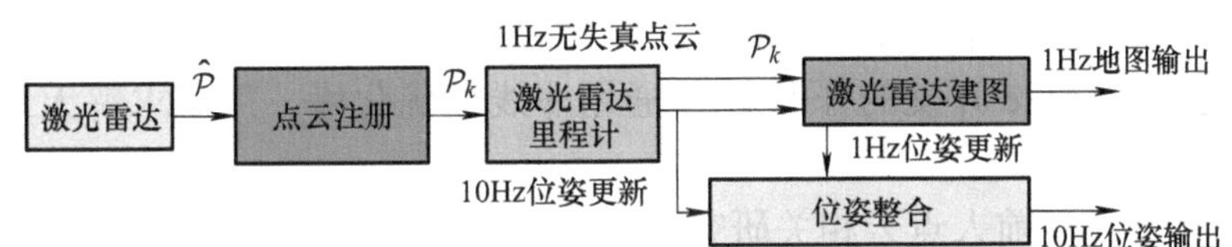

图 8-13　LOAM 算法的整体框架

首先，获得激光雷达坐标系下的点云数据，并把每次扫描获得的点云组成一帧数据。然后在两个算法中进行处理，即激光雷达里程计和激光雷达建图。激光雷达里程计读取点云并计算激光雷达在两次连续扫描之间的运动，使用 IMU 估计的运动用于纠正每一帧点云中的失真，以 10Hz 左右的频率运行。输出通过激光雷达建图进行进一步处理，以 1Hz 的频率将未失真的点云匹配并记录到地图上。最后，将两种算法发布的姿态变换进行整合，生成一个关于激光雷达相对于地图的姿态，得到 10Hz 左右的频率变换输出。

其中，涉及的核心算法共五个，分别是：

1）特征点提取（Feature Point Extration）算法。由于激光雷达在环境中会返回不均匀分布的各个点，因此可以使用局部曲面的平滑度来作为分类的标准，提取作为参考标准的特征点。同时，忽略掉附近存在遮挡的点、所在表面与激光入射方向接近的点以及接近激光雷达本身的点，获取较为稳定的特征。

2）特征关联（Finding Feature Point Correspondence）算法。特征关联算法使用连续两帧的点云数据将当前时刻的点云重投影至下一时刻，利用寻找特征点的方法获取重投影点云和下一时刻点云的平面点和边缘角点。构建点云变换模型，计算两组点云特征点在相似位置和相互关系不变情况下的位姿变换关系。

3）运动状态估计（Motion State Estimation）算法。获得帧间关联后，使用数学形式求解是运动状态估计算法的侧重内容。通过使用非线性最小二乘思想来构建残差函数并最优化距离参数，获得的转移矩阵便是可接受的最优解。但要注意点云的动态补偿，就是激光扫描一圈的同时，要用线性插值来补偿每个点在运动过程中可能产生的漂移。

4）里程计算法（Odometry Algorithm）。里程计部分基本上是将前述算法内容进行整合获得。使用 ICP 算法，分别获取边缘角点和平面点的特征匹配，之后使用列文伯格 - 马夸尔特方法求解边缘角点组位姿关系和平面点组位姿关系。两组位姿关系使用 Bisquare 方法来计算权重值，更新状态转移矩阵。

5）地图构建算法（Mapping Algorithm）。基于 scan-to-map/submap 进行计算的地图构建算法的速度是 1Hz，比里程计部分慢许多，在一次扫描时只会调用一次。地图构建算法不断地将扫描结果映射在世界坐标系中，并匹配地图寄存器。

8.2.1　实验设置

（1）编译安装 A-LOAM

这里以 LOAM 为基础比较容易上手的 A-LOAM 作为实验代码。A-LOAM 相比于 LOAM，使用了 Ceres 求解器来简化代码结构，代码简洁明了，没有复杂的数学推导和多余的操作，是 SLAM 初学者入门的良好例子，其源码下载地址如下：

https://github.com/HKUST-Aerial-Robotics/A-LOAM

在源码编译前，需要先安装需要的依赖库，即 Ceres 库和 PCL 库。

Ceres 库是由 Google 开发的开源 C++ 通用非线性优化库，用于求解无约束或者有界约束的最小二乘问题。

PCL 库是在吸收了前人点云相关研究基础上建立起来的大型跨平台开源 C++ 编程库，它实现了大量点云相关的通用算法和高效数据结构，涉及点云获取、滤波、分割、配准、检索、特征提取、识别、追踪、曲面重建、可视化等。

完成两个依赖库的编译安装后，可以建立工作空间并编译 A-LOAM。打开终端，输入如下命令，完成编译：

```
mkdir ~ /A_LOAM_ws
cd ~ /A_LOAM_ws
mkdir src
cd ~ /A_LOAM_ws/src/
git clone https://github.com/HKUST-Aerial-Robotics/A-LOAM.git
cd ~ /A_LOAM_ws
catkin_make
source devel/setup.bash
```

之后运行 A-LOAM 算法，重放数据包可以得到如图 8-14 所示的建图结果。

图 8-14　示例建图结果

（2）机器人模型设置

借鉴 Clearpath 公司开发的 huskyA200 的 ROS 和 Gazebo 文件，下载地址为 https://github.com/husky/husky。

图 8-14 彩图

其中使用的激光雷达型号为 Velodyne 16，ROS 中并不自带该型号传感器的驱动，需要自行下载驱动源码，进行编译安装。

之后运行 Gazebo 仿真程序，其仿真环境如图 8-15 所示。

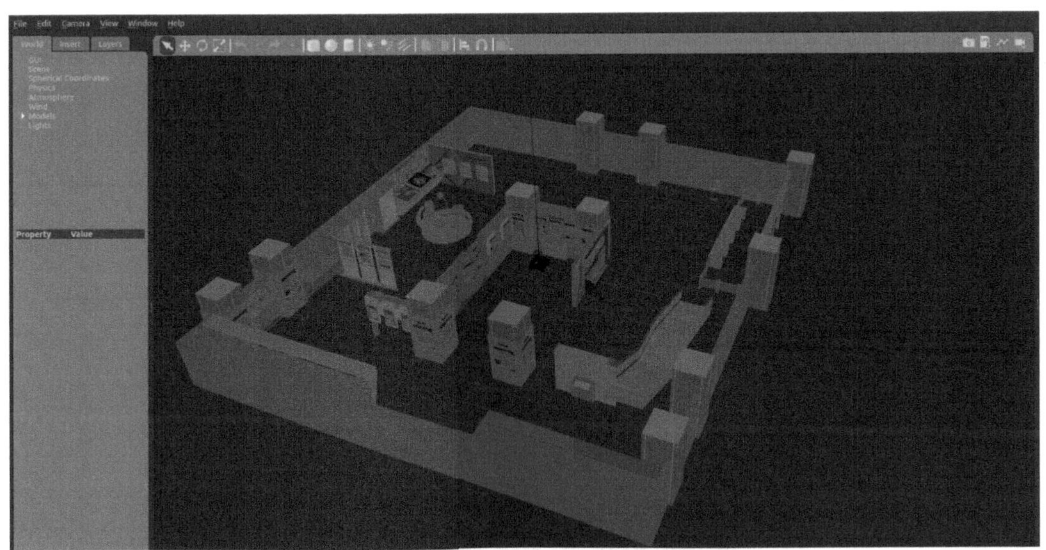

图 8-15　Gazebo 仿真环境

如果想要查看其中的点云图像，可以新建一个终端窗口并输入“rviz”命令，打开数据可视化程序。单击界面左下角的“Add”按钮，选择“By topic”下的消息“Point Cloud2”，然后单击“OK”按钮，如图 8-16 所示。

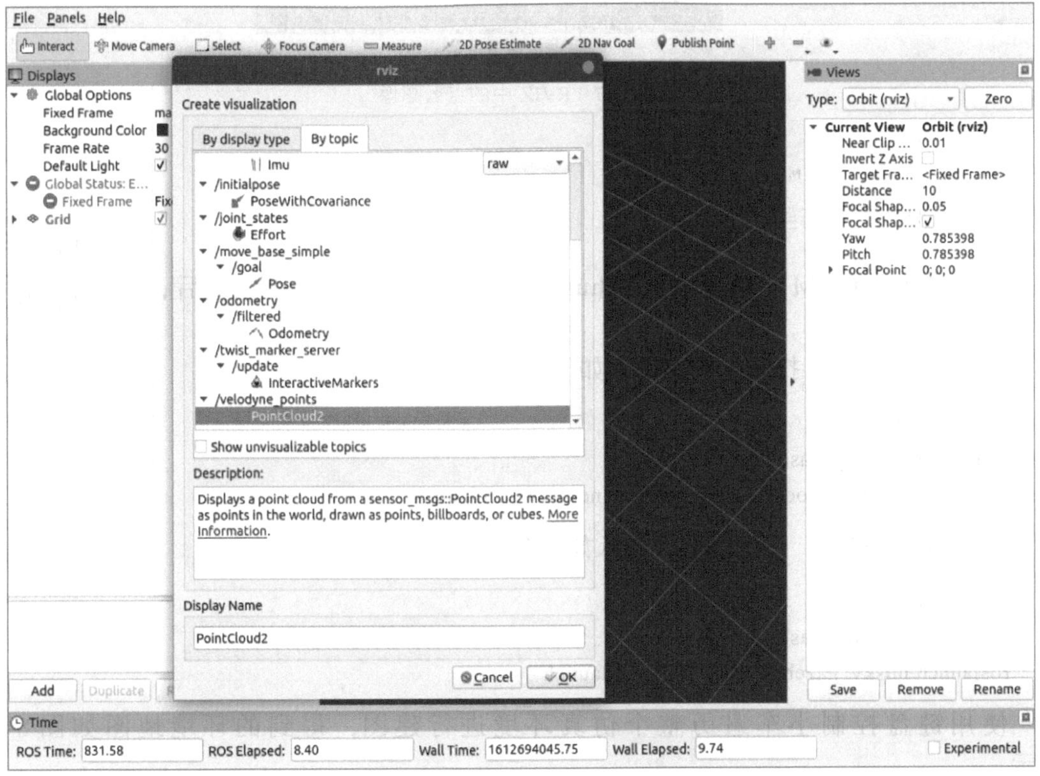

图 8-16　RVIZ 选择话题进行订阅

接着将“Fixed Frame”选为“base_link”，即可看到激光雷达点云结果，如图 8-17 所示。

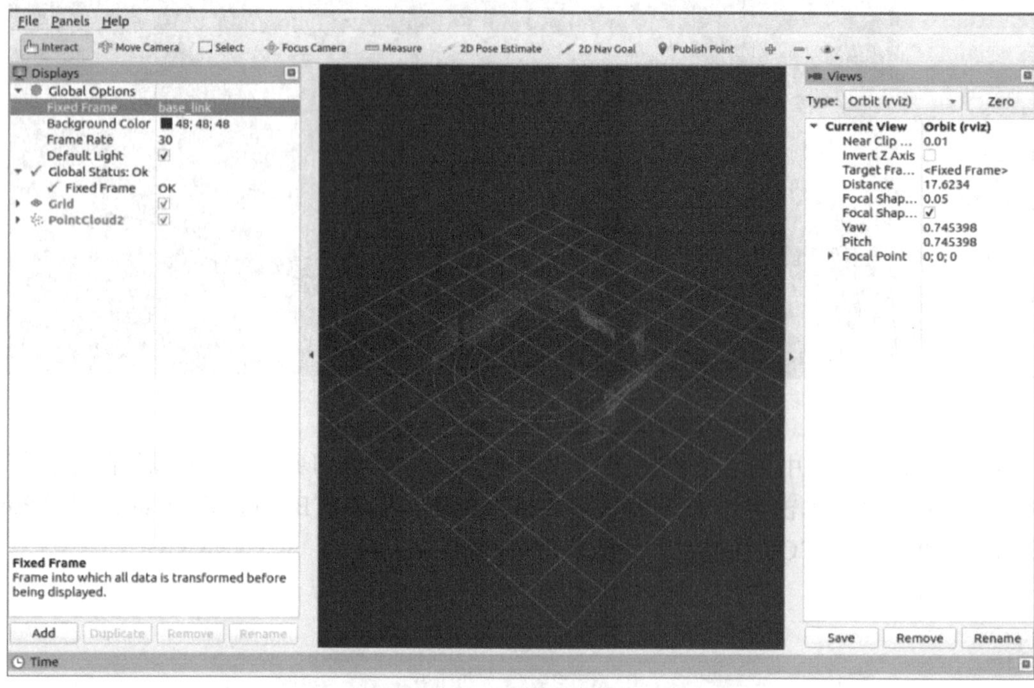

图 8-17 RVIZ 中的点云图像

8.2.2 LOAM 方法实践

图 8-17 彩图

在完成 A-LOAM 的编译测试和 huskyA200 的 Gazebo 环境配置后，就可以进行联合仿真，具体如下。

运行 A-LOAM：打开终端，输入如下命令。

```
cd ~ /A_LOAM_ws
source devel/setup.bash
roslaunch aloam_velodyne aloam_velodyne_VLP_16.launch
```

运行 huskyA200：打开终端，输入如下命令。

```
cd ~ /husky_ws
source devel/setup.bash
roslaunch husky_gazebo husky_playpen.launch
```

使用键盘控制小车遍历整个仿真环境进行建图，得到的环境地图如图 8-18 所示。

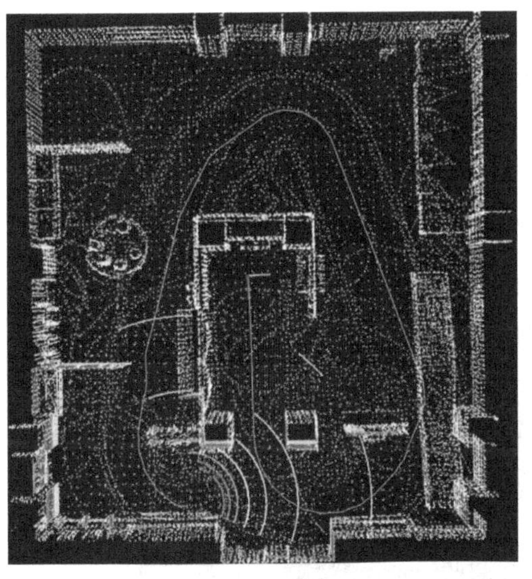

图 8-18 彩图

图 8-18　环境地图

8.3　未知环境自主探索与路径规划实验

本节针对 7.3.3 小节介绍的自主探索与路径规划算法 TARE 进行实验。

8.3.1　实验设置

这里选择 CMU 团队的开源仿真环境和实验代码，其源码下载、编译安装、示例教程见 https://www.cmu-exploration.com/development-environment。

开源仿真环境选择 autonomous_exploration_development_environment。这是 CMU 团队的开源无人车仿真环境，旨在促进高级规划算法的开发和完整的自主导航系统的集成。CMU 团队开源库包含具有代表性的模拟环境模型和基本的导航模块，例如局部规划器、地形穿越性分析、路径点跟踪和可视化等工具。这些工具可以与用于探索的 TARE planner 算法和用于路径规划的 FAR planner 算法结合使用。

TARE planner 的基本内容及原理在前文已有较多介绍，在此不再赘述。

autonomous_exploration_development_environment 的源码下载与依赖安装命令如下：

```
sudo apt update
sudo apt install libusb-dev
git clone
https://github.com/HongbiaoZ/autonomous_exploration_development_environment.git
cd autonomous_exploration_development_environment
git checkout distribution
catkin_make
```

然后需要使用如下命令运行地图下载脚本：

```
./src/vehicle_simulator/mesh/download_environments.sh
```

使用如下命令运行示例程序：

```
source devel/setup.bash
roslaunch vehicle_simulator system_garage.launch
```

当仿真环境安装正常时，出现如图 8-22 所示的仿真界面。

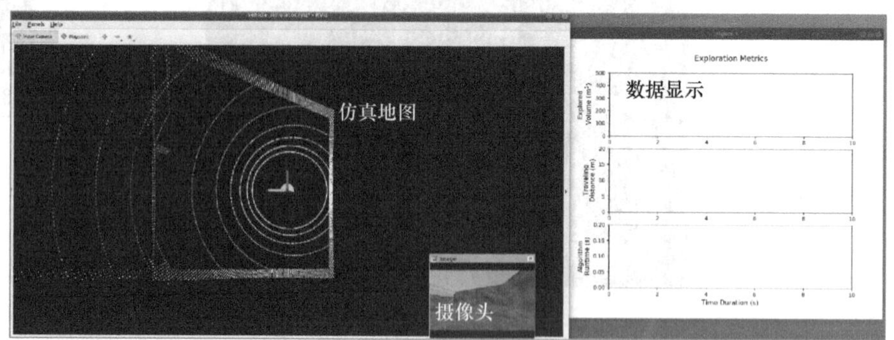

图 8-19　示例仿真环境

图 8-19 彩图

TARE planner 的源码下载与依赖安装命令如下：

```
git clone https://github.com/caochao39/tare_planner.git
cd tare_planner
catkin_make
```


完成了 TARE planner 的源码编译和仿真环境的下载安装，就可以进行下一步的联合仿真实验。

8.3.2　TARE 方法实践

进入 autonomous_exploration_development_environment 的工作空间，运行上文示例程序命令，启动仿真环境，之后进入 TARE planner 的工作空间，运行如下命令启动 TARE planner 探索算法。

```
source devel/setup.bash
roslaunch tare_planner explore_garage.launch
```

之后可以看到机器人在未知环境中的探索效果，如图 8-20 所示。

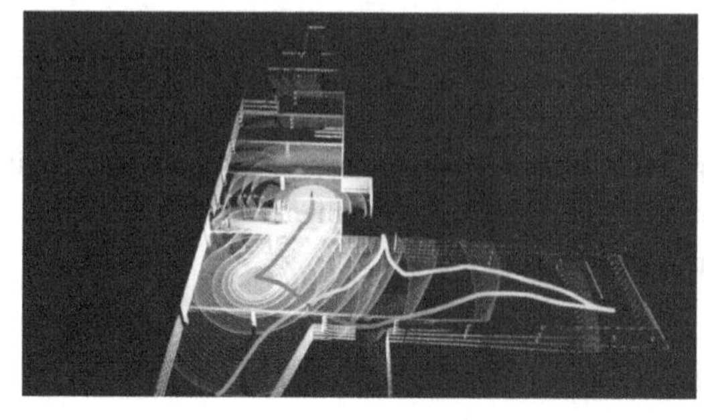

图 8-20 彩图

图 8-20　机器人在未知环境中的探索效果

等待一段时间后，机器人即可完成探索，如图 8-21 所示。其中绿色方框为局部区域，绿色方块为未探索子空间。

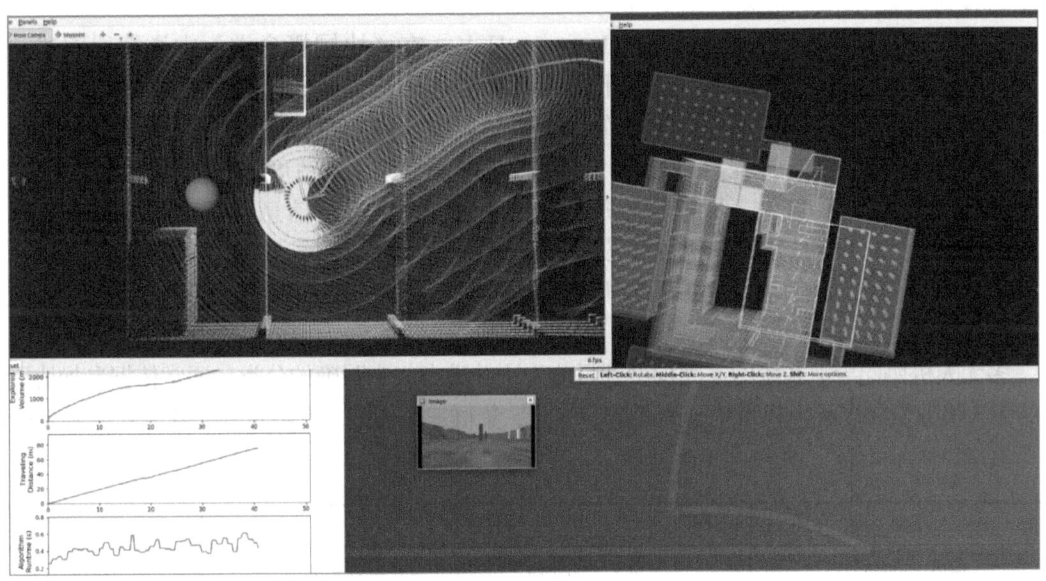

图 8-21　TARE planner 完成探索

此外，针对其他的仿真环境，可以修改部分命令进行更多仿真实验，命令如下。其中 environment 可替换为具体的场景名称，例如 garage、campus。

图 8-21 彩图


```
roslaunch vehicle_simulator system_environment.launch
roslaunch tare_planner explore_environment.launch
```

TARE planner 在 campus 场景下的探索结果，如图 8-22 所示。

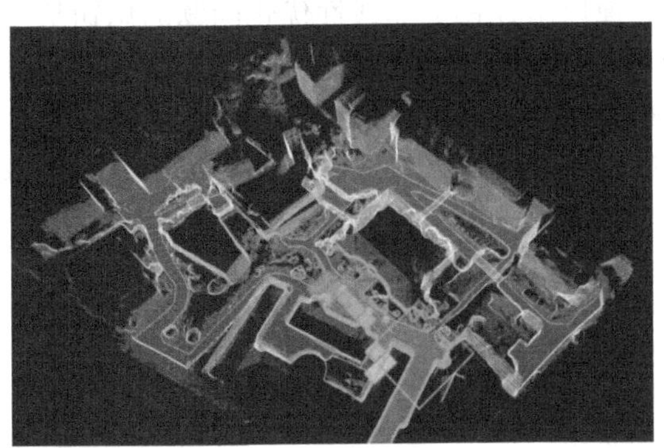

图 8-22　TARE planner 在 campus 场景下的探索结果

图 8-22 彩图

8.4　多无人机协同导航实验

近几年来，无人机系统的研究掀起热潮，引起人们的广泛关注，相较于有人驾驶系统，无人机具有价格低廉、机动性强、用途广泛等特点，广泛应用在农业、救援、军事等领域，执行观测、跟踪、商业表演等任务。随着计算机技术、电子信息技术、传感器技术等领域的快速发展，智能化的无人机集群成为研究领域的热门，国内各大学、科研机构正在全力投入智能化无人机集群的研究。

20 世纪 70 年代末，德国科学家 Hermann Haken 在《协同概念学》中详细地阐述和界定了协同的概念：一个整体中存在若干个相互影响的子部分，子部分之间存在相互干扰和相互激励，对每个子系统进行协同操作，来共同实现合理的资源分配，达到子系统利益之和大于整体利益。协同过程常被表示为“1+1>2”。目前，高精度协同导航是无人机集群控制面临的最大技术难点，多个无人机通过各种通信方式进行信息共享，使各机具备误差有界的定位能力。当部分无人机由于设备故障或信息干扰导致导航精度下降时，如何通过协同导航恢复其导航能力，建立机与机之间、机与目标之间的相对位置关系成为无人机导航研究的重点。

多无人机协同导航系统的空间构型到目前为止并没有一个明确的分类，通常依据参加协同导航的无人机数量将多无人机系统分为团队、编队、集群三个构型，其数量和交互方式见表 8-1。

表 8-1 多无人机系统的分类

类型	交互方式	数量
团队（Team）	每个智能体选择在团队中合作或者竞争	≤10
编队（Formation）	在编队中承担特定的角色或承担子任务	≤100
集群（Swarm）	全局导航能力取决于集群控制	>100

针对多无人机集群的控制，通常遵循三个规则：保持形状、避免碰撞、跟随。通过不同的权值使得无人机跟随领航机保持集群飞行。本节主要介绍一种常用的多无人机集群导航方案 EGO–Swarm。

EGO–Swarm 方案由浙江大学 FAST–lab 实验室提出，通过在基于梯度的局部规划框架下制定飞行路线，将碰撞风险建模为非线性优化问题的惩罚从而实现避免碰撞。同时该系统采用了一种轻量级的拓扑轨迹生成方法来提高鲁棒性和跳出非线性优化局部最小值。在该系统中，无人机使用轨迹共享网络可以在仅几毫秒内生成安全、平滑和动态可行的轨迹，同时利用深度图中的检测修正无人机之间的相对定位漂移。该算法的整体系统架构如图 8-23 所示。

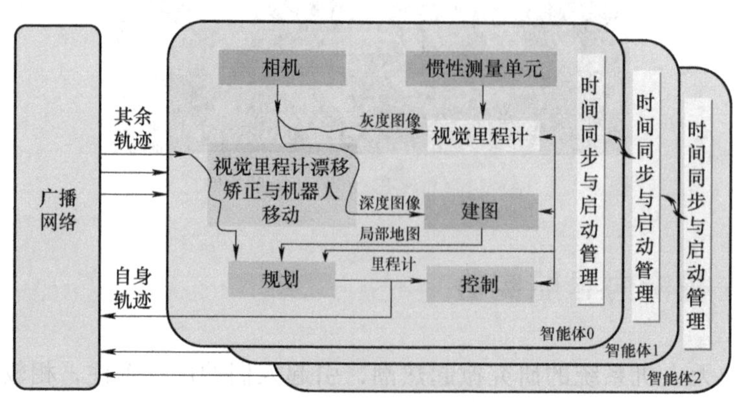

图 8-23 彩图

图 8-23 EGO–Swarm 算法的整体系统架构

EGO-Swarm 方案在集群导航方面的关键算法有三点，分别是：

1）考虑到了不同时刻群体中每个无人机个体的位置状态与其他无人机个体的位置状态的关系。使用软障碍约束方法，通过优化问题中的惩罚项来引导路径避开障碍物，而不是将障碍物视为绝对不可穿越的区域。提高路径规划算法的灵活性和鲁棒性，同时参数化该问题，使任何包含从决策变量到轨迹上的点的映射的轨迹参数化方法都适用于避碰惩罚函数。

形象化的解释如图 8-24 所示。

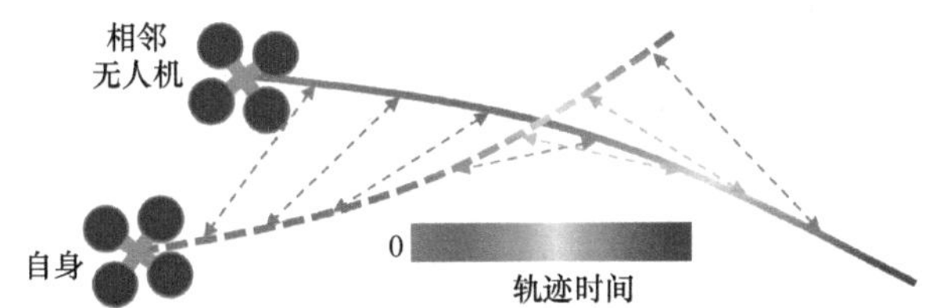

图 8-24　相同轨迹时间内，相邻无人机通过轨迹比较生成自身轨迹

2）因为在未知环境中进行单独定位会存在定位漂移，且定位漂移会在飞行过程中累积，所以更关注穿越障碍物的环境，并为其他应用预留计算和通信资源。通过比较从接收到的无人机轨迹评估的预测位置和从目击无人机的深度图像测量的位置，提出了一种简化且轻量级的相对漂移估计方法。当轨迹跟踪误差可以忽略不计并且可能发生碰撞的任意两个智能体中至少有一个能够看到另一个时，该策略就有效。

3）使用占用栅格地图来存储静态障碍物，并使用深度图像进行地图融合。为了消除移动物体的影响，从深度图像中屏蔽并删除检测到的无人机像素，如图 8-25 所示。除此之外，覆盖大部分视野的移动物体会对视觉惯性里程计产生干扰。因此，灰度图像对应深度图像上的无人机被移除。

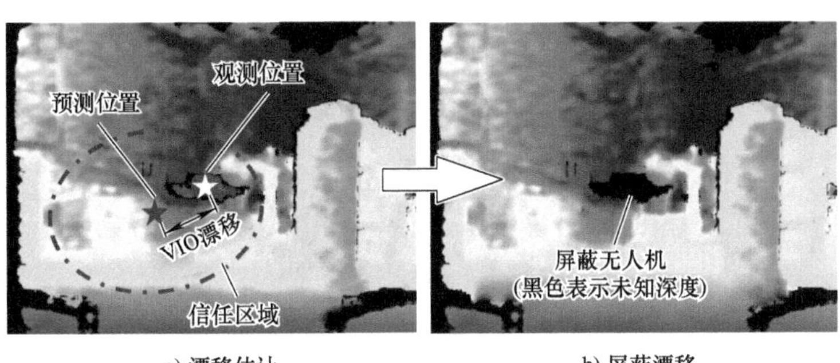

a) 漂移估计　　b) 屏蔽漂移

图 8-25　EGO-Swarm 方案的关键算法

8.4.1　实验设置

这里选择 FAST-lab 团队的开源仿真环境和实验代码。其源码下载、编译安装、示例教程见 https://github.com/ZJU-FAST-Lab/ego-planner-swarm。在此稍加介绍。

EGO-Swarm 的源码下载与依赖安装首先需要有 Ubuntu16.04、18.04 或 20.04 对应的 ROS 环境。

之后使用如下命令安装无人机控制所需的 Armadillo 库：

```
sudo apt-get install libarmadillo-dev
```

使用如下命令新建工作空间，在 src 目录下下载源码：

```
git clone https://github.com/ZJU-FAST-Lab/ego-planner-swarm.git
```

使用如下命令编译源码：

```
cd ego-planner
catkin_make -DCMAKE_BUILD_TYPE=Release -j1
```

至此完成 EGO-Swarm 的环境配置与编译安装，可以进行下一步的仿真实验。

8.4.2 EGO-Swarm 方法实践

进入 EGO-Swarm 的工作空间目录，打开终端，运行如下命令，打开 RVIZ 工具进行可视化和交互。

```
source devel/setup.bash
roslaunch ego_planner rviz.launch
```

多无人机集群交互环境如图 8-26 所示。

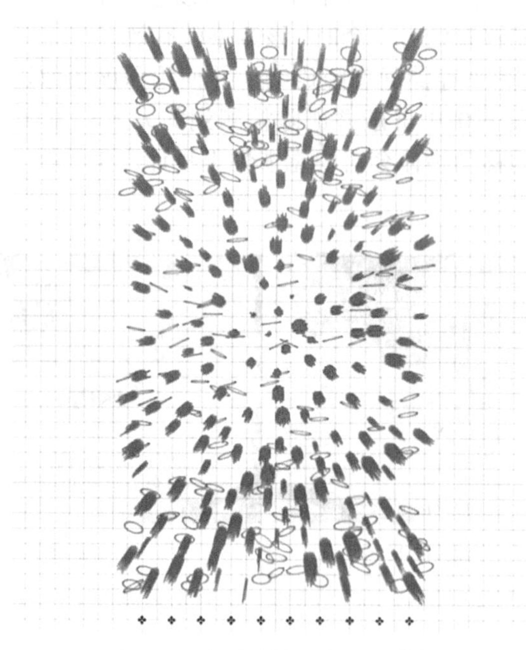

图 8-26 彩图

图 8-26　多无人机集群交互环境

在 EGO-Swarm 的工作空间目录中另开一终端，运行如下命令，开始进行多无人机集群协同导航仿真。

```
source devel/setup.bash
roslaunch ego_planner swarm.launch
```

之后可以看到多无人机集群在复杂环境中协同导航的效果，如图 8-27 所示。各色曲线即为各无人机实时运行轨迹，各着色区域即为无人机注意区域。

图 8-27 彩图

图 8-27　多无人机集群在复杂环境中协同导航的效果

等待一段时间后，无人机集群完成导航，如图 8-28 所示。

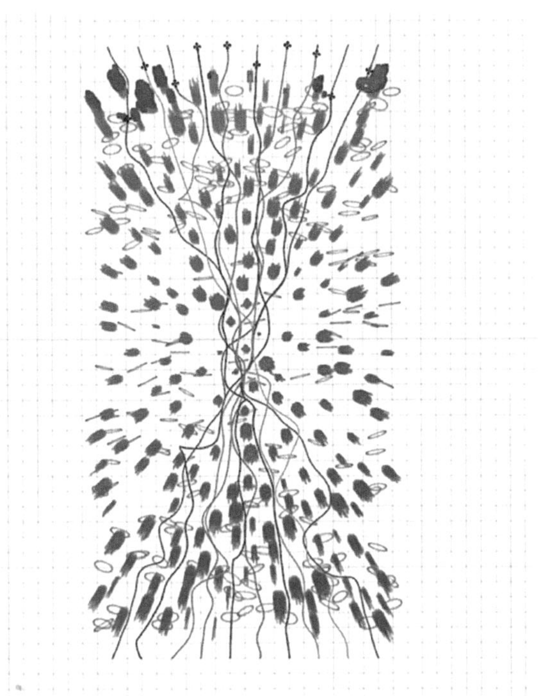

图 8-28 彩图

图 8-28　多无人机集群完成导航

本章小结

本章在 ROS 环境下分别进行了 LOAM、TARE、EGO-Swarm 三种典型的开源算法实验，涵盖了多源信息融合定位、自主探索与路径规划、多无人机协同导航等实验内容，虽无法覆盖全书的智能导航知识与技术，但却可以作为一个很好的实践入门，能够帮助读者实现从理论学习到实践应用的跨越，同时也为未来从事智能导航科学研究和工程应用奠定基础。

思考题与习题

8-1　在 ROS 中的 RVIZ 工具可以显示三维机器人，在 Gazebo 中也可以显示三维机器人，它们的区别是什么？

参考文献

[1] 杰森 . 机器人操作系统浅析 [M]. 肖军浩，译 . 北京：国防工业出版社，2016.

[2] ZHANG J，SINGH S. LOAM：Lidar odometry and mapping in real-time[C]// Robotics：Science and Systems. Berkeley：RSS，2014：1-9.

[3] ZHOU X，ZHU J C，ZHOU H Y，et al. EGO-Swarm：A fully autonomous and decentralized quadrotor swarm system in cluttered environments[C]//IEEE International Conference on Robotics and Automation. Xi'an：IEEE，2021：4101-4107.